高职高专物联网应用技术专业系列教材

物联网导论

（第二版）

丁爱萍　主编

西安电子科技大学出版社

内 容 简 介

本书介绍了物联网的起源与发展、核心技术、主要特点以及应用前景，为读者勾画出一个具有鲜明特征的物联网时代。

本书主要内容包括：物联网概述、物联网感知与识别技术、物联网通信与网络技术、物联网的服务与管理、物联网信息安全与隐私保护、物联网典型应用领域等。

本书可作为高职高专院校物联网应用技术专业及信息类专业的教材，也可作为其他各专业物联网知识的普及教材。

图书在版编目(CIP)数据

物联网导论/丁爱萍主编. —2版. —西安：西安电子科技大学出版社，2021.8(2021.10重印)
ISBN 978-7-5606-6163-6

Ⅰ. ①物… Ⅱ. ①丁… Ⅲ. ①物联网—高等职业教育—教材
Ⅳ. ①TP393.4 ②TP18

中国版本图书馆CIP数据核字(2021)第159430号

策划编辑 陈 婷
责任编辑 赵远璐 陈 婷
出版发行 西安电子科技大学出版社(西安市太白南路2号)
电 话 (029)88202421 88201467 邮 编 710071
网 址 www.xduph.com 电子邮箱 xdupfxb001@163.com
经 销 新华书店
印刷单位 咸阳华盛印务有限责任公司
版 次 2021年8月第2版 2021年10月第2次印刷
开 本 787毫米×1092毫米 1/16 印张 14.5
字 数 338千字
印 数 1001～4000册
定 价 36.00元
ISBN 978-7-5606-6163-6/TP
XDUP 6465002-2

如有印装问题可调换

前　言

本书第一版自2017年3月出版以来，获得了广大读者的肯定和好评，在此表示特别感谢。

当前，新一代信息技术发展迅猛，厚爱本书的读者也提出了增加物联网前沿技术内容的建议。为此，作者查阅了大量物联网最新技术资料，在保留第一版的结构体系及深入浅出、通俗易懂的写作风格的基础上，对部分内容进行增删或修改，具体如下：

(1) 第1章在1.1.2节中增加了近几年物联网发展相关主要事件的内容，删去了已经不适用当前状况的原1.2.4节内容，并重新梳理了1.3节中物联网关键技术相关内容。

(2) 第3章3.5节删去了无线广域网络技术中比较陈旧的GSM、GPRS、3G技术，增加了5G、NB-IoT、LoRa技术。

(3) 第4章4.1.7节中替换了已经过时的“云计算为电信运营商开辟蓝海”及“保证云计算安全的方法”，改为“云计算发展趋势”。

(4) 第5章5.6节中替换了内容陈旧的“iPhone搭载指纹等生物识别技术”，改为“人脸识别技术”。

(5) 对表达意思不够鲜明及存有细微错误之处进行了修改。

本书由丁爱萍主编，由于作者水平有限，书中难免有不妥之处，恳请广大读者批评指正。

作　者

2021年6月

第一版前言

物联网是国家新兴战略产业中信息产业发展的核心领域，将在国民经济发展中发挥重要作用。目前，物联网是全球研究的热点问题，国内外都把它的发展提到了国家级战略高度，称之为继计算机、互联网之后世界信息产业的第三次浪潮。

物联网可以“感知任何领域，智能任何行业”。物联网产业具有产业链长、涉及多个产业群的特点，其应用范围几乎覆盖了各行各业。物联网将有力带动传统产业转型升级，引领战略性新兴产业的发展，具有巨大的增长潜能，是当前社会发展、经济增长和科技创新的战略制高点。

物联网人才的培养对物联网产业的发展具有重要的支撑和引领作用。本书作为一本物联网技术的导入性教材，力求全面、新颖，尽可能涵盖物联网领域的重要内容和最新技术，使读者对物联网有一个概要性的整体认识。

本书按照物联网四层体系结构模型，从感知识别、网络通信、服务管理、典型应用这4层分别进行阐述，深入浅出地引领读者步入物联网世界。

第1章：主要介绍物联网的基本概念、体系架构，以及主要应用领域与发展趋势。

第2章：介绍物联网感知与识别技术的基本概念，射频识别(RFID)技术，传感器技术，无线传感器网络系统等。

第3章：介绍物联网通信与网络技术的基本概念，无线个域网络技术，无线局域网络技术，无线城域网络技术，无线广域网络技术，物联网的接入技术等。

第4、5章：介绍物联网服务与管理的基本概念，物联网云计算技术，物联网中间件技术，物联网智能信息处理技术，物联网信息安全与隐私保护等。

第6章：介绍物联网在典型领域中的应用发展和应用案例，包括智能家居、智慧农业、智慧环保、智能物流、智能医疗、智能交通、智能工业等。

另外，在本书的有关章节中，还涉及了一些物联网前沿技术问题和较新的研究成果，有些内容直接取自研究论文，并进行了整理和加工。

本书力求在通俗性、创新性和应用性等方面形成特色，并做到内容丰富、语言简洁易懂、适用范围广。本书既可以作为高职高专院校信息类专业的教材或教学参考书，也可以作为物联网技术培训教材，以及各专业物联网知识的普及教材。

本书由丁爱萍主编，参加编写工作的还有吕振雷、戴建锋、殷莺、彭战松、蒋咏絮、徐博文、蒋晓絮、龚磊、马海洲、李海翔等。在编写过程中，我们力求精益求精，但由于作者水平所限，不妥之处在所难免，恳请广大读者给予批评指正。

物联网形式多样、技术复杂、涉及面广，本书大量引用了互联网上的最新资讯、报刊中的报道，对于不能一一注明引用来源深表歉意。作者郑重声明其著作权属于其原创作者，并在此向他们表示致敬和感谢！

作　者

2016年9月

目　　录

第 1 章

物联网概述

物联网(Internet of Things，IoT)是把所有物品通过信息传感设备与互联网连接起来，进行信息交换，以实现智能化识别和管理。它是在互联网基础上延伸和扩展的网络。物联网以感知设备、智能设备为基础，实现对现实世界的全面感知；以互联网为核心，通过各种通信技术实现感知信息及控制信息等的可靠传输；以海量存储技术、云计算技术等各种数据处理技术实现智能应用。通过物联网，可以实现人与客观世界的有效交互。

目前，物联网发展还处于初级阶段，随着科学技术的发展，人类会逐渐进入对更深层次世界的感知，通过对感知数据进行计算、处理和知识挖掘，实现人与物、物与物的信息交互和无缝链接，达到对物理世界实时控制、精确管理和科学决策的目的。

本章主要包含以下内容：

(1) 物联网的定义、起源和发展历程。

(2) 互联网、物联网和泛在网的关系。

(3) 物联网的特征和体系架构。

(4) 物联网在国内外的发展状况。

(5) 物联网技术标准的制定现状。

(6) 物联网的几个典型应用及前景。

1.1 物联网的概念

物联网是新一代信息技术的重要组成部分，也是“信息化”时代的重要发展阶段。物联网通过智能感知、识别技术与普适计算等通信感知技术，广泛应用于网络的融合中，也因此被称为继计算机、互联网之后世界信息产业发展的第三次浪潮。

物联网是互联网的延伸，它包括互联网及互联网上所有的资源，兼容互联网所有的应用，但物联网中所有的元素(所有的设备、资源及通信等)都是个性化和私有化的。

1.1.1 物联网的起源与定义

1. 物联网的起源

物联网的概念最早出现于比尔·盖茨1995年出版的《未来之路》一书，在《未来之路》中，比尔·盖茨已经提及 Internet of Things，但是由于受到当时网络技术、感知设备的限制，并没有得到广泛认可。

1998年麻省理工学院提出了当时被称作EPC(Electronic Product Code)系统的物联网构想。

1999年，在物品编码、射频识别(Radio Frequency Identification，RFID)技术基础上，美国Auto-ID公司提出了物联网的概念，这时对物联网的定义主要指的是按约定的通信协议与互联网相结合，使物品信息实现智能化识别和管理，实现物品信息互联形成的网络。

2005年，ITU(国际电信联盟)发布了《ITU互联网报告2005：物联网》，正式提出物联网的概念，包括了所有物品的联网和应用。

2. 物联网的定义

物联网是指利用局部网络或互联网等通信技术把传感器、控制器、机器、人员和物等通过新的方式联在一起，形成人与物、物与物相联，实现信息化、远程管理控制和智能化的网络。

通俗地说，物联网就是物物相连的互联网，如图1-1所示。这有两层意思：

(1) 物联网的核心和基础仍然是互联网，是在互联网基础上延伸和扩展的网络。

(2) 物联网的用户端延伸和扩展到了任何物品与物品之间，可进行信息交换和通信，也就是物物相通。

物联网是互联网的应用拓展，与其说物联网是网络，不如说物联网是业务和应用。因此，应用创新是物联网发展的核心，以用户体验为核心的创新2.0是物联网发展的灵魂。

通过物联网，可以利用中心计算机对机器、设备、人员进行集中管理、控制，也可以对家庭设备、汽车进行遥控，还可以搜索位置、防止物品被盗等，类似自动化操控系统，同时通过收集这些数据，最后可以聚集成大数据。通过对大数据分析，可以帮助人们科学决策和规划(比如重新设计道路以减少车祸)，预测灾害与防治犯罪，控制流行病等等。

物联网将现实世界数位化，应用范围十分广泛，如图1-2所示。物联网可应用于公共事务管理、公众社会服务、经济发展建设等诸多领域，包括市政管理、节能环保、医疗健康、物流零售等领域，具有十分广阔的市场和应用前景。

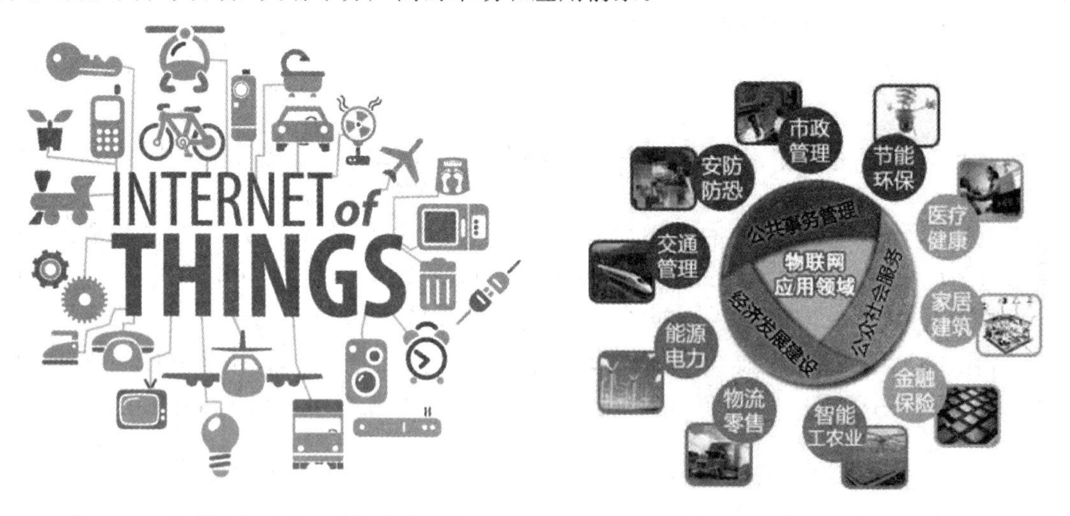

图1-1　物联网是连接各种设备的网络　　图1-2　物联网的应用领域

【例1-1】 物联网发展到一定阶段，家中的电器可以和外网连接起来，通过传感器传达电器的信号。厂家在厂里就可以知道用户家中电器的使用情况，也许在用户之前就已知道了电器的故障。

下班发条短消息，家中的电热水器可自动准备洗澡水，电饭煲可提前开始做饭。在路上可以观察家中的情况，不必担心有窃贼进入。回到家中，通过一部遥控器控制全部电器，从电视机上通过无线网络直接读取电脑中的影音文件，也可以直接通过互联网观看各类视频，等等。

物联网即将融入我们生活的方方面面，如图1-3所示。借助物联网，世界上的万事万物，大到汽车、楼房，小到家电、钥匙，都能与我们互动。这一切，已经不再是人们的幻想，它就是即将到来的物联网时代的生活写照。

图1-3 物联网时代

1.1.2 物联网的发展历程

2005年11月17日，世界信息峰会上，国际电信联盟(International Telecommunications Union，ITU)发布了《ITU互联网报告2005：物联网》，正式提出了物联网的概念，其中指出无所不在的物联网通信时代即将来临，世界上所有的物体，从轮胎到牙刷、从房屋到纸巾都可以通过网络互相连接，实现智能化识别和管理。此时，物联网的定义范围已经有了较大的扩展，不再只是指基于RFID技术的物联网。

2006年，韩国确立了u-Korea计划，该计划旨在建立无所不在的社会(Ubiquitous Society)，在民众的生活环境里建设智能型网络和各种新型应用，让民众可以随时随地享有科技智慧服务。

2008年后，为了促进科技发展，寻找经济新的增长点，各国政府开始重视下一代的技术规划，将目光放在了物联网上。2008年3月，在苏黎世举行了全球首个国际物联网会议"物联网2008"，探讨了物联网的新理念和技术，以及如何推进物联网的发展。

在中国，2008年11月在北京大学举行的第二届中国移动政务研讨会"知识社会与创新2.0"上提出移动技术、物联网技术的发展代表着新一代信息技术的形成，并带动了经济社会形态、创新形态的变革，推动了面向知识社会的以用户体验为核心的下一代创新(创新2.0)形态的形成，创新与发展更加关注用户、注重以人为本。而创新2.0形态的形成又进一步推动新一代信息技术的健康发展。

2009年，欧盟执行委员会发表了欧洲物联网行动计划，描绘了物联网技术的应用前景，提出欧盟政府要加强对物联网的管理，促进物联网的发展。

2009年1月28日，奥巴马就任美国总统后，与美国工商业领袖举行了一次"圆桌会议"，作为仅有的两名代表之一，IBM首席执行官彭明盛首次提出"智慧地球"这一概念，建议新政府投资新一代的智慧型基础设施。当年，美国将新能源和物联网列为振兴经济的两大重点。

2009年2月24日，在2009 IBM论坛上，IBM大中华区首席执行官钱大群公布了名为"智慧地球"的最新策略。此概念一经提出，即得到美国各界的高度关注，并在世界范围内引起轰动。"智慧地球"战略被不少美国人认为与当年的"信息高速公路"有许多相似之处，同样被他们认为是振兴经济、确立竞争优势的关键战略。该战略能否掀起如当年互联网革命一样的科技和经济浪潮，不仅为美国关注，更为世界所关注。

2009 年 8 月，温家宝总理在无锡视察时提出“感知中国”概念，无锡市率先建立了“感知中国”研究中心，中国科学院、运营商、多所大学在无锡建立了中国物联网研究发展中心，如图 1-4 所示。物联网被正式列为国家五大新兴战略性产业之一，写入了十一届全国人大三次会议政府工作报告，物联网在中国受到了全社会极大的关注。

图 1-4　中国物联网研究发展中心

2010 年年初，我国正式成立了传感(物联)网技术产业联盟。同时，工业和信息化部也宣布将牵头成立一个全国推进物联网的部级领导协调小组，以加快物联网产业化进程。2010 年 3 月 2 日，上海物联网中心正式揭牌，如图 1-5 所示。

图 1-5　上海物联网中心

2011 年 11 月 28 日，工业和信息化部正式发布了我国“物联网‘十二五’发展规划”。该规划要求到 2015 年，我国要在核心技术研发与产业化、关键标准研究与制定、产业链条建立与完善、重大应用示范与推广等方面取得显著成效。

2013 年 2 月，国务院发布《关于推进物联网有序健康发展的指导意见》，提出到 2015 年，突破一批核心技术，初步形成物联网产业体系。为实现目标，将加强财税政策扶持、完善投融资政策，鼓励金融资本、风险投资及民间资本投向物联网应用和产业发展。《意见》指出，将建立健全有利于物联网应用推广、创新激励、有序竞争的政策体系，抓紧推动制定完善信息安全与隐私保护等方面的法律法规。指导意见的出台标志着政策层面已经框定物联网产业的发展蓝图。

2013 年 3 月 4 日，《国家重大科技基础设施建设中长期规划(2012 — 2030 年)》正式发布，规划明确未来 20 年我国重大科技基础设施发展方向和“十二五”时期建设重点，强调为突破未来网络基础理论和支撑新一代互联网实验，将建设未来网络试验设施，主要包括：

原创性网络设备系统、资源监控管理系统，涵盖云计算服务、物联网应用等。

2014年，亚马逊发布Echo智能音箱，为进军智能家居中心市场铺平道路。同年，工业物联网联盟成立，表明物联网具有改变制造和供应链流程运作方式的潜力。

2017年以来，物联网的发展被广泛接受，引发了整个行业的创新浪潮。自动驾驶汽车不断完善、区块链和人工智能融入物联网平台、智能手机和宽带普及率的提升等使得物联网拥有更广阔的发展前景。

1.1.3 互联网、物联网与泛在网

物联网是在互联网基础上发展起来的，它与互联网在基础设施上有一定程度的重合，但是它不是互联网概念、技术与应用的简单扩展。互联网扩大了人与人之间信息共享的深度与广度，而物联网更加强调它在人类社会生活的各个方面、国民经济的各个领域广泛与深入的应用。物联网的主要特征是全面感知、可靠传输、智能处理。未来将会出现互联网与物联网并存的局面。

表1-1所示物联网与互联网的比较进一步说明了两者的区别与联系。

表1-1 物联网与互联网的比较

比较	互联网	物联网
起源	计算机技术的出现和信息的快速传播	传感技术的出现与发展
面向对象	人	人和物
核心技术及所有者	网络协议技术 核心技术主要掌握在主流操作系统及语言开发商手中	数据自动采集，传输技术，后台存储计算，软件开发 核心技术掌握在芯片技术开发商及标准制定者手中
创新	主要体现在内容的创新及形式的创新，例如腾讯、网易等	面向客户个性化需求，体现技术与生活的紧密联系，给予开发者充分想象空间，让所有物品智能化

泛在网就是无处不在的互联。构建无所不在的信息社会已成为全球趋势，而物联网正是进一步发展的桥梁。从e社会(Electronic Society)到u社会(Ubiquitous Society)，如图1-6所示，是一条从硬件到软件和服务演进的路线，也是物联网所要实现的目标。

图1-6 e社会——人人互联，u社会——人物大互联

因此，如图1-7所示，物联网、互联网应该是包含在泛在网(Ubiquitous Network，Ubiquitous一词来自拉丁文，是“无处不在”或“泛在”的意思)之中的，物联网技术的发展

与应用也会使我们在泛在网的研究上前进一大步。

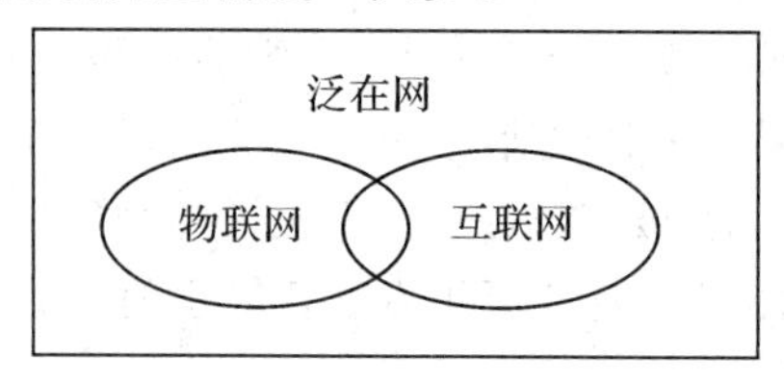

图 1-7　泛在网、物联网、互联网之间的关系

1.1.4　物联网的架构

物联网作为一项综合性的技术，涉及了信息技术自上而下的每一个层面，其体系架构一般可分为感知层、网络层、应用层三个层面，如图 1-8 所示。

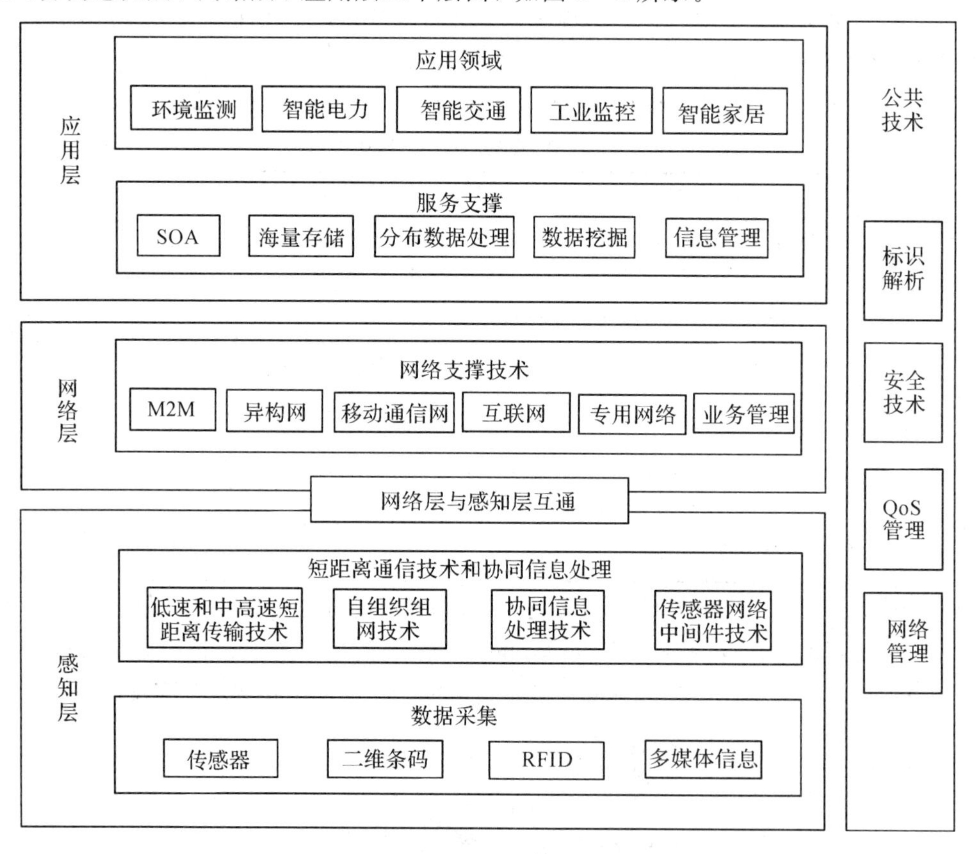

图 1-8　物联网的架构

1. 感知层

感知识别是物联网的核心技术，是联系物理世界和信息世界的纽带。

感知层由数据采集子层、短距离通信技术和协同信息处理子层组成：

(1) 数据采集子层，通过各种类型的传感器获取物理世界中发生的物理事件和数据信息，例如各种物理量、标识、音视频多媒体数据。物联网的数据采集涉及传感器、RFID、多媒体信息采集、二维码和实时定位等技术。

(2) 短距离通信技术和协同信息处理子层，将采集到的数据在局部范围内进行协同处理，以提高信息的精度，降低信息冗余度，并通过具有自组织能力的短距离传感网接入广域承载网络。

感知层中间件技术旨在解决感知层数据与多种应用平台间的兼容性问题，包括代码管理、服务管理、状态管理、设备管理、时间同步、定位等。

2. 网络层

网络层将来自感知层的各类信息通过基础承载网络传输到应用层，包括移动通信网、互联网、卫星网、广电网、行业专网及其所形成的融合网络等。根据应用需求，网络层可作为透明传输的网络层，也可升级以满足未来不同内容传输的要求。

经过十余年的快速发展，移动通信、互联网等技术已比较成熟，在物联网的早期阶段基本能够满足物联网中数据传输的需要。网络层主要关注来自感知层的、经过初步处理的数据经由各类网络的传输问题。

网络层涉及智能路由器，以及不同网络传输协议的互通、自组织通信等多种网络技术。

3. 应用层

这里所说的应用层实际上包含管理服务和应用两个含义。在高性能计算和海量存储技术的支撑下，管理服务层将大规模数据高效、可靠地组织起来，为上层行业应用提供智能的支撑平台。

存储是信息处理的第一步。数据库系统以及其后发展起来的各种海量存储技术已广泛应用于IT、金融、电信、商务等行业。面对海量信息，如何有效地组织和查询数据是核心问题。

管理服务层的主要特点是“智慧”。有了丰富翔实的数据，运筹学理论、机器学习、数据挖掘、专家系统等“智慧进发”手段就有了更广阔的施展舞台。

除此之外，信息安全和隐私保护变得越来越重要。在物联网时代，每个人穿戴多种类型的传感器，连接多个网络，一举一动都被监测。如何保证数据不被破坏、不被泄露、不被滥用成为物联网面临的重大挑战。

4. 其他

物联网还需要信息安全、物联网管理、服务质量管理等公共技术支撑。

在各层之间，信息不是单向传递，而是可彼此交互和控制的。所传递的信息多种多样，其中最为关键的是围绕物品信息，完成海量数据采集、标识解析、传输、智能处理等各个环节，与各业务领域应用融合，完成各业务功能。

因此，物联网的系统架构和标准体系是一个紧密关联的整体，引领了物联网研究的方向和领域。

1.2 物联网的发展战略

物联网的概念产生至今不过10余年，已引起了全球广泛的关注，欧美等发达国家和亚洲日、韩等国纷纷投入巨资研发和制定发展规划。

1.2.1 物联网的发展阶段

物联网的发展需要经历4个阶段(如图1-9所示):第一阶段是电子标签和传感器被广泛应用在物流、销售和制药领域;第二阶段则是实现物体互联;第三阶段是物体进入半智能化;第四阶段就是物联网实现全智能化。

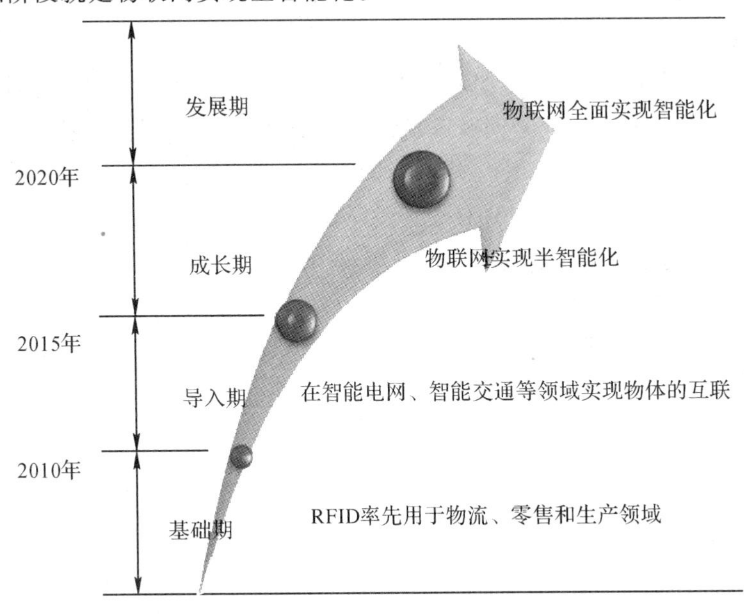

图1-9 物联网发展阶段

1.2.2 物联网发展的机遇和挑战

从物联网产业发展角度看,目前物联网的产业链及其核心环节已基本明确,政策环境、经济环境、社会环境和市场环境等有利因素,使得物联网产业正在经历不可多得的发展机遇。同时,行业规模化、统一技术标准及有效商业模式缺乏等问题,又使物联网产业发展面临严峻的挑战。

1. 物联网产业发展的机遇

物联网产业的规模化发展以相对完善的产业链的形成作为基础条件,在应用需求驱动下,配合以良好的政策、经济、社会和市场等环境因素,共同促进物联网的规模化发展。物联网产业链的完善是物联网产业良性发展的前提条件,当前,我国物联网上下游产业环节已经相对成形,但产业链不同环节之间的结合度还不够紧密,需要进一步统筹规划。

物联网产业的发展离不开政府的支持和相关行业监管部门的引导。目前,包括中国在内的世界各国已先后制定了多个物联网产业发展相关的计划,如美国的“智能电网”计划、日本的i-Japan计划和韩国的u-Korea计划等。

美国的“智能电网”计划如图1-10所示,该计划通过数字或模拟信号侦测并收集供应端的电力供应状况与使用端的电力使用状况,再用这些信息来调整电力的生产与输配,或调整家电及企业用户的耗电量,以此达到节约能源、降低损耗、增强电网可靠性的目的。

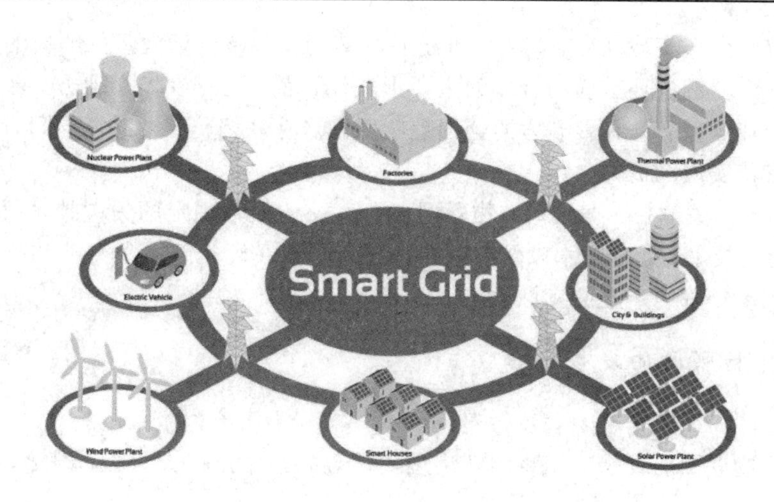

图1-10 智能电网

我国政府对物联网产业发展给予了极大的关注和支持。在政府层面，已将物联网产业列入国家五大新兴产业之一。

在行业监管部门层面，工业和信息化部牵头成立了包括科技部在内的物联网部际领导协调小组，以加快物联网产业化进程。在地方政府支持和引导层面，江苏省无锡市启动全国首个国家传感网创新示范区建设，上海、北京、天津、浙江、福建、重庆等地均纷纷制定各自的地方物联网产业发展规划。

网络服务运营商目前正在大力推动以M2M(Machine to Machine)为代表的物联网系统建设，运营商表现出的这种推动力，基于现有人与人间移动通信增长日趋饱和以及新业务增长点的迫切需求。

国外运营商(如Orange、Telenor和Verizon等)均把实现物与物间通信的M2M技术发展提升到战略高度，以打造端到端的服务能力为目标，并把它看作是未来业务发展的动力之一。

在国内，中国移动、中国联通和中国电信三大运营商同样十分重视物联网的发展，并已提出了各自的发展规划。

2. 物联网产业发展的挑战

物联网产业迎来难得发展机遇的同时，也面临着来自行业、标准以及产业链各环节合作等方面的挑战。

(1) 从物联网应用行业角度看，目前物联网应用行业呈现碎片化的特征，应用行业覆盖面广，涉及行业多，难以形成规模化。各行业控制力较强，行业间壁垒显著。与此同时，各行业的需求呈现多样性，差异较大。

(2) 从物联网技术标准角度看，目前物联网相关的标准较为杂乱，由于物联网覆盖从感知到处理、传输以及服务提供等诸多技术领域，即使是同一技术领域，多个标准化组织会制定各自的标准规范，这些标准所涉及的技术范围常常互有重叠，难以融合和统一。

(3) 从总体进度看，目前国际国内物联网进展仍相对缓慢，技术标准的成熟仍需要较长的时间。

(4) 从物联网产业链环节合作角度看，在运营模式仍未出现新的突破的前提下，如何与物联网集成商合作实现共赢、实现产业链各环节的有效整合仍是亟待解决的问题。产业联盟是物联网产业链各环节横向合作的主要形式。目前，已存在多个地方、区域或者行业内的物联网产业联盟，具有影响力的全国性物联网产业联盟仍在成长中，同时产业联盟的工作成效也有待实质性提升。

(5) 从物联网关键技术角度看，物联网产业发展还面临一定的关键技术挑战，包括传感器技术、传输技术、处理技术以及服务提供技术，下一代关键技术突破和新系统集成技术将有力地推动物联网产业的良性发展。

1.2.3 国外物联网的发展战略

1. 欧盟

欧盟认为物联网的发展应用将为解决现代社会问题做出极大贡献，因此，欧盟非常重视物联网战略。

欧盟提出物联网具有以下三方面特性：

(1) 不能简单地将物联网看作互联网的延伸，物联网是建立在特有的基础设施基础上的一系列新的独立系统，当然部分基础设施要依靠已有的互联网。

(2) 物联网将与新的业务共生。

(3) 物联网包括物与人通信、物与物通信的不同通信模式。物联网可以提高人们的生活质量，产生新的、更好的就业机会、商业机会，促进产业发展，提升经济的竞争力。

欧盟对加强物联网发展提出以下几点政策建议：

(1) 加强物联网管理，包括制定一系列物联网的管理规则，建立一个有效的分布式管理架构，使全球管理机构可以公开、公平、尽责地履行管理职能。

(2) 完善隐私和个人数据保护，包括持续监测隐私和个人数据保护问题，修订相关立法，加强相关方对话等。

(3) 提高物联网的可信度、接受度、安全性。

(4) 推广标准化，包括评估现有物联网相关标准并推动制定新的标准，持续监测欧洲标准组织、国际标准组织以及其他标准组织物联网标准的制定进度。

(5) 加强研发，包括通过欧盟第七期科研框架计划项目支持物联网相关技术研发，以及其他创新应用。

(6) 建立开放式的创新环境。

(7) 增强机构间协调，加深各相关方对物联网机遇、挑战的理解，共同推动物联网发展。

(8) 加强国际对话。

(9) 推广物联网标签、传感器在废物循环利用方面的应用。

(10) 加强对物联网发展的监测和统计。

欧盟还通过重大项目支撑物联网发展。在物联网应用方面，欧洲 M2M 市场比较成熟，发展均衡，通过移动定位系统、移动网络、网关服务、数据安全保障技术和短信平台等技术支持，欧洲主流运营商已经实现了安全监测、自动抄表、自动售货机、公共交通系统、车辆管理、工业流程自动化、城市信息化等领域的物联网应用。

欧盟各国的物联网在电力、交通以及物流领域已经形成了一定规模的应用。欧洲物联网的发展主要得益于欧盟在RFID和物联网领域的长期、统一的规划和重点研究项目。

2. 日本

日本是较早启动物联网应用的国家之一。日本重视政策引导和与企业的结合，对近期可实现、有较大市场需求的应用给予政策上的支持。对于远期规划应用则以国家示范项目的形式，通过资金和政策上的支持吸引企业参与技术研发和应用推广。

日本重点发展的物联网业务包括：通过对汽车远程控制、车与车之间的通信、车与路边的通信，增强交通安全性的下一代ITS应用；老年与儿童监视、环境监测传感器组网、远程医疗、远程教学、远程办公等智能城镇项目；环境的监测和管理，控制碳排放量。

通过一系列的物联网战略部署，日本针对国内特点，有重点地发展了灾害防护、移动支付等物联网业务。

日本的电信运营企业也在进行物联网方面的业务创新。NTT DoCoMo通过GSM/GPRS/4G网络平台，逐渐普及了智能家居、医疗监测、移动POS等业务。KDDI与丰田和五十铃等汽车厂商合作应用了车辆应急响应系统。

3. 韩国

韩国政府出台了一系列促进信息化建设的产业政策，重点是传统产业与信息技术的融合、用信息技术解决经济社会问题和信息技术产业先进化，并提出韩国汽车电子至少占领全球汽车电子市场10%的计划。

韩国目前在物联网相关的信息家电、汽车电子等领域已居全球先进行列。

4. 美国

美国IBM公司2008年提出了“智慧地球”，其本质是以一种更智慧的方法，利用新一代信息通信技术来改变政府、公司和人们相互交互的方式，以便提高交互的明确性、效率、灵活性。图1－11所示为IBM智慧地球标志。

图1－11 智慧地球(Smarter Planet)标志

美国以智能电网为智慧地球突破口，寻找到新的经济增长点。国际金融危机爆发以来，美国把新能源产业发展提升到了前所未有的高度。智能电网建设更是被政府选择为刺激美国经济振兴的核心主力和新一轮国际竞争的战略制高点。

美国凭借其在芯片、软件、互联网、高端应用集成等领域的技术优势，通过龙头企业和基础性行业的物联网应用，已逐渐打造出一个实力较强的物联网产业，并通过政府和企业的一系列战略布局，不断扩展和提升产业国际竞争力。

1.3 认识物联网技术标准

在世界精英管理者中流传着这样一句话：三流企业做产品，二流企业做品牌，一流企业做标准。

1. 物联网标准制定情况

物联网标准的制定是物联网发展自身价值和优势的基础支撑。由于物联网涉及不同专业技术领域、不同行业部门，物联网的标准既要涵盖不同应用场景的共性特征，以支持各类应用和服务，又要满足物联网自身可扩展以及系统和技术等内部差异性，所以物联网标准的制定是一个历史性的挑战。

目前，很多标准化组织均开展了与物联网相关的标准化工作，但尚未形成一套较为完备的物联网标准规范，在市场上仍有多项标准和技术在争夺主导地位，这种现象严重制约了物联网技术的广泛应用和产业的迅速发展，所以急需建立统一的物联网体系架构和标准化体系。

物联网标准的缺失以及国内外物联网标准的不一致，是当前物联网产品开发和应用实施的过程中我们要面对的最大问题。现有的物联网标准和联盟，主要包括ISO/IEC、IEEE、ITU－T、ETSI、3GPP、ZigBee、Z－Wave、IETF 6LowPAN、EPC global等。各类技术方案主要针对某一类物联网应用展开。例如，Z－Wave是低速率物物相连应用的一种解决方案。另外，由于物物互联应用领域众多，各类应用特点和需求不同，当前技术解决方案无法满足共性需求，尤其是在物理世界的信息交互和统一表征方面。以上对物联网产业发展极为不利，急需建立统一的体系架构和标准技术体系，引导和规划物联网标准的统一制定。

2. 我国制定物联网标准的意义

我国信息产业发展落后于许多发达国家，在大多数传统信息技术领域，我国已经失去了国际标准制定的话语权。在经济发展转型的今天，我国信息产业发展最大的瓶颈在于核心专利相对不足，受制于人，大量企业处于产业链条的低附加值环节。

与此同时，我国物联网产业发展起步较早，在研究、应用及标准化等方面与国际先进水平基本同步，个别领域甚至超前。当前，国际标准化组织对物联网国际标准的研究处于起步阶段，尚未形成统一标准。我国通过物联网各个标准化组织的共同努力，力图抢先制定适合我国产业发展特点的标准，引领国际标准走向，引导我国物联网产业的兴起，这无疑给我国提供了参与国际信息产业重新洗牌的机会。

3. 我国物联网技术标准制定的目标

我国物联网技术标准制定的目标是：建立符合我国国情，符合物联网技术的特点和发展趋势的标准体系。制定标准建立在跟进国际物联网技术标准的发展动态，推动我国物联网技术和应用的发展，促进我国对外经济交往的物联网技术标准发展规划的基础上。

体系建设重点在于：深入分析国际物联网标准体系，确立我国物联网标准体系的研究思路和原则，在分析物联网系统各基本要素相互关系的基础上，建立物联网体系架构和物联网标准体系。

制定我国物联网标准体系具有更重要的战略意义。从维护国家利益、推动我国物联网技术和应用的发展角度出发，从系统和形成有机整体的角度考虑，建立我国物联网基础标准体系结构图，并分析标准体系中各个层次标准和各个标准的作用及相互关系；结合我国国情和物联网基础标准体系的特点，给出物联网标准体系优先级列表，进而为国家的宏观决策和指导提供技术依据，为与物联网技术相关的国家标准和行业标准的立项和制定提供指南。

4. 物联网关键技术

物联网关键技术包括了传感器技术、射频识别技术、网络传输技术、微机电系统技术、软件和算法技术。

(1) 传感器技术是物联网技术中的关键技术之一。

传感器技术依托于敏感机理、敏感材料、工艺设备和计测技术，对基础技术和综合技术要求较高。以传感器为代表的感知技术是发达国家重点发展的物联网优势关键技术。其中，美国、日本、英国、法国、德国、俄罗斯等国家都将传感器技术列为国家重点开发技术之一。

(2) 射频识别技术标准成物联网标准的关注点。

射频识别集成了无线通信、芯片设计与制造、天线设计与制造、标签封装、系统集成、信息安全等技术，如今已经步入成熟发展期。目前，射频识别应用以低频和高频标签技术为主，超高频技术则有远距离识别、成本低廉等优势，有望成为未来主流。

(3) 网络传输技术包括有线传输和无线传输，无线传输又可以分为近距离传输及远距离传输。

近距离无线通信技术目前最受关注。其中，IEEE802.15.4 技术影响较大。IEEE802.15.4 低速低功耗无线技术正在面向智能电网和工业监控应用研究增强技术。远距离无线传输以蜂窝移动通信技术为代表，国际上正在开展核心网和无线接入 M2M 增强技术研究。

(4) 微机电系统技术主要包括设计与仿真、材料与加工、封装与装配、测量与测试、集成与系统技术等。

我国现在微机电系统技术正处于初期发展阶段，由于 MEMS 封装成本高，测试困难，批量制作加工多种材料尚难普及。未来 MEMS 技术将进一步向微型化、多功能化、集成化方向发展。

(5) 在物联网中间件技术方面，还是国外软件巨擘占据主导地位的状态。

在系统集成方面，国外企业研发能力强，部分企业掌握核心技术，并且在市场上占据绝对主导地位。如今面向服务的体系结构(Service - Oriented Architecture，SOA)已成为软件架构技术主流发展趋势，但国际上尚没有统一的概念和实施模式。

1.4 物联网的典型应用及前景

物联网具有行业应用的特性，有很强的应用渗透性，可以运用到各行各业，大致可以分为三类:行业应用、大众服务、公共管理。具体细分,主要有城市居住环境、智能交通、消防、智能建筑、家居、生态环境保护、智能环保、灾害监测避免、智慧医疗、智慧老人护理、智能物流、食品安全追溯、智能工业控制、智能电力、智能水利、精确农业、公共管理、智慧校园、公共安全、智能安防、军事安全等。

由于物联网的应用领域很广泛,但是目前处于起步阶段。2012 年《物联网产业十二五发展规划》重点确定了智能工业、智能农业、智能物流、智能交通、智能电网、智能环保、智能安防、智能医疗、智能家居等 9 个重点示范应用领域,如图 1-12 所示。

图 1-12 物联网的 9 大重点示范应用领域

下面结合这 9 大应用领域简单介绍物联网的应用场景。

1.4.1 智能家居

智能家居是目前物联网最为重要的应用方向之一,在未来也有更多的想象空间。智能家居也称智能住宅,是以住宅为平台,兼备建筑、网络通信、信息家电、设备自动化,集系统、结构、服务、管理为一体的高效、舒适、安全、便利、环保的居住环境。智能家居利用先进的计算机技术、网络通信技术、综合布线技术,将与家居生活有关的各种子系统有机地结合在一起,通过统筹管理,让家居生活更加舒适、安全,如图 1-13 所示。

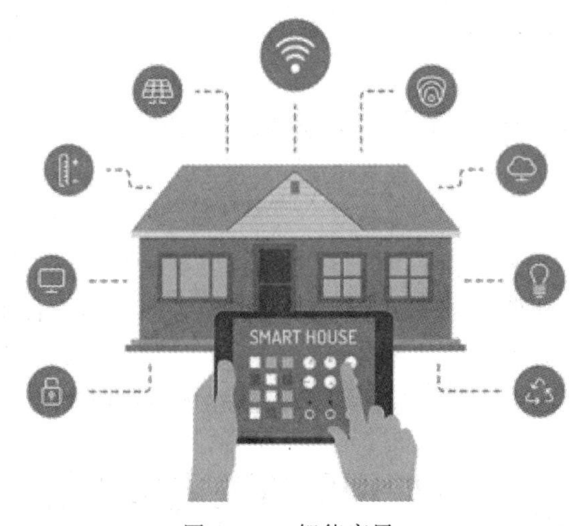

图 1-13 智能家居

智能家居目前能实现以下主要功能：

(1) 通过物联网将对讲、家电、照明、安保、娱乐等设备通过网络集成于一体，实现可视对讲、实时监视控制、灯光控制、电动窗帘控制、智能插座控制、红外电器控制、远程电脑控制、电话控制、门禁控制、安防报警、信息发布、背景音乐及多媒体娱乐等强大功能。

(2) 实时监控，安全保障，实时监控梯口、门口状况，防护房屋周边安全。

(3) 远程监视功能，确保时时获悉家中安全状况，并可监视小区其他活动区域；可以连接红外、烟感、紧急按钮、门磁、窗磁等设备；警笛、短信、电话、管理中心呼叫等多种报警输出方式。

(4) 带有实际状态反馈的家电控制技术，通过家庭控制终端或远程控制网页，可以真实反馈当前家电的工作状态。

(5) 设置多套场景模式，在每一套场景模式中均包含了连接到系统的各个灯光家电设备，用户可调节不同的亮度状态并将状态组合，即成为一个场景模式。用户可以通过触摸屏、遥控器、电话远程控制等方式自由切换不同灯光效果。

1.4.2 精准农业

精准农业(Precision Agriculture)，又称精准农作(Precision Farming)或者是定点作物管理(Site - Specific Crop Management)，是以信息技术、生物技术、工程技术等一系列高新技术为基础的面向大田作物生产的精细农作技术，已成为发达国家21世纪现代农业的重要生产形式，如图1-14所示。

图1-14 精准农业

精准农业作物生产过程中的决策是基于各类在田间获取的定点数据。采用全球卫星定位系统(GPS)、地理信息系统(GIS)、遥感技术(Remote Sensing)、决策支持系统(DSS)以及变量(撒布)技术(VRT)的精准农业系统一般可以分成三大组成部分：田间数据采集、数据处理及处方决策、按处方变量撒布(喷洒)。

使用精准农业系统，可以在施用种子、化肥、农药或灌溉时，对于“多少”“哪里”“何时”等问题给出比较精确的答案。使用精准农业系统可望提高生产效率。如图1-15所示，通过精确的计算能够知道一片区域的农作物产量情况。

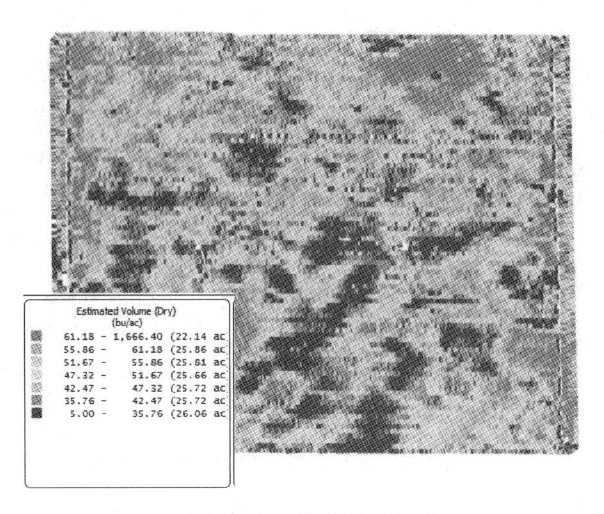

图 1-15　作物产量测算

目前在发达国家精准农业(及设备)生产已经初具规模。由于精准农业生产会增加技术与设备费用，人们目前对于现有精准农业系统在实际的生产中的投入与回报问题尚有争论。但是不争的事实是，实施精准农业可以提高田间作业的生产效率，减少农业对环境的污染。

1.4.3　智能医疗

智能医疗是指以智能的物联网和通信技术连接居民、病人、医护人员、药品以及各种医疗设备和设施，支持医疗数据的自动识别、定位、采集、跟踪、管理、共享，从而实现对人的智能化医疗和对物的智能化管理。

物联网技术在医疗领域中的应用几乎遍及该领域的各个环节，涉及从医疗信息化、身份识别、医院急救、远程监护和家庭护理、药品与耗材领域、以及医疗设备和医疗垃圾的监控、血液管理、传染控制等多个方面，如图 1-16 所示。

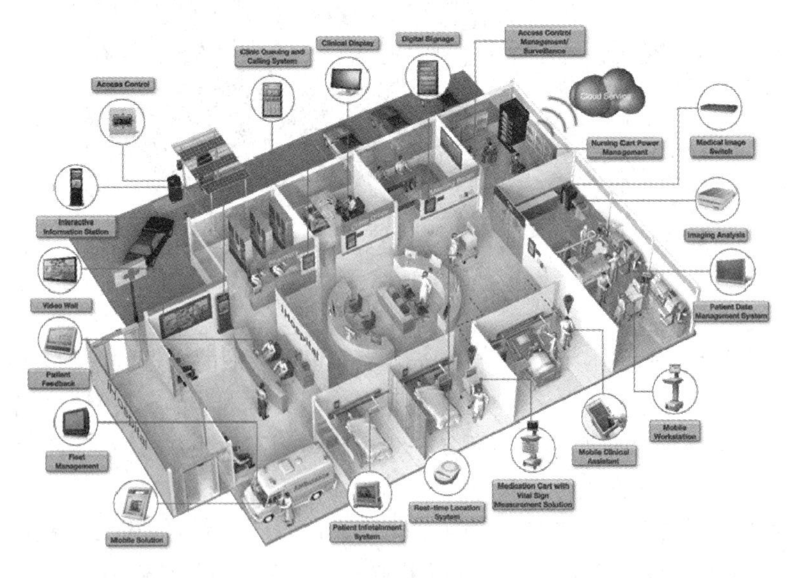

图 1-16　智能医疗概念图

目前国内大多数医院都采用了医院管理信息系统HIS。HIS的普及使用已使医院医疗实现了一定程度的信息化，但这种传统HIS也有很多不足的地方，如医疗信息需人工录入、信息点固定、组网方式固定、功能单一、各科室之间相对独立等，使HIS的作用发挥受到了制约。物联网技术以其终端可移动性、接入灵活方便等特点彻底突破了这些局限性，使医院能够更有效地提高整体信息化水平和服务能力。

智能医疗系统目前可以有以下应用：

1. 健康管理

居民健康管理包括健康指标监测(如血压、血糖、血氧、心电等)、智能健康预警、居民健康档案、健康常识等。

采用物联网技术，通过体检、评估、预防、咨询等方式，使处于亚健康的个体从未病到疾病的轨迹以数字化形式表达，并提出个性化健康干预方案，最大限度实现健康促进和早期预防。

医疗物联网能及时监测慢性病患者身体指标变化，如图1－17所示，例如使用手持心电监测仪，一分钟内即可自动完成心电数据采集。国外一家公司开发的坐便器，慢性病患者使用时可自动收集数据信息，传到医疗中心的个人健康档案中，进行实时健康管理。

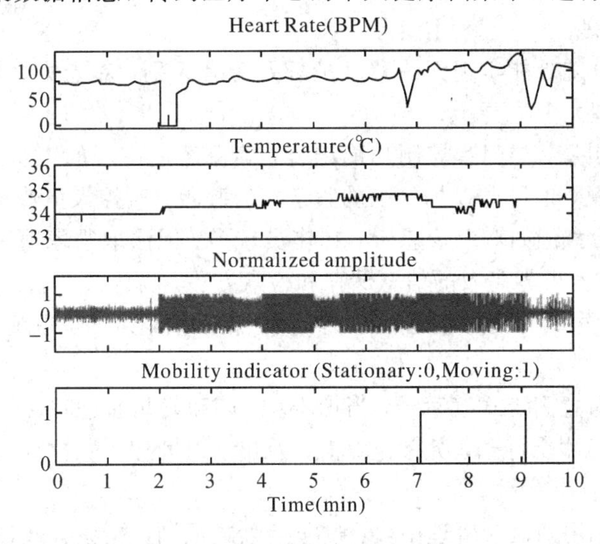

图1－17　远程监控患者的身体状态

远程医疗监护是利用物联网技术，构建以患者为中心，基于危急重病患者的远程会诊和持续监护服务体系。利用远程设备，通过监测体温、心跳等生命体征，为患者建立包括体重、胆固醇含量、脂肪含量、蛋白质含量等信息的记录，并将生理指标数据反馈到社区、护理人或医疗单位，及时为患者提供医疗服务。

医疗物联网的应用，可跨越时间空间的障碍，缓解发达地区看病难、住院难及不发达地区医疗资源稀缺等问题。

2. 医疗物资管理

(1) 医疗设备管理。传统的医疗设备管理难度大，设备查找费时，为医疗设备贴上RFID标识，利用移动设备管理系统，在无线网络条件下直接进入系统实时完成设备标识、定位、管理、监控及清核，即可实现大型医疗设备的充分利用和高度共享，大幅度降低医疗成本。

(2) 药品管理。正规药品生产后都配有唯一 RFID 标识码，购买者可判断药品真伪与相关生产信息。当药品出现质量问题，需下架召回或搜寻购买者时，厂家可通过物联网后台跟踪迅速定位。另外，生物制剂中蛋白质的不稳定性，易受环境温度变化影响，导致变质，物联网将温度变化记录在“带温度传感器的 RFID 标签”上，实时采集药品所在环境的温度、湿度、时间等参数上传至定位服务器，在定位服务器端设置参数值，当实际数值超标时，标签就会触发告警提示，管理人员可根据提示信息即时处理药品进行有效管理，避免浪费。

(3) 医疗器材管理。使用唯一标签对医疗器械包的打包制作、消毒、存储、发放、使用以及回收过程进行标识和跟踪管理。利用这种方式，可及时提醒存储中是否有消毒过期，分发和使用过程中是否有误，回收后可逐个清点包内各种器械的数量，既增加了整个过程的监控和管理，同时也降低发生医疗事故的可能性。

(4) 医疗废弃物监管。在医疗垃圾车上安装定位标签，并对其运行的区域做特殊设置。当其违规越界，定位系统会实时报警，记录违规历史轨迹，快速确认可能出现交叉感染的范围，并可发现在此过程中接触垃圾车的人员，以免被他人交给不法商贩二次使用。

3. 医疗过程管理

患者管理 RFID 腕带能实现无线移动护理及患者识别，对老人、儿童、精神病、传染病、急诊患者的管理尤为重要。

医生利用定位引擎，与门禁控制功能结合，确保经过许可的人员进入医院关键区域。当患者出现紧急情况，也可通过标签上的紧急按钮呼救，监控人员快速查找附近的医生或护士，通知进行救治。例如对急诊患者，在伤员较多、无法取得家属联系、危重等特殊情况下，借助 RFID 技术可靠高效的信息储存和检索方法，确认其姓名、年龄、血型、紧急联系电话、既往病史、家属等身份信息，完成入院登记手续，为其争取治疗的宝贵时间。

4. 母婴管理

在产科出入口布置固定式读写器，当护士、产妇和婴儿通过时，先读取识别卡或腕带，身份确认无误后房门才能打开，所有身份信息及出入时间记入数据库，防止婴儿抱错。

5. 血液管理

将 RFID 技术应用到血液管理中，通过非接触式识别，能够有效避免条形码容量小的弊端，减少血液污染，实现多目标识别，提高数据采集效率。另外，献血后血样贴上 RFID 标签，物联网为过程监控提供了从献血到供血的全程使用管理。

6. 医护管理

患者的家族病史、既往病史、各种检查、治疗记录、药物过敏等能为医生制定治疗方案提供帮助；医生和护士可对患者生命体征、治疗化疗等信息实时监测，杜绝用错药、打错针现象，自动提醒护士进行发药、巡查。同时 RFID 技术减少手写数据和口头交接，既可大幅降低护理人员文书作业时间，也可快速记录最精准正确的病历数据，有效提升整体医疗质量。

1.4.4 环境监测

随着全球环境的日益恶化，保护环境日益受到人们的关注。我国也将加大环境保护力度纳入“十三五”规划中，将环境保护提升到战略高度。环境监测作为环境保护的基础，既是环境管理的重要手段，又是环境决策的重要依据，因此，环境监测的信息化建设具有重要意义。

环境监测的对象，通常包括环境状况和污染源两个方面：

(1) 环境状况一般包括水体、大气、噪声、土壤、农作物、水产品、畜产品、放射性物质、电磁波、地面森林植被和自然保护区。

(2) 污染源一般包括工业污染源、农业污染源、交通污染源、医院污染源、城市污染源和污水灌溉污染源。

这些要素共同造成了对环境质量的影响，因此要统一监测，综合治理。

传统的环境监测主要手段包括物理手段(对于声、光的监测)、化学手段(各种化学方法，包括重量法，分光广度法等)、生物手段(监测环境变化对生物及生物群落的影响)等。引入物联网技术作为环境监测的一种新手段，易于获得实时、准确、动态的监测数据，能够实现环境监测的自动化、智能化，改变传统的环境监测方式。

物联网手段是以物联网技术为架构，以传感器为末端，自动在源头采集环境监测需要的各种环境数据，如图1-18所示，并即时地通过支撑网络传输到数据中心，并显示到相应的监测系统中。

图1-18 放置于水面的监测装置

使用传感器来获取数据不仅方便快捷，节约了大量人力物力，还能提高数据获取的精度与即时性，还能够更加规范化地总结、管理数据。

1.4.5 其他方面的应用

物联网作为新一代信息技术，可以广泛的应用于各个领域，在此选择一些简单介绍。

1. 智能交通

无人驾驶的公交车已经在一些地方试运行成功。另外通过路网交通信息的全面实时获取，还能实现交通堵塞预警、公交优先、公众车辆和特殊车辆的最优路径规划、动态诱导、绿波控制和突发事件交通管制等功能。

2. 仓储物流

在先进的仓储配送系统中，全自动输送分拣系统也常用激光、红外等技术进行物品感知、定位与计数，进行全自动的快速分拣。此外为了使仓储作业做到可视化，对仓库实行视频监控，部分仓储系统采用了视频感知监控系统，取得了良好的效果。

3. 公共安全

在国内外，公共安全监测物联网已经存在众多应用案例，在公共安全领域发挥了明显的作用。美国 Material Technologies 公司开发了一套裂缝诊断传感器系统，已经在宾夕法尼亚州检查了三座桥梁以及马萨诸塞州一座桥梁的裂缝。在韩国，为了保护市民的生命和财产，遏制犯罪、恐怖袭击、火灾，开始在城市内安全隐患区域安装感应系统。

目前，我国最大的城市浅埋明挖湖底隧道玄武湖隧道。从施工开始，南京大学光电传感工程监测中心就将传感器布入混凝土层中，直至通车运行至今，一直对隧道的健康情况进行着实时监测。

习 题 1

1. 什么是物联网？
2. 物联网的体系架构是什么？一般可以分为几部分？
3. 物联网与互联网、泛在网之间是什么关系？
4. 物联网的关键技术主要有哪些？
5. 物联网近几年发展的重点示范应用领域是什么？
6. 请分别从技术角度和行业发展分析物联网发展规律。
7. 如今我国物联网处于哪一个发展阶段？
8. 为什么各国都争相参与到物联网技术标准制定过程中？标准的制定对于行业发展有什么意义？
9. 简述我国物联网技术及标准发展状况。
10. 简述物联网在各个应用领域的应用情况。

第 2 章

物联网感知与识别技术

我们知道物联网作为一项综合性的技术，目前普遍接受的是三层物联网体系结构，从下到上依次是感知层、网络层和应用层，其中信息感知作为物联网最基本的功能，主要完成对物体的识别和对数据的采集，是实现物联网信息“全面感知，无处不在”的手段。

在信息系统发展早期，大多数物体识别或数据采集都是采用手工录入的方式，这样不仅工作量巨大，错误率也非常高。之后自动识别技术出现并在全球范围内得到迅速发展，条码识别技术、光学符号识别技术、语音识别技术、生物识别技术、卡识别技术以及射频识别技术、传感技术、定位技术等技术的出现和应用极大地解决了手工录入所带来的缺陷，为生产和生活带来了便利。

本章主要介绍物联网的感知与识别技术，包括：

(1) 自动识别技术的概念、分类。

(2) 射频识别技术(RFID)概念、特点、系统组成、分类。

(3) RFID 工作原理和典型应用。

(4) EPC 产品电子代码。

(5) 传感器的定义、分类、主要性能指标。

(6) 无线传感器网络体系结构、特性、应用领域。

(7) 二维码技术、红外感应技术、定位技术等的基本知识。

2.1　自动识别技术概述

自动识别技术是构造物品信息实时共享的重要组成部分，是物联网的基石。

2.1.1　自动识别技术的概念

自动识别技术将计算机、光、电、通信和网络技术融为一体，与互联网、移动通信等技术相结合，实现了全球范围内物品的跟踪与信息的共享，从而给物体赋予智能，实现人与物体以及物体与物体之间的沟通和对话。

1. 什么是自动识别技术

自动识别技术就是应用一定的识别装置，通过被识别物品和识别装置之间的作用，自动获取被识别物品的相关信息，并提供给后台的计算机处理系统来完成相关后续处理的一种技术。

自动识别技术近几十年在全球范围内得到了迅猛发展，初步形成了一个包括条码技术、磁条磁卡技术、IC 卡技术、光学字符识别、射频技术、声音识别及视觉识别等集计算机、光、磁、物理、机电、通信技术为一体的高新技术学科。

【例 2-1】 商场的条形码扫描系统就是一种典型的自动识别技术。售货员通过扫描仪扫描商品的条码(如图 2-1(a)所示)，获取商品的名称、价格，输入数量，后台 POS 系统即可计算出该批商品的价格，从而完成顾客的结算。当然，顾客也可以采用银行卡支付的形式进行支付(如图 2-1(b)所示)，银行卡支付过程本身也是自动识别技术的一种应用形式。

(a)

(b)

图 2-1　商场的条形码扫描与银行卡支付

2. 自动识别技术的作用

在现实生活中，各种各样的活动或者事件都会产生这样或者那样的数据，这些数据包括人的、物质的、财务的，也包括采购的、生产的和销售的，这些数据的采集与分析对于我们的生产或者生活决策来讲是十分重要的。

在信息系统早期，相当大一部分数据的处理都是通过人工手工录入，这样，不仅数据量十分庞大，劳动强度大，而且数据误码率较高，也失去了实时的意义。为了解决这些问题，人们研究和发展了各种各样的自动识别技术，将人们从重复又十分不精确的手工劳动中解放出来，提高了系统信息的实时性和准确性。

物联网中非常重要的技术就是自动识别技术，自动识别技术融合了物理世界和信息世界，是物联网区别于其他网络(如电信网、互联网)最独特的部分。自动识别技术可以对每个物品进行标识和识别，并可以将数据实时更新，是构造全球物品信息实时共享的重要组成部分，是物联网的基石。通俗讲，自动识别技术就是能够让物品“开口说话”的一种技术。

自动识别技术是以计算机技术和通信技术的发展为基础的综合性科学技术，它是信息数据自动识读、自动输入计算机的重要方法和手段。归根到底，自动识别技术是一种高度自动化的信息或者数据采集技术。

3. 自动识别系统的构成

完整的自动识别计算机管理系统包括自动识别系统(Auto Identification System，AIDS)，应用程序接口(Application Programming Interface，API)或者中间件(Middleware)和应用系统软件(Application Software)。

自动识别系统完成系统的采集和存储工作，应用系统软件对自动识别系统所采集的数据进行应用处理，而应用程序接口软件则提供自动识别系统和应用系统软件之间的通信接口，包括数据格式，将自动识别系统采集的数据信息转换成应用软件系统可以识别和利用的信息并进行数据传递。

2.1.2　自动识别技术分类

中国物联网校企联盟认为自动识别技术可以分为光学符号识别技术、语音识别技术、生物计量识别技术、IC 卡技术、条形码技术、射频识别技术(RFID)。

按照应用领域和具体特征的分类标准，自动识别技术可以分为如下 7 种。

1. 条码识别技术

一维条码是由平行排列的宽窄不同的线条和间隔组成的二进制编码。这些线条和间隔根据预定的模式进行排列，并且表达相应记号系统的数据项。宽窄不同的线条和间隔的排列次序可以解释成数字或者字母，可以通过光学扫描对一维条码进行阅读，即根据黑色线条和白色间隔对激光的不同反射来识别。

二维条码技术是在一维条码无法满足实际应用需求的前提下产生的。由于受信息容量的限制，一维条码通常对物品的标示，而不是对物品的描述，如图 2-2(a)所示；二维条码能够在横向和纵向两个方向同时表达信息，因此能在很小的面积内表达大量的信息，如图 2-2(b)所示。

(a)

(b)

图 2-2　一维条码和二维条码

2. 生物识别技术

生物识别技术指通过获取和分析人体的身体和行为特征来实现人的身份的自动鉴别。生物特征分为物理特征和行为特征两类。

1) 物理特征

物理特征包括指纹、掌形、眼睛(视网膜和虹膜)、人体气味、脸型、皮肤毛孔、手腕、手的血管纹理和 DNA 等，如图 2-3 所示。

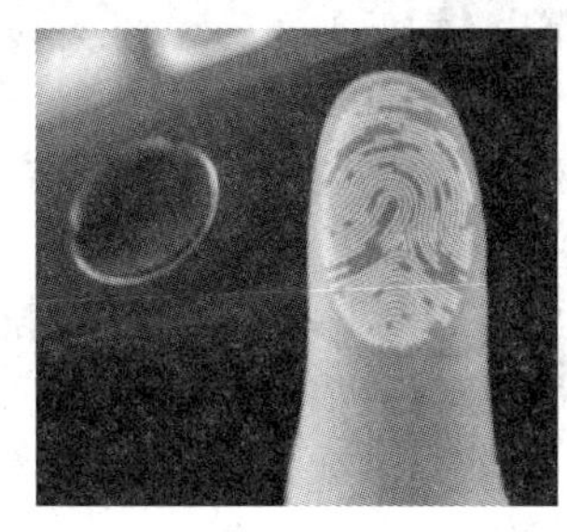

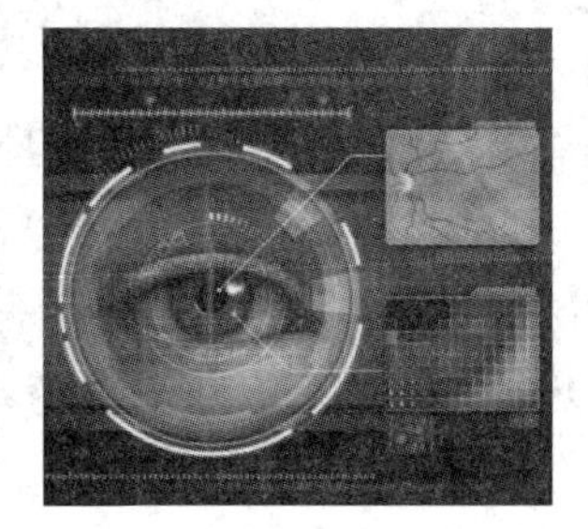

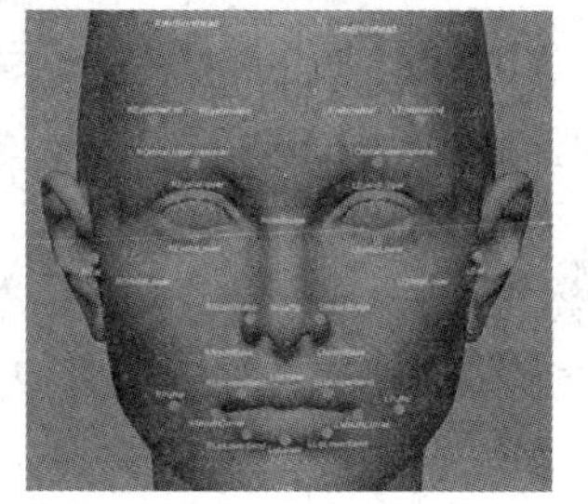

图 2-3　指纹、眼睛、人脸识别

(1) 声音识别技术。

声音识别是一种非接触的识别技术，用户可以很自然地接受。这种技术可以用声音指令实现“不用手”的数据采集，其最大特点就是不用手和眼睛，这对那些采集数据同时还要完成手脚并用的工作场合尤为适用。目前由于声音识别技术的迅速发展以及高效可靠的应用软件的开发，使声音识别系统在很多方面得到了应用。

(2) 人脸识别技术。

人脸识别指利用分析比较人脸视觉特征信息进行身份鉴别的计算机技术。人脸识别是一项热门的计算机技术研究领域，是通过生物体(一般特指人)本身的生物特征来区分生物体个体。

(3) 指纹识别技术。

指纹是指人的手指末端正面皮肤上凸凹不平产生的纹线，纹线有规律的排列形成不同的纹型。指纹识别即指通过比较不同指纹的细节特征点来进行自动识别。由于每个人的指纹不同，就是同一人的十指其指纹也有明显区别，因此指纹可用于身份的自动识别。

2) 行为特征

行为特征包括签名、语音、行走的步态、敲击键盘的力度等。

3. 图像识别技术

在人类认知的过程中，图像识别指图像刺激作用于感觉器官，人们进而辨认出该图像是什么的过程，也叫图像再认。

在信息化领域，图像识别是利用计算机对图像进行处理、分析和理解，以识别各种不同模式的目标和对象的技术。例如，地理学中指将遥感图像进行分类的技术。

图像识别技术的关键信息，既要有当时进入感官(即输入计算机系统)的信息，也要有系统中存储的信息。只有通过存储的信息与当前的信息进行比较的加工过程，才能实现对图像的再认。

4. 磁卡识别技术

磁卡是一种磁记录介质卡片，由高强度、高耐温的塑料或纸质涂覆塑料制成，能防潮、耐磨且有一定的柔韧性，携带方便、使用较为稳定可靠，如图 2-4 所示。

图 2-4　磁卡

磁条记录信息的方法是变化磁的极性，在磁性氧化的地方具有相反的极性，识别器才能够在磁条内分辨到这种磁性变化，这个过程被称作磁变。一部解码器可以识读到磁性变化，并将它们转换回字母或数字的形式，以便由一部计算机来处理。磁卡技术能够在小范围内存储较大数量的信息，在磁条上的信息可以被重写或更改。

5. IC 卡识别技术

IC 卡即集成电路卡，是继磁卡之后出现的又一种信息载体。IC 卡通过卡里的集成电路存储信息，采用射频技术与支持 IC 卡的读卡器进行通信，如图 2－5 所示。

图 2－5　IC 卡

IC 卡的外形与磁卡相似，它与磁卡的区别在于数据存储的媒体不同。磁卡是通过卡上磁条的磁场变化来存储信息。

按读取界面将 IC 卡分为下面两种：

(1) 接触式 IC 卡。该类卡通过 IC 卡读写设备的触点与 IC 卡的触点接触后进行数据的读写。

(2) 非接触式 IC 卡。该类卡与 IC 卡读取设备无电路接触，通过非接触式的读写技术进行读写(例如光或无线技术)。卡内所嵌芯片除了 CPU、逻辑单元、存储单元外，增加了射频收发电路。该类卡一般用在使用频繁、信息量相对较少、可靠性要求较高的场合。

6. 光学字符识别技术

光学字符识别技术(Optical Character Recognition，OCR)属于图像识别的一项技术，其目的就是要让计算机知道它到底看到了什么，尤其是文字资料。

OCR 主要针对印刷体字符(比如一本纸质的书)，采用光学的方式将文档资料转换成为原始资料黑白点阵的图像文件，然后通过识别软件将图像中的文字转换成文本格式，以便文字处理软件进一步编辑加工。

一个 OCR 识别系统，从影像到结果输出，必须经过影像输入、影像预处理、文字特征抽取、比对识别，然后经人工校正将认错的文字更正，最后将结果输出。

7. 射频识别技术

射频识别技术(Radio Frequency Identification，RFID)是通过无线电波进行数据传递的自动识别技术，是一种非接触式的自动识别技术。它通过射频信号自动识别目标对象并获取相关数据，识别工作无需人工干预，可工作于各种恶劣环境。与条码识别、磁卡识别技术和 IC 卡识别技术等相比，它以特有的无接触、抗干扰能力强、可同时识别多个物品等优点，逐渐成为自动识别中最优秀和应用领域最广泛的技术之一，是目前最重要的自动识别技术。

2.2　射频识别技术

射频识别技术(RFID)在物联网感知技术中占有重要地位，是物联网的核心技术之一。

2.2.1　RFID 系统组成

射频识别技术是一种无线自动识别技术，它可以通过无线电信号识别特定目标并读写相关数据，而无需识别系统与特定目标之间建立机械或者光学接触。

它利用射频方式进行非接触双向通信，以达到自动识别目标对象并获取相关数据的目的，并具有精度高、适应环境能力强、抗干扰强、操作快捷等许多优点。

1. RFID 系统

典型的 RFID 系统包括硬件组件和软件组件两部分，其中，硬件组件由电子标签和阅读器组成，软件组件由中间件和应用软件组成。

RFID 系统结构如图 2-6 所示。

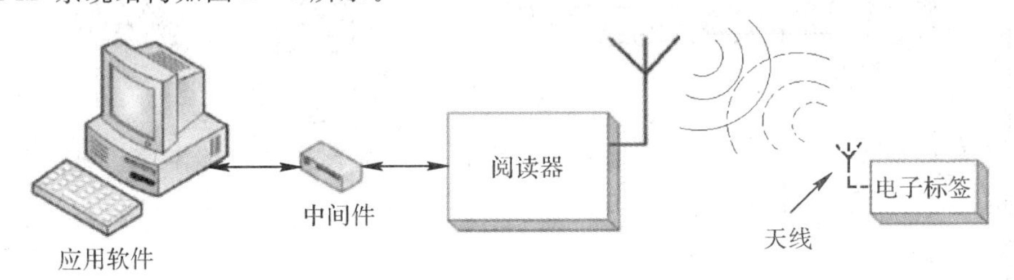

图 2-6　RFID 系统结构

1）电子标签

电子标签是 RFID 系统真正的数据载体，它由标签芯片和标签天线构成。标签天线接收阅读器发出的射频信息，标签芯片对接收的信息进行解调、解码，并把内部保存的数据信息编码、调制，再由标签天线将已调的信息发射出去。

常见的电子标签如图 2-7 所示。

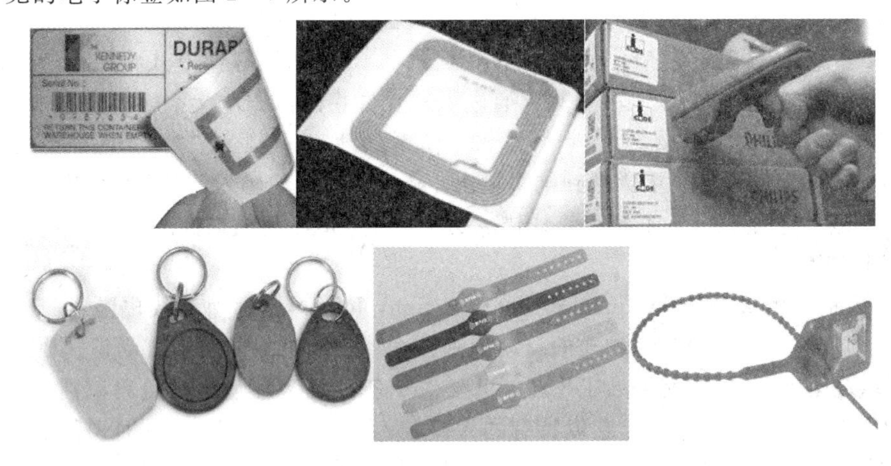

图 2-7　常见的电子标签

2）阅读器

阅读器主要完成与电子标签及计算机之间的通信，对阅读器与电子标签之间传送的数据进行编码、解码、加密、解密，并且具有防碰撞功能，能够实现同时与多个标签通信。

阅读器由射频模块和基带控制模块组成。

(1) 射频模块：用于产生高频发射能量，激活电子标签，为无源标签提供能量；对于需要发送至电子标签的数据进行调制并发射；接收并解调电子标签发射的信息。

(2) 基带控制模块：用于信息的编码、解码、加密、解密；与计算机应用系统通信，并执行从应用系统发来的命令；执行防碰撞算法。

常见的阅读器如图2-8所示。

图2-8　常见的阅读器

3）中间件

随着RFID的广泛应用，不同硬件接口的RFID硬件设备越来越多。软件上，应用程序的规模越来越大，出现了各式各样适合不同行业的系统软件及用户数据库。如果每个技术细节的改变都要求衔接RFID系统各部分的接口改变，那么RFID的发展将会受到严重制约，后期维护、管理工作量也会大大增加。

RFID中间件不仅屏蔽了RFID设备的多样性和复杂性，还可以支持各种标准的协议和接口，将不同操作系统或不同应用系统的应用软件集成起来。当用户改变数据库或增加RFID数据时，只需改变中间件的部分设置就可以使整个RFID系统仍然继续运行，省去了重新编写源代码的麻烦，也为用户节省了费用。

4）应用软件

应用软件是直接面向RFID应用的最终用户的人机交互界面。它以可视化的界面协助使用者完成对阅读器的指令操作以及对中间件的逻辑设置，逐级将RFID技术事件转化为使用者可以理解的业务事件。

在不同的应用领域，应用软件各不相同，因此需要根据不同应用领域的不同企业专门制定，很难具有通用性。

2. 工作原理

RFID系统的基本工作原理：阅读器将要发送的信号经编码后加载在某一频率的载波信号上，经天线向外发送，进入阅读器工作区域的电子标签接收此脉冲信号，射频识别标签被激活，将自身信息经由天线发射出去；接收天线接收射频识别标签发出的载波信号，阅读器对收到的信号进行解调解码，送给后台的电脑控制器；控制器根据判断该标签的合法性，针对不同的设定做出相应的处理和控制，发出指令信号控制执行机构做出相应动作，最后执行机构按照电脑的指令动作。

2.2.2　RFID分类

到目前为止，RFID没有形成统一的分类方式，较常见的分类方式有以下几种。

1. 根据电子标签的供电形式分类

实际应用中，电子标签的功耗是非常低的，但尽管如此，必须给电子标签供电它才能工作。

电子标签根据供电形式不同可分为无源标签、有源标签和半有源标签，如图 2-9 所示。

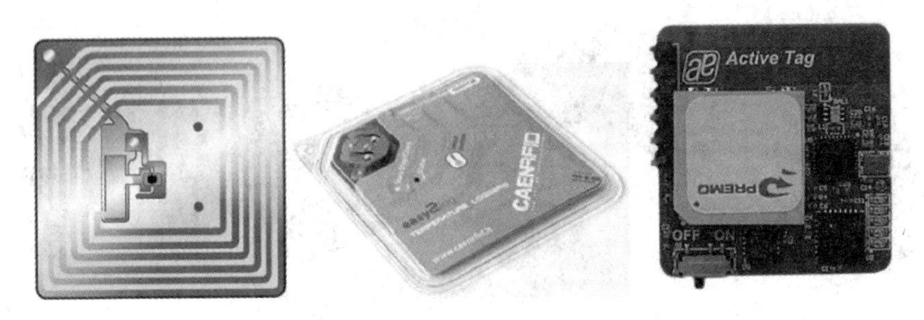

图 2-9 无源、半有源、有源标签

1）无源标签

无源标签内部不带电池，工作时的电能主要由天线接收到阅读器的射频信号的能量转换为直流电源提供。这种电子标签具有永久的使用期，但是由于转换的电能比较弱，导致信号的传输距离比有源标签短。因此，无源标签适用于读写次数多、对信号传输距离要求不高的场合。

无源标签发展最早，也是发展最成熟、市场应用最广的产品。比如，公交卡、食堂餐卡、银行卡、宾馆门禁卡、二代身份证等，这些在我们的日常生活中随处可见，属于近距离接触式识别类。

2）有源标签

有源标签的电能由它内部自带的电池提供，电量充足时，信号的传输距离远，属于远距离自动识别类，主要用于有障碍物的应用中。但随着电量的消耗，传输距离会越来越小，可能会影响系统的正常工作。

有源标签是最近几年才慢慢发展起来的，其远距离自动识别的特性，决定了其巨大的应用空间和市场潜质。在远距离自动识别领域，如智能监狱、智能医院、智能停车场、智能交通、智慧城市等领域有重大应用。

3）半有源标签

半有源标签介于有源标签和无源标签之间，内部带电池，但电池只用于激活系统，当系统被激活后，标签工作在无源状态下，工作电能靠外部提供。相比于无源标签，半有源标签在反应上速度更快，距离更远及效率更好。

2. 根据可读写性分类

电子标签根据可读写性分为可读写标签(RW)、一次写入多次读出标签(WORM)和只读标签(RO)三类。

1）可读写标签

可读写标签可以修改存储在其中的数据，一般比一次写入多次读出标签和只读标签贵得多，如电话卡、信用卡等一般均为可读写卡。

2）一次写入多次读出标签

一次写入多次读出标签是用户可以一次性写入的标签，写入后数据不能改变，价格也比可读写标签要便宜。

3）只读标签

只读标签存有一个唯一的号码，不能修改，因而也保证了一定的安全性。

3. 根据工作频率分类

电子标签根据工作频率的不同可分为低频(30 kHz 至 300 kHz)、高频(3 MHz 至 30 MHz)、超高频(300 MHz 至 3 GHz)系统，如图 2-10 所示。

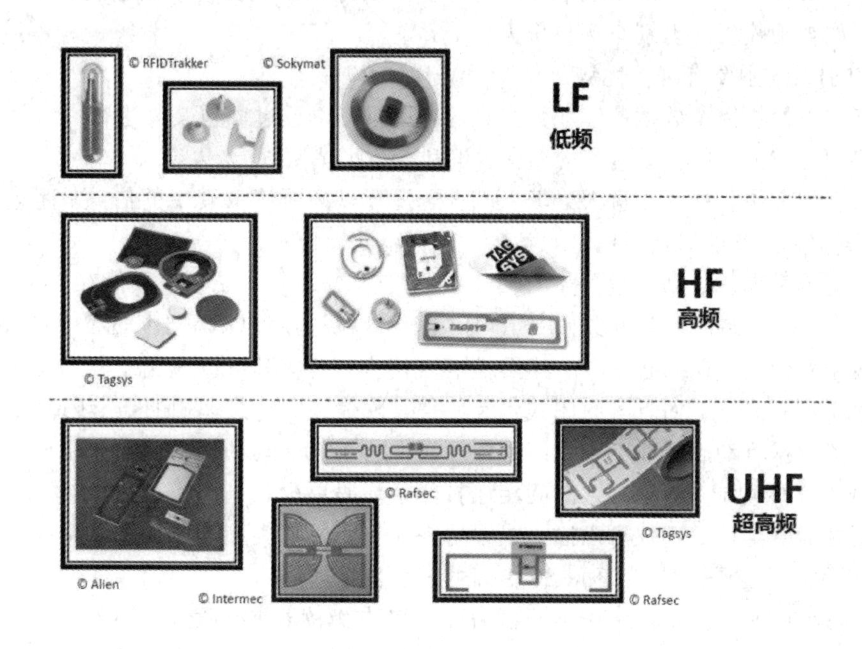

图 2-10　不同频率的标签

1）低频系统

低频系统成本低廉，电子标签外形多样，一般为无源标签，特点是电子标签内保存的数据量较少，阅读距离较短，阅读天线方向性不强等。因此，主要用于短距离的应用中，如多数的门禁控制、校园卡、煤气表、水表等。

2）高频系统

高频系统速度较快，可以实现多标签同时识读，形式多样，价格合理，可以用于需传送大量数据的应用系统，一般也采用无源标签为主。但是高频 RFID 产品对可导媒介(如液体、高湿、碳介质等)穿透性不如低频产品，由于其频率特性，识读距离较短，主要用于电子车票、电子身份证、电子闭锁防盗(电子遥控门锁控制器)、小区物业管理、大厦门禁系统等。

3）超高频系统

超高频系统成本均较高，特点是标签内保存的数据量较大，阅读距离较远(可达十几米)，适应物体高速运动性能好。阅读天线及电子标签天线均有较强的方向性，但其天线波束方向较窄且价格较高，主要用于需要较长的读写距离和高读写速度的场合，如铁路车辆自动识别、集装箱识别、公路车辆识别与自动收费系统中。但是，超高频电磁波对于可导媒介(如水等)完全不能穿透，对金属的绕射性也很差。

2.2.3 RFID 系统优势

RFID 是一项易于操控、简单实用，特别适合于自动化控制的灵活性应用技术，识别工作无需人工干预，它既可支持只读工作模式也可支持读写工作模式，且无需接触或瞄准，可自由工作在各种恶劣环境下，例如，短距离射频产品不怕油渍、灰尘污染等恶劣的环境，可以替代条码，用在工厂的流水线上跟踪物体；长距射频产品多用于交通上，识别距离可达几十米，如自动收费或识别车辆身份等。

射频识别系统主要有以下优势：

(1) 读取方便快捷。数据的读取无需光源，甚至可以透过外包装来进行。有效识别距离更大，采用自带电池的主动标签时，有效识别距离可达到 30 米以上。

(2) 识别速度快。标签一进入磁场，解读器就可以即时读取其中的信息，而且能够同时处理多个标签，实现批量识别。

(3) 数据容量大。数据容量最大的二维条形码(PDF417)，最多也只能存储 2725 个数字，若包含字母，存储量则会更少。RFID 标签则可以根据用户的需要扩充到数 10K。

(4) 使用寿命长，应用范围广。其无线电通信方式，使其可以应用于粉尘、油污等高污染环境和放射性环境，而且其封闭式包装使得其寿命大大超过印刷的条形码。

(5) 标签数据可动态更改。利用编程器可以向标签写入数据，从而赋予 RFID 标签交互式便携数据文件功能，而且写入时间相比打印条形码更少。

(6) 更好的安全性。不仅可以嵌入或附着在不同形状、类型的产品上，而且可以为标签数据的读写设置密码保护，从而具有更高的安全性。

(7) 动态实时通信。标签以 50～100 次/秒的频率与解读器进行通信，所以只要 RFID 标签所附着的物体出现在解读器的有效识别范围内，就可以对其位置进行动态的追踪和监控。

2.2.4 RFID 典型应用

射频识别技术可应用的领域十分广泛。

(1) 身份证：国内第二代身份证，如图 2-11 所示，证件信息存储在芯片内，从信息读出方式上讲，采用的也是无线射频技术。

图 2-11 第二代身份证

(2) 病人识别及医疗器械追踪：比如将腕式 RFID 标签佩戴于工作人员和病人手腕上，如图 2-12 所示，就可以很方便地对他们进行识别以及对位置进行持续追踪。上述应用同时也可以和门禁控制功能相结合，确保只有经过许可的人员才能进入医院关键区域，如限制未经许可人员进入药房、儿科和其他高危区域等。病人出现紧急情况时，可通过标签上的紧急按钮进行呼叫。同时可以将 RFID 标签附着在医疗器械上面，对医疗仪器与设备提供限时位置追踪功能，加强设备的综合利用及管理。亦可有效地杜绝危险受控药品的外流滥用。

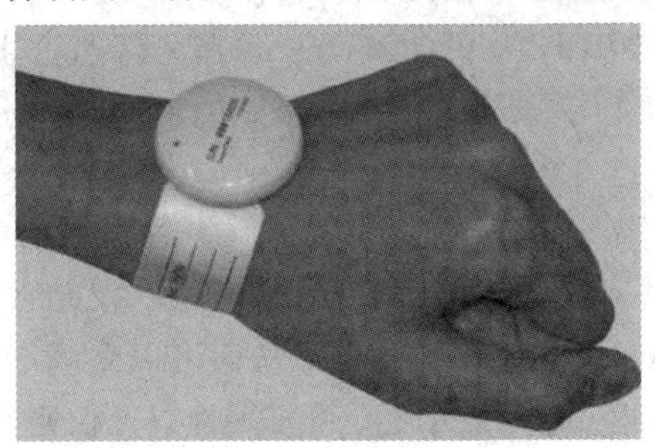

图 2-12　医院使用的腕式 RFID 标签

(3) 物流管理：通过射频识别可以实现从原材料采购、半成品与制成品的生产、运输、储存、配送、销售，甚至退货处理与售后服务等所有供应链环节的实时监控，准确掌握产品相关信息。

(4) 行李分类：很多机场已经开始使用无源标签的射频识别进行行李分类。和使用条码的行李分类相比，使用无源标签的射频识别行李分类解决方案可从不同角度识别行李标签，标签上的信息储存量也更多，识别速度更快更方便，结果也更准确。

(5) 门禁系统：许多大学、办公区、仓库、旅馆等地都在大门及房门设有读卡器，用以控制与记录每个人在何时何地出入，不仅为开锁提供了方便，也可以在需要的时候方便地查询各人的进出情况。

(6) 图书馆智能管理：传统图书馆采用条形码作为书本识别方式，每次只能识别一个条形码，与阅读器的数据交流为单向交流，没有记忆空间，导致书库管理功能受到限制。传统图书馆人工借还采用扫条码、消磁借还书的方式，效率低下，经常会引起读者排队等候和情绪不满。现在很多图书馆已经使用射频识别来代替馆藏上的条码。图书馆应用 RFID 智能管理系统可以一次性读取多本图书的 RFID 标签，即一次性借还多本图书，大大缩短了读者借书、还书时间，充分利用标签中的记忆功能，提高自助借还效率与书库管理的精确性，改善图书馆图书错架、乱架现象，防止图书遭窃，而且在一定程度上维护了读者的隐私。

2.2.5　EPC 产品电子代码

产品的唯一标识在很多情况下是十分必要的，而常见的条码识别最大的缺点之一就是它只能识别一类产品。在这种情况下，目前最好的解决方案就是给每一个商品提供唯一的号码，电子产品码应运而生。

1. EPC 概念的提出

1999 年美国麻省理工学院的一位教授提出了 EPC(Electronic Product Code)开放网络

(物联网)构想，在国际条码组织(EAN. UCC)以及宝洁公司(P&G)、吉列公司、可口可乐、沃尔玛、联邦快递、雀巢、IBM等全球83家跨国公司的支持下，开始了这个发展计划，并于2003年完成了技术体系的规模场地使用测试。2003年10月，国际上成立EPC GLOBLE全球组织推广EPC和物联网的应用。

欧、美、日等发达国家在全力推动符合EPC技术电子标签的应用，全球最大的零售商沃尔玛宣布：从2005年1月份开始，前100名供应商必须在托盘中使用EPC电子标签，2006年必须在产品包装中使用EPC电子标签。美国、欧洲、日本的生产企业和零售企业都在2004年到2005年开始陆续实施了电子标签。

2. EPC编码的概念

电子产品码(Electronic Product Code，EPC)采用一组编号来代表制造商及用于确定是什么类别的产品，同时还有另一组编号可以唯一地标识一个特定的产品。有了电子产品码，就可以通过射频识别系统来唯一地识别每个产品，从而可以做到产品快速扫描、产品追踪、精确物流等。电子产品码具有唯一性、简单性、可扩展性以及保密性与安全性的特点。

EPC编码是国际条码组织推出的新一代产品编码体系。原来的产品条码仅是对产品分类的编码，而EPC码是对每个单品都赋予一个全球唯一编码，EPC编码采用96位(二进制)方式的编码体系。96位的EPC码，可以为2.68亿公司赋码，每个公司可以有1600万产品分类，每类产品有680亿的独立产品编码，形象地说，可以为地球上的每一粒大米赋一个唯一的编码。

3. EPC编码结构

电子产品码是标签中储存的常见的数据类型，当由RFID标签打印机写入标签时，标签包含96位的数据串，如图2-13所示，前8位是一个标题，用于标识协议的版本；接下来的28位识别管理这个标签的数据的组织，该组织的编号是由EPCglobal协会分配的；再接下来的24位是对象分类，用于确定是什么类别的产品；最后36位是这个标签唯一的序列号。

标题	管理者代码	对象分类	序列号
(8位)	(28位)	(24位)	(36位)

图2-13　EPC码的结构

4. EPC标签

产品电子标签(EPC标签)是由一个比大米粒1/5还小的电子芯片和一个软天线组成，电子标签像纸一样薄，如图2-14所示，可以做成邮票大小，或者更小。

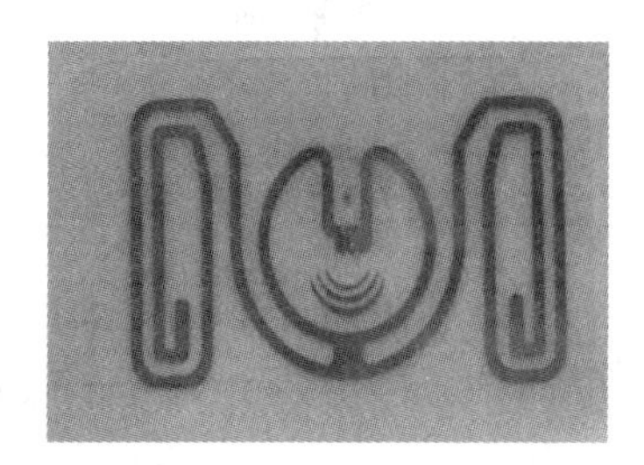

图2-14　EPC标签

EPC 电子标签可以在 1～6 米的距离让读写器探测到，一般可以读写信息。

EPC 标签是一个成熟的技术，其特点是全球统一标准，价格也非常便宜。EPC 标签通过统一标准、大幅降低价格、与互联网信息互通的特点，使电子标签应用风起云涌。

5. EPC 标签的应用优势

EPC 电子标签具有无接触读取、远距离读取、动态读取、多数量、品种读取、标签无源、海量存储量等优势。这些都是条码无法比拟的，因此采用 EPC 电子标签技术，可以实现数字化库房管理，并配合使用 EPC 编码，使得库存货品真正实现网络化管理。

例如，在仓库管理系统中，应用 EPC/RFID 技术能够实现以下功能：

(1) 货品动态出入库管理。

(2) 提高对出入库产品信息记录采集的准确性。

(3) 灵活的可持续发展的体系。

(4) 系统能在任何时间及时地显示当前库存状态。

(5) 独立的工作平台与高度的互动性。

(6) 实时的信息收集和传输。

(7) 方便的管理模式、准确快捷的信息交流。

(8) 易操作性的界面设计将降低库存管理的难度等。

同样地，在食品溯源、牲畜溯源、电力管理、智能家居、个人保健、智能校园、平安城市、智能农业、智能经济上都有发展。

2.3 传感器技术

人们为了从外界获取信息，必须借助于感觉器官。而单靠人们自身的感觉器官，在研究自然现象和规律以及生产活动中它们的功能就远远不够了。为适应这种情况，就需要传感器。因此可以说，传感器是人类五官的延长，有人形象地称之为“电五官”。

传感器是连接现实世界与电子世界的纽带，是物联网的基础环节，对精准感知现实世界的性质与现象有着至关重要的作用。随着当今信息化的不断发展，实际上传感器早已渗透到了人们的日常生活当中，例如，声控与光感的灯光、电视机的遥控、热水器的控温器等。

2.3.1 传感器的作用和组成

就像动物使用自身的感知能力(视觉、听觉、嗅觉、触觉)来获得外界的信息一样，如果需要使用逻辑电路处理外界信息，那么就需要把物理世界的这些信息转化为电信号，而做到这些的就是传感器。

1. 传感器的定义

传感器是利用一定的物性(物理、化学、生物)法则、定理、定律、效应等把物理量或化学量转变成便于利用的电信号的器件。电信号的高精准度、高灵敏度、宽测量范围、便于传递等优点，使其被广泛应用于感知现实信息的传感器设备中。

传感器技术是现代信息技术的重要内容之一，已经涉及工农业生产、军事国防、航天航空、海洋探测、环境保护、医疗卫生等领域，随着传感器技术的不断发展，其应用的领域也不断扩大。

传感器应用场合(领域)不同，叫法也不同。例如，在过程控制中称为变送器，(标准化的传感器)在射线检测中则称为发送器、接收器或探头。如图 2-15 所示为在工农业生产中常用的传感器。

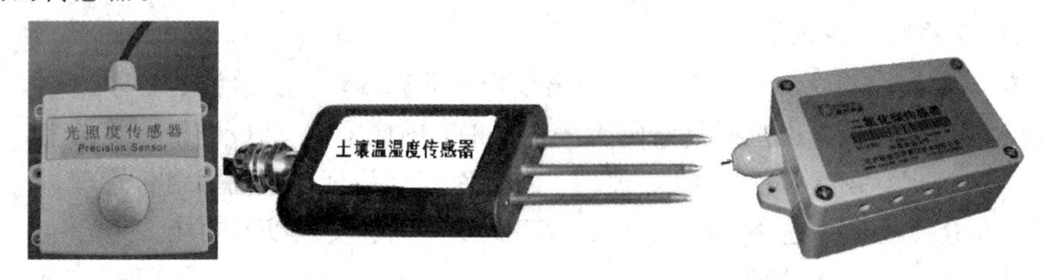

图 2-15　工农业生产中常用的传感器

2. 传感器的作用

世界已进入信息时代，在利用信息的过程中，首先要获取准确可靠的信息，而传感器是获取自然和生产领域中信息的主要途径与手段。

在现代工业生产，尤其是自动化生产过程中，要用各种传感器来监视和控制生产过程中的各个参数，使设备工作在正常状态或最佳状态，并使产品达到最好的质量。因此可以说，没有众多优良的传感器，现代化生产也就失去了基础。

在基础学科研究中，传感器更具有突出的地位。例如，对深化物质认识、开拓新能源、新材料等具有重要作用的各种极端技术研究，如超高温、超低温、超高压、超高真空、超强磁场、超弱磁场等，要获取大量人类感官无法直接获取的信息，没有相适应的传感器是不可能的。许多基础科学研究的障碍，首先就在于对信息的获取存在困难，而一些新机理和高灵敏度的检测传感器的出现，往往会导致该领域内的突破。一些传感器的发展，往往是一些边缘学科开发的先驱。

传感器早已渗透到工业生产、海洋探测、环境保护、资源调查、医学诊断、生物工程等极其广泛的领域。可以说，从茫茫的太空，到浩瀚的海洋，以至各种复杂的工程系统，几乎每一个现代化项目，都离不开各种各样的传感器。

由此可见，传感器技术在发展经济、推动社会进步方面具有十分重要的作用。

3. 传感器的组成

传感器一般由敏感元件、转换元件和转换电路三部分组成，有时会加上辅助电源，如图 2-16 所示。其中，敏感元件是直接感受被测量，并输出与被测量成确定关系的物理量；

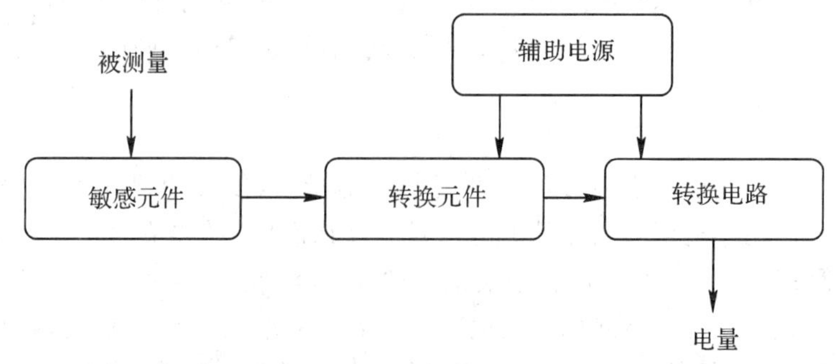

图 2-16　传感器的组成

转换元件把敏感元件的输出作为它的输入，转换成电路参量；上述电路参数接入基本转换电路，便可转换成电量输出。

1）敏感元件

敏感元件是传感器中能直接感受或响应被测量信息的部分，可以感受如物理、化学、生物等信息，将待测的非电量变为易于转换成电量的另一种非电量。通常这类元件都是利用某些材料对某种信息的敏感效应制成的，因此也可以按输入的物理量来命名，比如声敏、光敏、热敏、力敏元件等。

2）转换元件

转换元件是传感器中能将敏感元件感受或响应的被测量转换成适于传输或测量的电信号的部分，有的转换元件可能会需要辅助电源。例如，可以将位移量直接变换为电容、电阻及电感的电容变换器、电阻及电感变换器，能直接把温度变换为电势的热电偶变换器等。

3）转换电路

由于传感器输出信号一般都很微弱，而且有可能会混有干扰信号和噪声，因此需要有信号调理与转换电路对输出信号进行放大、滤波、运算调制等，此外信号调理转换电路以及传感器的工作必须有辅助的电源。

2.3.2　传感器的分类

传感器有多种不同的分类方法，一般可以按以下几种方法进行分类。

1. 按用途分类

传感器按用途不同可以分为压力敏和力敏传感器、位置传感器、液位传感器、能耗传感器、速度传感器、加速度传感器、射线辐射传感器、热敏传感器。

2. 按工作原理分类

根据工作原理不同，传感器可以分为电阻式传感器、电容式传感器、电势式传感器、电感式传感器、压电式传感器、热电式传感器、磁电式传感器、光电式传感器、应变式传感器、电化学式传感器、同位素式传感器等。比如，应变片式传感器的工作原理是基于电阻应变效应，即在导体产生机械变形时，它的电阻值相应发生变化。而电感式传感器则是利用铁芯位移线圈自感或互感的变化来实现测量。

3. 按输出信号分类

按输出信号不同，传感器可分为以下几类：

（1）模拟传感器：将被测量的非电学量转换成模拟电信号。

（2）数字传感器：将被测量的非电学量转换成数字输出信号（包括直接和间接转换）。

（3）膺数字传感器：将被测量的信号量转换成频率信号或短周期信号的输出（包括直接或间接转换）。

（4）开关传感器：当一个被测量的信号达到某个特定的阈值时，传感器相应地输出一个设定的低电平或高电平信号。

4. 按制造工艺分类

传感器按制造工艺可分为以下几类：

(1) 集成传感器：用标准的生产硅基半导体集成电路的工艺技术制造。通常还将用于初步处理被测信号的部分电路也集成在同一芯片上。

(2) 薄膜传感器：通过沉积在介质衬底(基板)上的相应敏感材料的薄膜形成。使用混合工艺时，同样可将部分电路制造在此基板上。

(3) 厚膜传感器：利用相应材料的浆料，涂覆在陶瓷基片上制成。

(4) 陶瓷传感器：采用标准的陶瓷工艺或其某种变种工艺(溶胶、凝胶等)生产。完成适当的预备性操作之后，已成形的元件在高温中进行烧结。厚膜和陶瓷传感器这两种工艺之间有许多共同特性，在某些方面，可以认为厚膜工艺是陶瓷工艺的一种变型。

上述每种工艺技术都有自己的优点和不足。由于陶瓷和厚膜传感器研究、开发和生产所需的资本投入较低，因此可以优先采用。

5. 按构成分类

传感器按构成可分以下几类：

(1) 基本型传感器：是一种最基本的单个变换装置。

(2) 组合型传感器：是由不同单个变换装置组合而构成的传感器。

(3) 应用型传感器：是基本型传感器或组合型传感器与其他机构组合而构成的传感器。

6. 按作用形式分类

传感器按作用形式可分为主动型和被动型传感器。

(1) 主动型传感器：又有作用型和反作用型，此种传感器对被测对象能发出一定探测信号，能检测探测信号在被测对象中所产生的变化，或者由探测信号在被测对象中产生某种效应而形成信号。检测探测信号变化方式的称为作用型，例如，雷达与无线电频率范围探测器。检测产生响应而形成信号方式的称为反作用型，例如，光声效应分析装置与激光分析器。

(2) 被动型传感器：只是接收被测对象本身产生的信号，如红外辐射温度计、红外摄像装置等。

7. 按被测物理量分类

根据被测物理量分类，传感器可以分为温度传感器、热量传感器、压力传感器、流量传感器、位移传感器、质量传感器、加速度传感器、角速度传感器、酸碱度传感器、电流传感器、气敏传感器等。

2.3.3 常见传感器简介

随着信息化的发展，传感器早已渗透了生活的方方面面，传感器种类繁多，应用广泛，下面选取几种传感器类型做简单介绍。

1. 声音传感器

日常生活中最常见的传感器之一就是声音传感器，如图 2-17 所示，声音传感器内置一个对声音敏感的电容式驻极体话筒。声波使话筒内的驻极体薄膜振动，导致电容的变化，而产生与之对应变化的微小电压。这一电压随后被转化成 0～5 V 的电压，经过 A/D 转换被数据采集器接受。

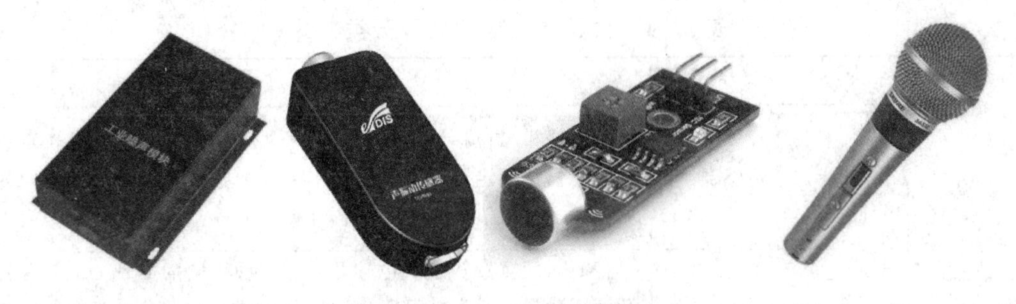

图 2-17　声音传感器及其应用

例如，我们平时使用的话筒就是声音传感器的应用，话筒的作用就是将由声音产生的空气波动和压力转换成适合电子器件使用的波动电平信号。

2. 光敏传感器

另一种常见的传感器是光敏传感器，如图 2-18 所示。很多到了晚上就会自动开启的路灯就是应用的光敏传感器的结果。

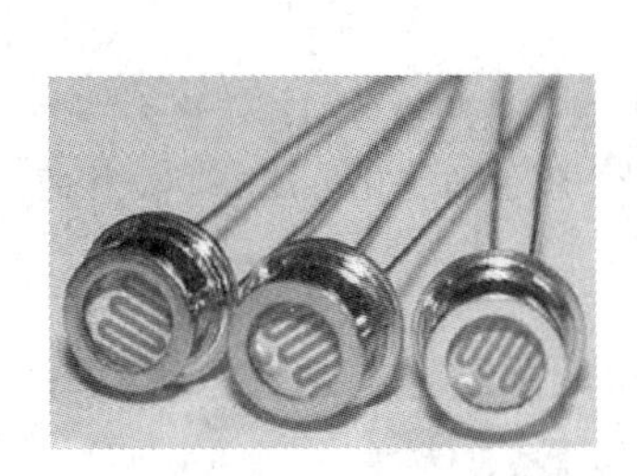

图 2-18　光敏传感器及其应用

光敏传感器就是利用光敏电阻受光线强度影响而阻值发生变化的原理，从而将光信号转换为电信号的传感器，同样有着很多种类。它的敏感波长在可见光波长附近，包括红外线波长和紫外线波长。

光敏传感器不只局限于对光的探测，它还可以作为探测元件组成其他传感器，对许多非电量进行检测，只要将这些非电量转换为光信号的变化即可。

很多情况下，都需要将不同的传感器结合使用。比如，大多数声控灯都同时有着声音传感器和光敏传感器。当周围光线强烈的时候并不会因为声音而启动照明，只有同时满足光线暗淡以及有一定分贝的声响才会启动。

3. 位移传感器

位移传感器又称为线性传感器，是把位移转换为电量的传感器。位移传感器是一种属于金属感应的线性器件，位移的测量一般分为测量实物尺寸和机械位移两种。

位移传感器也有多种不同的分类方式，如表 2-1 所示。

位移传感器常用于长度、距离、振动、速度、方位等物理量的测量，还可用于大气污染物的监测等。角度位移传感器、距离传感器等已经广泛应用于高速列车转向架和客车车厢的倾斜测量、精确钻井倾斜控制、火炮和雷达调整、导航系统等很多用途。如图 2-19 所示为直线位移传感器与角度位移传感器。

表 2-1　位移传感器的两种分类方式

分类方式	种　类	说　　明
运动方式	直线位移传感器	把直线机械位移量转换成电信号，通常将可变电阻滑轨定置在传感器的固定部位，通过滑片在滑轨上的位移来测量不同的阻值。通过阻值的变化引起输出量的变化
	角度位移传感器	把对角度测量转换成电信号，有几种不同的实现方式，有将角度变化量转变为电阻变化的变阻器式角位移传感器，有将角度变化量转变为电容变化的面积变化型电容角位移传感器，还有将角度变化量转变为感应电动势变化量的磁阻式角位移传感器等
工作方式	霍尔式位移传感器	维持工作电流不变而使位移带来磁场强度变化，从而造成霍尔电势改变，引起输出量的变化
	光电式位移传感器	通过对光的阻挡量来测量对象的位移，这种传感器的特点是在非接触的情况下测量
	电位器式位移传感器	电位器式位移传感器的可动电刷与被测物体相连。物体的位移引起电位器移动端的电阻变化，阻值的变化量反映了位移的量值

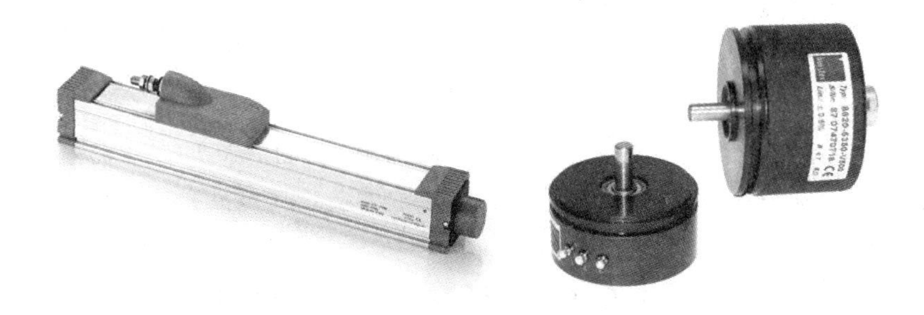

图 2-19　直线位移传感器与角度位移传感器

2.3.4　传感器性能指标

传感器在稳定信号作用下，其输入输出关系称为静态特性。衡量传感器静态特性的重要指标主要有以下几个：

(1) 线性度，指传感器输出量与输入量之间的实际关系曲线偏离拟合直线的程度。

(2) 灵敏度，是其在稳态下输出增量与输入增量的比值。

(3) 迟滞，指传感器在正向(输入量增大)和反向(输入量减小)行程过程中，其输出输入特性曲线不重合的程度。

(4) 重复性，是指传感器在按同一方向做全量程多次测试时，所得特性曲线不一致的程度。

(5) 漂移，在一定时间间隔内，传感器在外界干扰下，输出量发生与输入量无关的、不需要的变化。漂移包括零点漂移和灵敏度漂移。

(6) 精度，是指测量结果的可靠程度，是测量中各类误差的综合反映，测量误差越小，传感器的精度越高。

(7) 稳定性，表示传感器在一个较长的时间内保持其性能参数的能力。理想的情况是不论什么时候，传感器的特性参数都不随时间变化。但实际上，随着时间的推移，大多数传感器的特性会发生改变。这是因为敏感元件或构成传感器的部件，其特性会随时间发生变化，从而影响了传感器的稳定性。

2.3.5　传感器的选型原则

要进行具体的测量工作，首先要考虑采用何种原理的传感器，这需要分析多方面的因素之后才能确定。因为，即使是测量同一物理量，也有多种原理的传感器可供选用。哪一种原理的传感器更为合适，则需要根据被测量的特点和传感器的使用条件考虑以下具体问题：量程的大小；被测位置对传感器体积的要求；测量方式为接触式还是非接触式；信号的引出方法，有线或是非接触测量；传感器的来源，国产还是进口，价格能否承受，还是自行研制。

在考虑上述问题之后，就能确定选用何种类型的传感器，然后再考虑传感器的具体性能指标。

1. 灵敏度的选择

通常，在传感器的线性范围内，希望传感器的灵敏度越高越好。因为只有灵敏度高时，与被测量变化对应的输出信号的值才比较大，有利于信号处理。但要注意，传感器的灵敏度高，与被测量无关的外界噪声也容易混入，也会被放大系统放大，影响测量精度。因此，要求传感器本身应具有较高的信噪比，尽量减少从外界引入的干扰信号。

传感器的灵敏度是有方向性的。当被测量是单向量，而且对其方向性要求较高，则应选择其他方向灵敏度小的传感器；如果被测量是多维向量，则要求传感器的交叉灵敏度越小越好。

2. 频率响应特性

传感器的频率响应特性决定了被测量的频率范围，必须在允许频率范围内保持不失真。实际上传感器的响应总有一定延迟，希望延迟时间越短越好。

传感器的频率响应越高，可测的信号频率范围就越宽。

在动态测量中，应根据信号的特点(稳态、瞬态、随机等)响应特性，以免产生过大的误差。

3. 线性范围

传感器的线性范围是指输出与输入成正比的范围。从理论上讲，在此范围内，灵敏度保持定值。传感器的线性范围越宽，则其量程越大，并且能保证一定的测量精度。在选择传感器时，当传感器的种类确定以后首先要看其量程是否满足要求。

但实际上，任何传感器都不能保证绝对的线性，其线性度也是相对的。当所要求测量精度比较低时，在一定的范围内，可将非线性误差较小的传感器近似看做线性的，这会给测量带来极大的方便。

4. 稳定性

传感器使用一段时间后，其性能保持不变的能力称为稳定性。影响传感器长期稳定性的因素除传感器本身结构外，主要是传感器的使用环境。因此，要使传感器具有良好的稳定性，传感器必须要有较强的环境适应能力。

在选择传感器之前，应对其使用环境进行调查，并根据具体的使用环境选择合适的传感器，或采取适当的措施，减小环境的影响。

传感器的稳定性有定量指标，在超过使用期后，在使用前应重新进行标定，以确定传感器的性能是否发生变化。

在某些要求传感器能长期使用而又不能轻易更换或标定的场合，所选用的传感器稳定性要求更严格，要能够经受住长时间的考验。

5. 精度

精度是传感器的一个重要的性能指标，它是关系到整个测量系统测量精度的一个重要环节。传感器的精度越高，其价格越昂贵，因此，传感器的精度只要满足整个测量系统的精度要求就可以，不必选得过高，这样就可以在满足同一测量目的的诸多传感器中选择比较便宜和简单的传感器。

如果测量目的是定性分析，选用重复精度高的传感器即可，不宜选用绝对量值精度高的；如果是为了定量分析，必须获得精确的测量值，就需选用精度等级能满足要求的传感器。

对某些特殊使用场合，无法选到合适的传感器，则需自行设计制造传感器。自制传感器的性能应满足使用要求。

2.4 无线传感器网络系统

2.4.1 无线传感器网络系统概述

1. 传感器网络

20世纪90年代末，随着现代传感器、无线通信、现代网络、嵌入式计算、集成电路、分布式信息处理与人工智能等新兴技术的发展与融合，以及新材料、新工艺的出现，传感器技术向微型化、无线化、数字化、网络化、智能化方向迅速发展，由此研制出了各种具有感知、通信与计算功能的智能微型传感器。而传感器网络就是大量部署的集成有传感器、数据处理单元和通信模块的微小节点在监测区域内构成的网络。

借助于节点中内置的形式多样的传感器测量所在周边环境中的热、红外、声呐、雷达和地震波信号，传感器网络探测包括温度、湿度、噪声、光强度、压力、土壤成分、移动物体的大小、速度和方向等众多我们感兴趣的物质现象。

2. 无线传感器网络

传感器网络在通信方式上，虽然可以采用有线、无线、红外和光等多种形式，但一般认为短距离的无线低功率通信技术最适合传感器网络使用，为明确起见，一般称作无线传感器网络(Wireless sensor network，WSN)。

无线传感器网络(WSN)通过无线通信方式形成一个自组织网络系统，具有信号采集、实时监测、信息传输、协同处理、信息服务等功能，能感知、采集和处理网络所覆盖区域中感知对象的各种信息，并将处理后的信息传递给用户。如图2-20所示。

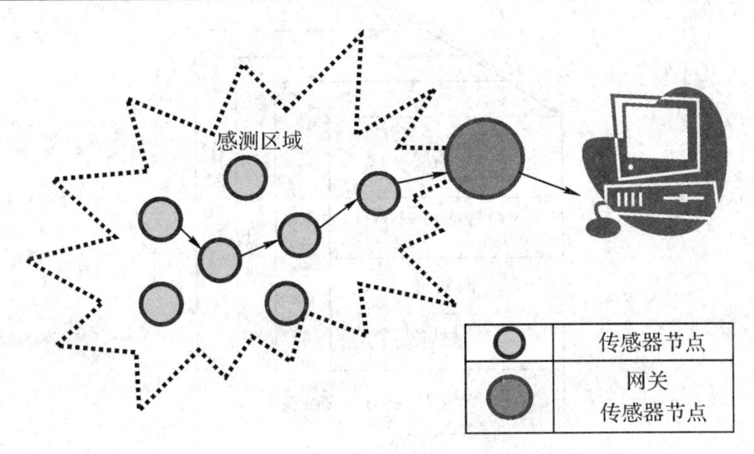

图 2-20　一种简单的无线传感器网络

WSN 可以使人们在任何时间、地点和任何环境条件下，获取大量精准可靠的信息，这种具有智能获取、传输和处理信息功能的网络化智能传感器和无线传感器网络，逐步成为 IT 领域的新兴产业。它可以广泛应用于军事、科研、环境、交通、医疗、制造、反恐、抗灾、家居等领域，如图 2-21 所示。

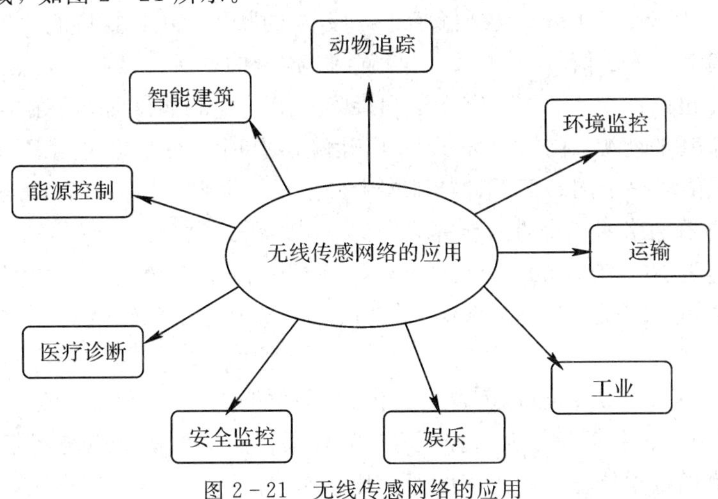

图 2-21　无线传感网络的应用

2.4.2　无线传感器网络体系结构

1. 无线传感器网络协议结构

网络协议为不同的工作站、服务器和系统之间提供了通信的方式，是为网络数据交换而制定的标准和规则。

互联网与其他传统通信网络已经有了成熟的网络协议，而由于传感器网络在工作环境、设计目的、能源供应等方面与传统的互联网以及其他通信网络存在差异，其体系结构也不同于传统的网络。

当前无线传感器网络分为两个组成部分：网络通信部分和传感器管理部分，如图 2-22所示。

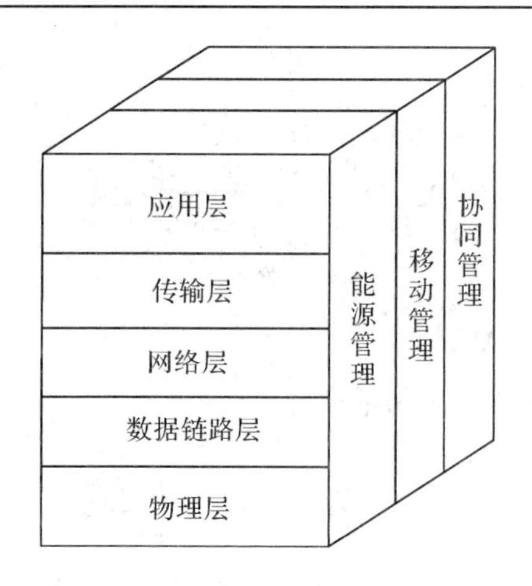

图 2-22　无线传感器网络协议结构

1）网络通信部分

网络通信部分包含物理层、数据链路层、网络层、传输层和应用层，负责实现各个节点之间的信息传递，然后节点把收集到的信息传递给传感器管理部分。

(1) 物理层(Physical Layer)主要负责感知数据的收集，并对收集的数据进行抽样，包括信道区分和选择、无线信号检测、调制与解调、信号的发送与接收等技术。

以目前电子电路的技术水平，在传送和接收一定长度的数据时，发射需要消耗的能源大于接收需要消耗的能源，同时更大于 CPU 运算需要消耗的能源。考虑到每个节点的能量十分有限，节能对整个网络的设计与维护十分重要。因此，如何进行动态功率的管理和控制是无线传感器网络的一个重点研究方向。

(2) 数据链路层(Data Link Layer)负责媒体接入控制和建立节点之间可靠的通信链路，可分为媒体访问控制(Media Access Control，MAC)和逻辑链路控制(Logical Link Control，LLC)。

(3) 网络层(Network Layer)负责数据传输路径的选择，主要任务是路由的生成与选择，包括分组路由、网络互联、拥塞控制等，需要在传感器的源节点与汇聚节点之间建立路由以实现可靠的数据传输。因为多跳通信比直接通信更加节能，这也正好符合数据融合和协同信号处理的需要，在无线传感器网络中，节点一般都采用多跳路由相互连接。

(4) 传输层(Transport Layer)保障数据流进行有效可靠地传输。

(5) 应用层(Application Layer)进行信息处理，对于收集到的数据具体使用。

2）传感器管理部分

传感器管理部分包含能源管理、移动管理和协同管理。管理平台决定收集到的数据的处理方式，同时还要负责各个节点的控制和监测，确保节点能够正常工作。

(1) 能源管理(Energy Management)。由于无线传感器网络中节点规模大并且每个节点趋于小型化，每个节点的电源能量都是最宝贵的资源，因此能量管理部分就是为了尽可能合理、有效地利用能量，使整个无线传感器网络寿命延长。

(2) 移动管理(Mobility Management)。由于无线传感器节点可以是移动的，因此需要移动管理来检测传感器节点的移动，并使其连接到汇聚节点，使传感器节点能正确追踪其他节点的位置。

(3) 协同管理(Synchronization Management)。为了节省能量，人们必须采用有效的感知模型、较低的采样率和低功耗的信号处理算法。同时为了对感知区域的监控有效性，多个节点对目标的检测、分类、辨识和跟踪而产生的信息处理必须在一定的时间内完成。

在以往的无线通信系统中，网络节点把收集到的原始数据直接发送给中心节点，由中心节点进行信号处理。但在无线传感器网络这种能源十分宝贵的情况下，这种中心处理方式浪费了很多带宽资源与电力。并且，处于中心节点附近的节点，由于要转发大量的信息，能量更易耗尽，大大缩短了网络的生存时间。于是很有必要在无线传感器网络节点之间进行协同信号处理。

协同信号处理指的是多个节点协作性地对多个信源的数据进行处理，是一种按需的、面向目标的信号处理方式，只有当节点接到具体的查询任务时，才进行与当前查询有关的信号处理任务。协同信号处理又是一种灵活的信号处理方式，能根据不同的查询任务进行不同的信号处理。

2. 无线传感器网络拓扑结构

在无线传感器网络中，大量节点散布在检测区域内，传感器节点之间以自组织形式构成网络，每个节点获取到的数据通过无线网络传输，数据通过多个节点，最后通过网关连接到其他网络。节点之间组成网络的形式与技术便是传感器网络的拓扑结构。

在无线传感器网络的实际应用中，由于大量的节点以及各个节点的环境和能源因素，整个网络的节点很可能会动态地增加或减少，从而网络的拓扑结构可能会随之发生变化，但总体可以分为以下几种类型。

1) 星形拓扑结构

星形拓扑结构的每一个节点都直接连接到网关节点，单个的网关节点可以向其他节点发送或接收数据，如图2-23所示。在星形拓扑结构中，不同的一般节点(终止节点)之间不允许发送数据。这种连接方式能实现在一般节点和网关之间的低传输延迟。不过由于所有节点都依靠一个节点来工作，一般节点就必须分布在网关节点的无线信号范围内。

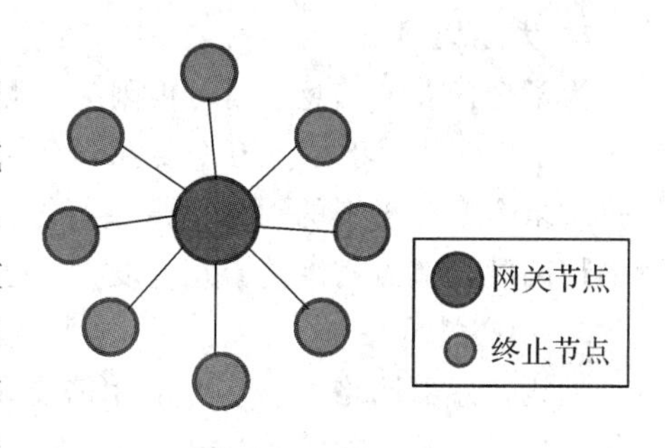

图2-23　星形拓扑结构

星形拓扑结构的优点是可以降低一半节点的能源消耗而且易于管理，缺点是网络规模做不到太大。

2) 树形拓扑结构

在树形拓扑结构中，每个节点连接到树的更上层的一个节点，最后连接到网关，如图2-24所示。

树形拓扑结构的主要优点是可以简单地拓展网络，并且易于查错，缺点是路由节点的损坏或能源耗尽将会导致整条支路瘫痪。

3) 网状拓扑结构

网状拓扑结构允许每个节点与其无线网络范围内的任意节点传送数据，如果节点想要与其无线网络范围外的节点进行传输，它就会通过在其范围内的其他节点将数据转发给目标节点，如图2-25所示。

网状结构的优点是传输灵活，不依赖单个节点，并且可组建检测大面积区域的网络，缺点是网络结构复杂并需要大量投入。

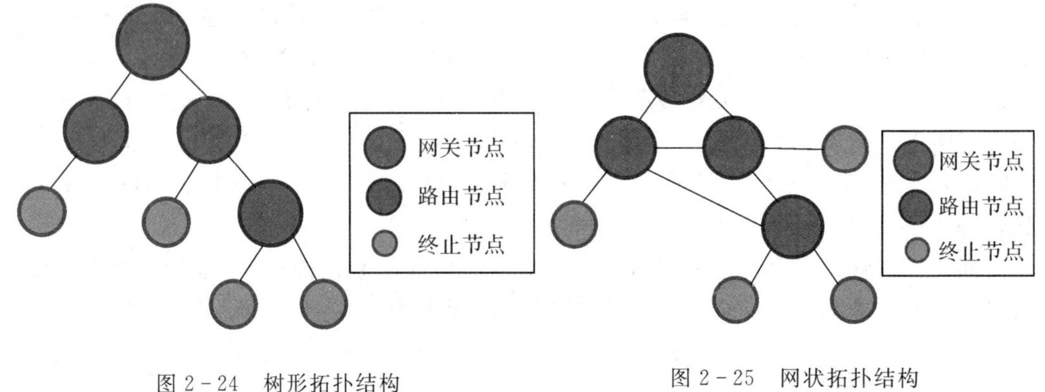

图 2-24　树形拓扑结构　　　　图 2-25　网状拓扑结构

2.4.3 无线传感器网络特性

无线传感器网络以感知为目的，特征是通过传感器等方式获取物理世界的各种信息，结合互联网、移动通信网等网络进行信息的传送与交互，采用智能计算技术对信息进行分析处理，从而提升对物质世界的感知能力，实现智能化的决策和控制。因此，中间节点不但要转发数据，还要进行与具体应用相关的数据处理、融合和缓存。

无线传感器网络的主要特点如下。

1. 大规模网络

为了全面获取信息，同时也因为检测区域可能很大，通常会在检测区域部署大量无线传感器节点，甚至于由上万个传感器组成一个网络。由于每个节点会尽可能做到低功耗，通过对多个节点采集的大量信息进行综合分析，能够在降低单个节点需求的情况下提高监测的精确度。节点密度高，冗余度大，也使得系统的容错性能比较强。

2. 动态性网络

无线传感器网络由于实际应用需要，节点可能随处移动。而且一个节点可能会因为电池能量耗尽或其他故障，退出网络运行。根据实际情况也可能会随时加入新的无线传感器节点。这样，在无线传感器网络中的节点个数就动态地增加或减少，加之无线信道间的相互干扰、天气和地形等因素的影响，这些都会使无线传感器网络的拓扑结构即时动态变化。因此就要求无线传感器网络能够动态地适应这种变化。

3. 通信能力有限

每个无线传感器节点的通信覆盖范围可能只有几十到几百米，而且通信容易受到地势地貌以及自然环境的影响，因此传感器可能会脱离网络离线工作。

由于网络中节点通信距离有限，节点只能与它的邻居节点直接通信。如果希望与其射频覆盖范围之外的节点进行通信，则需要通过中间节点转发。无线传感器网络的多跳路由是由普通节点协作完成的，而不是由专门的路由设备来完成。这样每个节点既可以是信息的发起源，也可以充当其他节点所发起的信息的转发者。

4. 计算和存储能力受限

传感器节点趋向于微型，要求价格低、功耗小，这些限制必然导致其携带的处理器能力比较弱，存储器容量比较小。由于传感器节点数量巨大、价格低廉、而且部分环境复杂，所以传感器节点通过更换电池的方式来补充能源是不现实的。如何高效使用能源来最大化节点寿命，这是无线传感器网络需要考虑的首要问题。

传感器节点消耗能量的模块包括传感器模块、处理器模块和无线通信模块。一般而言，绝大部分能量都消耗在无线通信模块上。

无线通信模块存在发送、接收、空闲和睡眠四种状态。无线通信模块在睡眠状态关闭通信模块，在空闲状态会一直监听无线信道的使用情况。无线通信模块在发送状态，其能量消耗最大；在空闲状态和接收状态，其能量消耗接近，略少于发送状态的能量消耗；在睡眠状态，能量消耗最少。因此，为了让网络通信更有效率，需要减少不必要的转发和接收，并且在不需要通信时应尽快进入睡眠状态。

5. 以数据为中心的网络

无线传感器网络以实际任务为目的。一般情况下，在传感器网络中，人们关心的是某个区域的某个观测指标的值，而不会关心这个值是由哪些节点获取的。例如，在应用于目标追踪的传感器网络中，目标可能出现在任何地方，用户只会关心目标出现的位置和时间，并不关心哪个节点监测到了目标。

也就是说，用户使用传感器网络查询事件时，并不是具体地去找某个节点，而是直接通告给管理网络，由管理网络在获得该事件的相关信息后再输出给用户。这是一种以数据本身作为查询或者传输线索的思想。所以，通常说无线传感器网络是一个以数据为中心的网络。

6. 应用相关的网络

传感器用来感知客观世界，获取世界的信息。客观世界的信息量无穷无尽，因此根据具体应用方向不同，传感器也要能获取不同的物理量。

不同的应用背景对传感器网络的要求不同，其硬件平台、软件系统和网络协议必然会有很大差异。所以，传感器网络不能像 Internet 一样，有统一的通信协议平台。

对于不同的传感器网络应用虽然存在一些共性问题，但在开发传感器网络应用中，更关心传感器网络的差异。而且由于环境和传感器数量巨大，人工维护每个节点并不现实，因此无线传感器的安全性和网络的通信保密性也十分重要，要防止监测数据被盗取和获取伪造的监测数据。

2.4.4 无线传感器网络应用领域

随着微处理器体积的缩小和性能的提升，已经有中小规模的 WSN 在工业市场上开始投入商用。其应用主要集中在以下领域。

1. 环境监测

随着人们对于环境问题的关注程度越来越高，需要采集的环境数据也越来越多。无线传感器网络的出现，为随机性的研究数据获取提供了便利，并且还可以避免传统数据收集方式给环境带来的侵入式破坏。

例如，英特尔实验室研究人员曾经将 32 个小型传感器连进互联网，以读出缅因州“大鸭岛”上的气候，用来评价一种海燕巢的条件。无线传感器网络还可以跟踪候鸟和昆虫的迁移，研究环境变化对农作物的影响，监测海洋、大气和土壤的成分等。此外，它也可以应用在精细农业中，用来监测农作物中的害虫、土壤的酸碱度和施肥状况等。

2. 医疗护理

罗切斯特大学的科学家使用无线传感器创建了一个智能医疗房间，使用微尘来测量居住者的重要征兆(血压、脉搏和呼吸)、睡觉姿势以及每天24小时的活动状况。英特尔也推出了基于WSN的家庭护理技术。该技术是作为探讨应对老龄化社会的技术项目的一个环节开发的。该系统通过在鞋、家具以及家用电器等家中道具和设备中嵌入半导体传感器，帮助老龄人士及残障人士的家庭生活。利用无线通信将各传感器联网，可高效传递必要的信息从而方便接受护理，而且还可以减轻护理人员的负担。

3. 军事领域

由于无线传感器网络具有密集型、随机分布的特点，使其非常适合应用于恶劣的战场环境中，包括侦察敌情、监控兵力、装备和物资，判断生物化学攻击等。美国国防部远景计划研究局已投资几千万美元，帮助进行“智能尘埃”传感器技术的研发。

4. 目标跟踪

DARPA支持的Sensor IT项目探索如何将WSN技术应用于军事领域，实现所谓“超视距”战场监测。UCB的教授主持的Sensor Web是Sensor IT的一个子项目，原理性地验证了应用WSN进行战场目标跟踪的技术可行性：翼下携带WSN节点的无人机(UAV)飞到目标区域后抛下节点，最终随机布置在被监测区域，利用安装在节点上的地震波传感器可以探测到外部目标，如坦克、装甲车等，并根据信号的强弱估算距离，综合多个节点的观测数据，最终定位目标，并绘制出其移动的轨迹。

5. 其他用途

WSN还被应用于一些危险的工业环境如井矿、核电厂等，工作人员可以通过它来实施安全监测，也可以用在交通领域作为车辆监控的有力工具。

此外，还可以应用在工业自动化生产线等诸多领域，英特尔正在对工厂中的一个无线网络进行测试，该网络由40台机器上的210个传感器组成，这样组成的监控系统可以大大改善工厂的运作条件。它可以大幅降低检查设备的成本，同时由于可以提前发现问题，因此能够缩短停机时间，提高效率，并延长设备的使用时间。

2.5 其他感知与识别技术

常用的感知与识别技术除了前面介绍的之外，还有二维码技术、红外感应技术、GPS定位技术、声音及视觉识别技术、生物特征识别技术等。

2.5.1 二维码技术

二维码是一种比一维码更高级的条码格式。一维码只能在一个方向(一般是水平方向)上表达信息，而二维码在水平和垂直方向都可以存储信息。一维码只能由数字和字母组成，而二维码能存储汉字、数字和图片等信息，因此二维码的应用领域要广得多。

1. 什么是二维码

实际上，二维码的编码和解码与一维码没有本质区别，只是在信息量和实现方式上发生了一些变化，从而引起了其他方面的一些变化，如码的容量、精度和数据安全性等。二维码是在条形码的基础上，在两个方向上进行的编码和解码。

二维条码是用某种特定的几何图形，按一定规律在平面二维方向上分布的黑白相间的图形记录数据符号信息，这极大地增大编码的容量，很好地解决了一维码容量不足和编码加密机制过于简单的问题，从而增强了条码的容量和加密功能并拓展了它的应用范围。

一维条码的宽度记载着数据，而其长度没有记载数据。二维条码的长度、宽度均记载着数据。

二维码有一维条码没有的“定位点”和“容错机制”。定位点使其能够识别旋转过的图形，容错机制在即使没有辨识到全部的条码或者条码有污损时，也可以正确地还原条码上的信息。

2. 发展历程

国外对二维码技术的研究始于20世纪80年代末，在二维码符号表示技术研究方面已研制出多种码制，常见的有PDF417、QR Code、Code 49、Code 16K、Code One等。这些二维码的信息密度都比传统的一维码有了较大提高。在二维码设备开发研制、生产方面，美国、日本等国的设备制造商生产的识读设备、符号生成设备，已广泛应用于各类二维码应用系统。二维码作为一种全新的信息存储、传递和识别技术，自诞生之日起就得到了世界上许多国家的关注。美国、德国、日本等国家，不仅已将二维码技术应用于公安、外交、军事等部门对各类证件的管理，而且也将二维码应用于海关、税务等部门对各类报表和票据的管理，商业、交通运输等部门对商品及货物运输的管理、邮政部门对邮政包裹的管理、工业生产领域对工业生产线的自动化管理。

我国对二维码技术的研究开始于1993年。中国物品编码中心对几种常用的二维码PDF417、QRCCode、Data Matrix、Maxi Code、Code 49、Code 16K、Code One的技术规范进行了翻译和跟踪研究。随着我国市场经济的不断完善和信息技术的迅速发展，国内对二维码这一新技术的需求与日俱增。

3. 常见的二维码种类

二维码的种类很多，不同的机构开发出的二维码具有不同的结构以及编写、读取方法。下面选取几种常见的二维码种类进行介绍。

1) PDF417码

PDF(Portable Data File，便携数据文件)是实现证件及卡片等大容量、高可靠性信息自动存储、携带并可用机器自动识读的理想手段。因为组成条形码的每一符号字符都是由4个条和4个空构成，如果将组成条形码的最窄条或空称为一个模块，则上述的4个条和4个空的总模块数一定为17，所以称417码或PDF417码，如图2-26所示。

图2-26　PDF417码

2) QR码

QR码(Quick Response Code，快速响应矩阵码)是二维条码的一种，是目前日本最流行的二维空间条码，同时也是中国国内目前最常见的二维条码，如图2-27所示。

相比于条形码，QR 码可以存储更多数据，无需像普通条码般在扫描时需要对准扫描仪。因此其应用范围非常广泛，现已主要应用于数字内容下载、网址快速链接、身份鉴别与商务交易等方面。

例如，中国铁道部于 2009 年 12 月 10 日开始改版铁路车票，车票采用 QR 码作为防伪措施，取代以前的一维条码，如图 2-28 所示。

图 2-27　QR 码

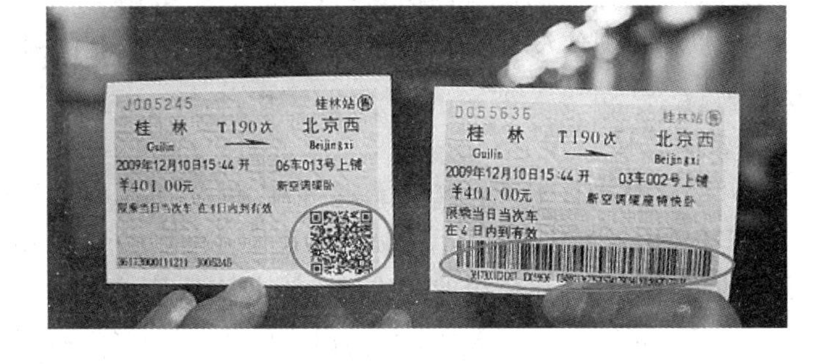

图 2-28　改版后的火车票

QR 码呈正方形，常见的是黑白两色。在 3 个角落，印有较小像“回”字的正方图案。这是帮助解码时进行定位的图案，用户在扫描时不需要对准，无论任何角度数据都可以被正确读取。

QR 码图形中包含版本信息、格式信息、数据区域、容错密钥、定位标志、矫正标志、定时标志等多个区域。在“版本信息”中表明了 QR 码的存储密度的结构，更多的数据量会需要更大的图像并会用更高的版本号表示。

QR 码也具有纠错能力，使其即使图形破损了一部分也依然可以被成功读取。根据不同的纠错水平可以有 7%～30%的面积破损仍可被修正。不过同时容错率设定越高，二维码的面积也会越大。

3）其他二维码

除了上述两种二维码之外，还有其他日常生活中不太常见到的二维码。比如，中国于 2005 年研发完成的汉信码，对汉字有很强的表示能力。还有 1980 年代后期美国快递公司 UPS 研究的 MaxiCode 等，如图 2-29 所示，在此不再一一介绍。

图 2-29　汉信码与 MaxiCode

4. 二维码的应用实例

二维条码具有储存量大、保密性高、追踪性高、抗损性强、备援性大、成本低等特性，这些特性特别适用于表单、安全保密、追踪、证照、存货盘点等方面。

二维码的应用非常广泛，下面列举几个二维码的应用场景。

1）宣传推广

(1) 平面宣传物料。商家可在报纸、杂志、图书、海报、传单、优惠券、广告牌、产品包装、个人名片等上加印二维码，既节省物料成本，让信息量最大化；又可引领潮流，实现信息快速获取，便捷保存。

(2) 视频广告宣传。在电视、视频、广告上巧妙地嵌入二维码，突破时空限制，实现信息延伸，又能形成观众互动，扩大传播效果。

(3) 线上推广。将二维码发布到企业网站、广告条、微博等媒介上以配合线上宣传。

2）二维码印章

二维码不单只有商业用途，对于个人同样也有实现展示与推广的作用。例如，画家可在自己的作品上加印二维码，关于创作过程、出版画册、举办画展等信息就能一目了然；假如是演艺明星，在宣传上加印二维码，粉丝就能欣赏到该明星的所有作品和照片，还能发布自己的最新资讯。

3）婚礼应用

传统的婚礼要大派请柬，今后婚礼只用发一张二维码即可。传统的婚礼现场来宾只能围观，不能互动。二维码请柬，用手机扫描之后，手机自动跳入新郎和新娘的空间，不仅看到婚礼的各项信息，而且能看到新郎和新娘的结婚照，还能留言评论收藏。

4）表单应用

可用于公文表单、商业表单、进出口报单、舱单等资料的传送交换，减少人工重复输入表单资料，避免人为错误，降低人力成本。

5）保密应用

二维码还可用于商业情报、经济情报、政治情报、军事情报、私人情报等机密资料的加密及传递。

6）电子商务应用

二维码将成为移动互联网和O2O的关键入口。随着电子商务企业越来越多地进行线上线下并行的互动，二维码已经成为电子商务企业落地的重要营销载体。二维码在电商领域的广泛应用，结合O2O的概念，带给消费者更便捷和快速的消费体验，成为电商平台连接线上与线下的一个新通路，对于产品信息的延展，横向的价格对比，都有帮助。

7）证照应用

可以实现护照、身份证、挂号证、驾照、会员证、识别证、连锁店会员证等证照的资料登记及自动输入，发挥随到随读、立即取用的资讯管理效果。

8）盘点应用

可用于物流中心、仓储中心、联勤中心的货品及固定资产自动盘点，发挥立即盘点、立即决策的效果。

9）备援应用

文件表单的资料若不愿或不能以磁碟、光碟等电子媒体储存备援时，可利用二维条码来储存备援，携带方便，不怕折叠，保存时间长，又可影印传真，做更多备份。

10）报纸应用

二维码作为一种连接报纸、手机和网络的新兴数字媒体，报纸利用二维码技术打造

“立体报纸”以来，看报的用户通过使用智能手机上的各类二维码软件扫描报纸上的二维码，报纸立即成“立体”，同时还可以轻松阅读观赏报纸的延伸内容。二维码应用使报纸的容量大大扩展，读报的乐趣也大大增加。

11）网络资源下载

二维码还可以应用到网上的资源下载，比如电子书、游戏、应用软件等。

12）产品溯源应用

在生产过程当中对产品和部件进行编码管理，按产品生产流程进行系统记录。可以在生产过程中避免错误，提高生产效率。同时可以进行产品质量问题追溯，比如食品安全、农产品追溯、产品保修窜货管理。

13）景点门票应用

景点门票、火车票告别传统文字纸张模式，采用二维码进行售票、检票，提高通行效率，防止伪票。

14）车辆管理应用

行驶证、驾驶证、车辆的年审文件、车辆违章处罚单等采用印制二维码，可以将有关车辆上的基本信息，包括车驾号、发动机号、车型、颜色等车辆的基本信息转化保存在二维码中，其信息的隐含性起到防伪的作用，同时便于与管理部门的管理网络的实施实时监控。

15）追踪应用

公文自动追踪、生产线零件自动追踪、客户服务自动追踪、邮购运送自动追踪、维修记录自动追踪、危险物品自动追踪、后勤补给自动追踪、医疗体检自动追踪等。

【例 2－2】 食品追溯方案。

原材料供应商在向食品厂家提供原材料时候进行批次管理，将原材料的原始生产数据制造日期、食用期限、原产地、生产者、遗传基因组合的有无、使用的药剂等信息录入到二维码中并打印带有二维码的标签，粘贴在包装箱上后交与食品厂家。在食品厂家原材料入库时，使用数据采集器读取二维码，取得到货原材料的原始生产数据。从该数据就可以马上确认交货的产品是否符合厂家的采购标准，然后将原材料入库。

根据当天的生产计划，制作配方。根据生产计划单，员工从仓库中提取必要的原材料，按各个批次要求使用各种原材料的重量进行称重、分包，在分包的原材料上粘贴带有二维码的标签，码中含有原材料名称、重量、投入顺序、原材料号码等信息。

根据生产计划指示，打印带有二维码的看板并放置在生产线的前方。看板上的二维码中录入有作业指示内容。在混合投入原材料时使用数据采集器按照作业指示读取看板上的码及各原材料上的二维码，以此来确认是否按生产计划正确进行投入并记录使用原材料的信息。在原材料投入后的各个检验工序，使用数据采集器录入以往手工记录的检验数据，省去手工记录。数据采集器中登录的数据上传到电脑中，电脑生成生产原始数据，使得产品、原材料追踪成为可能，摆脱以往使用纸张的管理方式。使用该数据库，在互联网上向消费者公布产品的原材料信息。

2.5.2 红外感应技术

红外感应技术是基于红外线技术的自动控制产品。通过能够感知红外线的感应器，当有人进入感应范围时，传感器能侦测到人体的红外光谱，从而自动接通开关，只要人不离开感应范围，将持续接通；人离开后，延时自动关闭，既方便又节能环保。

1. 红外线

红外线(Infrared)是波长在 760 nm 至 1 mm 之间的电磁波，是一种非可见光。由于其波长比红光长，所以被称为红外线。其波长介乎微波与可见光之间，对应频率约是在 430 THz到 300 GHz 的范围内。室温下物体所发出的热辐射大多都在此波段。

红外线按照辐射源可区分为 4 部分：

(1) 白炽发光区：或称“光化反应区”，由白炽物体产生的射线，射线波长自可见光域到红外域均存在。如灯泡(白炽灯便是以此命名)、太阳。一只点亮的白炽灯的灯丝温度会高达 3000℃。

(2) 热体辐射区：由非白炽物体产生的热射线，如电熨斗及其他的电热器等，平均温度在 400℃左右。

(3) 发热传导区：由滚沸的热水或热蒸汽管产生的热射线。平均温度低于 200℃，此区域又称为非光化反应区。

(4) 温体辐射区：由人体、动物或地热等所产生的热射线，平均温度约为 40℃。红外感应技术的应用很多就是对这个区域辐射的侦测。

2. 红外线感应器

红外线感应器是根据红外线反射的原理研制的能够侦测红外线辐射源的感知设备。

红外线感应器分为主动式和被动式两种。

1) 主动式红外感应器

主动红外入侵感应器由发射机和接收机两部分组成。发射机是由电源、发光源和光学系统组成，接收机是由光学系统、光电传感器、放大器、信号处理器等部分组成。

主动红外感应器多作为一种遮挡型报警器，发射机可以发出一束经过调制的红外光束，此光束被接收机接收，由接收机中的红外光电传感器把光信号转换成电信号，经过电路处理后传给报警控制器。从发射器到接收器之间的一条直线就能作为需要防范的警戒线，如图 2-30 就是一组主动式红外感应器。

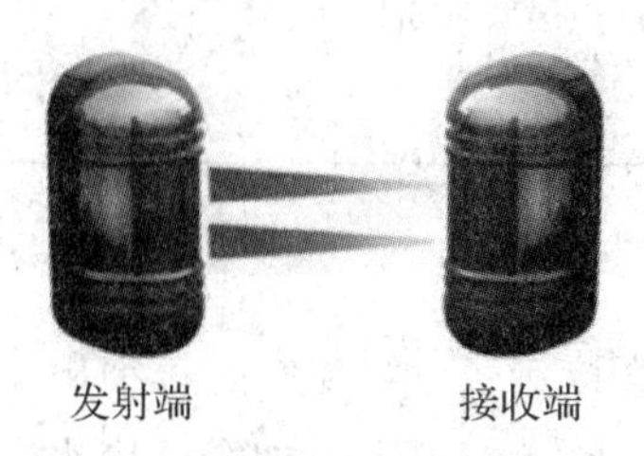

图 2-30　主动式红外警报装置

主动式红外感应器也可以用来做夜视仪，主动式红外夜视仪向外发射红外光束照射目标，并将目标反射的红外图像转化成为可见光图像，从而进行夜间观察，军事上主要用于夜间瞄准、驾驶车辆、侦察照相等。

主动式红外夜视仪不受光照条件的限制，全黑情况下可以进行观察，且效果很好，价格便宜。但是观察距离近，在观察时很容易被对方发现，从而暴露自己，现在军事上已很少采用。如今主要用于民用，造价相对便宜些。如图 2－31 所示为主动式红外夜视仪观察到的图像。

图 2－31　主动式红外夜视仪观察到的图像

2）被动式红外感应器

由于人体都有恒定的体温，一般在 37°左右，所以会发出波长大致为 10 μm 左右的红外线，被动式红外探头就是靠探测人体发射的红外线而进行工作的。

被动式红外感应装置多用作一种智能开关，它耗电量小、性能稳定，可以帮助人们更加环保节能。这种智能开关现在已经大量应用在了灯光、自动门、水龙头等很多地方。

【例 2－3】 如图 2－32 所示，感应水龙头是通过红外线反射原理，当人体的手放在水龙头的红外线区域内，红外线发射管发出的红外线由于人体手的遮挡反射到红外线接收管，通过集成线路内的微电脑处理后的信号发送给脉冲电磁阀，电磁阀接收信号后按指定的指令打开阀芯来控制水龙头出水；当人体的手离开红外线感应范围，电磁阀没有接收信号，电磁阀阀芯则通过内部的弹簧进行复位来控制水龙头的关水。

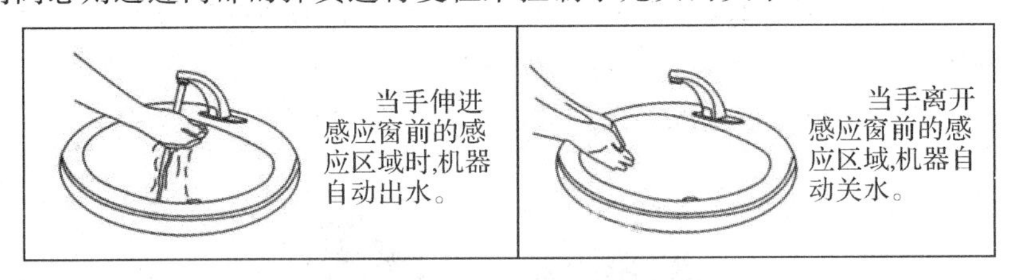

图 2－32　感应水龙头

由于感应水龙头无需人体直接接触，可有效防止细菌交叉感染；伸手就来水，离开就关闭的功能，从而有效地节约用水 30%以上。如今感应水龙头普遍应用在人流量密集的火车站、汽车站、飞机场、医院等公共场所。

被动式红外感应器也被应用于夜视仪，也叫热成像仪。热成像红外仪是根据凡是一切高于绝对零度以上的物体都有辐射红外线的基本原理、利用目标和背景自身辐射红外线的差异来发现和识别目标的仪器。由于各种物体红外线辐射强度不同从而使人、动物、车辆、飞机等清晰地被观察到，而且不受烟、雾及树木等障碍物的影响，白天和夜晚都能工作，因此是比较先进的夜视观测器材。如图 2－33 所示为热成像红外仪观察到的图像。

图 2-33　热成像红外仪观察到的图像

2.5.3　定位技术

适用于物联网的定位技术有很多种，各自也有着不同的特性，下面介绍几种常见的定位技术。

1. 全球定位系统(GPS)

说起定位技术，全球定位系统(Global Positioning System，GPS)大概就是很多人首先想到的。GPS 是美国国防部研制和维护的中距离圆形轨道卫星导航系统，它可以为地球表面绝大部分地区提供准确的定位。

GPS 信号分为民用的标准定位服务和军规的精确定位服务两类。美国早期曾在民用信号中人为地加入选择性误差以降低其精确度至 100 米左右，而军规的精度则在 10 米以下。2000 年以后，美国取消了对民用信号的干扰。因此，现在民用 GPS 也可以达到 10 米左右的定位精度。

1）系统组成

GPS 系统主要由太空卫星、地面监控和用户设备三部分组成。

(1) 太空卫星部分。

为 GPS 使用的卫星共有 24 颗，其中 21 颗为工作卫星，3 颗为备用卫星。24 颗卫星均匀分布在 6 个轨道平面上，即每个轨道面上有 4 颗卫星，如图 2-34 所示。最少只需其中 4 颗卫星，就能迅速确定用户端在地球上所处的位置及海拔高度，所能联接到的卫星数越多，解码出来的位置就越精确。

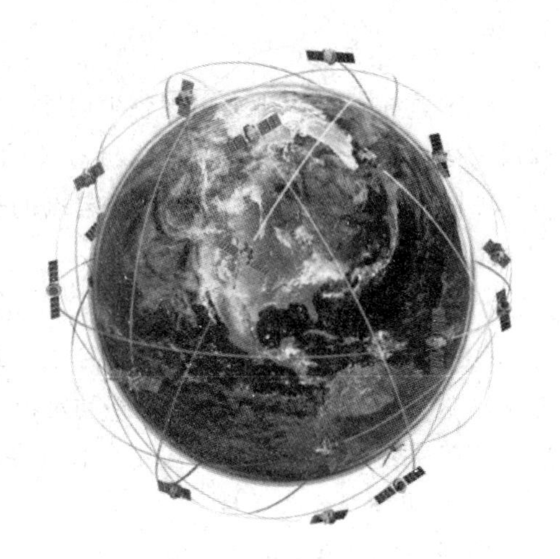

图 2-34　GPS 太空卫星

(2) 地面监控部分。

地面监控部分主要由 1 个主控站、4 个注入站和 6 个监测站组成。主控站是整个地面监控系统的管理中心和技术中心。注入站目前有 4 个，作用是把主控站计算得到的卫星星历、导航电文等信息注入到相应的卫星。注入站同时也是监测站，另外还有 2 处监测站，故监测站目前有 6 个。监测站的主要作用是采集 GPS 卫星数据和当地的环境数据，然后发送给主控站。

(3) 用户设备。

用户设备为 GPS 接收机，主要作用是从 GPS 卫星收到信号并利用传来的信息计算用户的三维位置及时间。

2) 简单原理

GPS 定位系统通过用户手中的 GPS 接收机来完成位置的计算。如果当前能够接收到多个卫星发出的信号，那么就可以根据信号中卫星的位置以及卫星到 GPS 接收机的距离来大致计算出用户的位置。如图 2-35 所示。

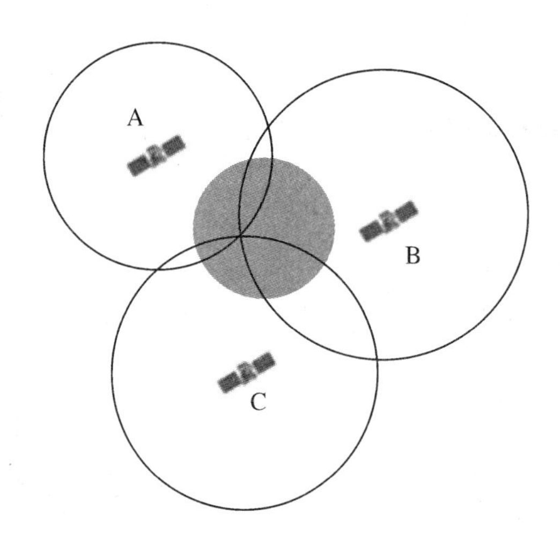

图 2-35 GPS 定位原理

3) 误差来源

GPS 在定位过程中会出现各种误差。根据误差来源可分为 3 类：与卫星有关的误差、与信号传播有关的误差及与接收机有关的误差。这些误差对 GPS 定位的影响各不相同，且误差的大小还与卫星的位置、待定点的位置、接收机设备、观测时间、大气环境以及地理环境等因素有关。

4) 优点与应用

GPS 系统有着许多优点：信号穿透性强，纵使天气不佳仍能保持相当的信号强度；覆盖率高达 98%；定位精度高、可移动定位。

GPS 系统现在已经大量应用在载具导航、车辆防盗、精准农业、交通调度等方面。

5) 辅助全球定位系统

辅助全球卫星定位系统(Assisted Global Positioning System，AGPS)是一种在一定辅助配合下进行 GPS 定位的运行方式。

一般 GPS 使用太空中的 24 颗人造卫星来进行三角定位。AGPS 则利用手机基站的信号，辅以连接远程服务器的方式下载卫星星历，可再配合传统的 GPS 卫星接收机，让定位的速度更快。

2. 短距离无线定位技术

物联网感知终端所处的环境千差万别，基于无线通信网络的定位技术与传统卫星定位技术，可以实现广域范围的目标定位，但在室内、地下等区域的定位表现并不良好。

短距离无线定位技术，如 Wi-Fi 定位、RFID 定位等由于成本低、精度高、使用广泛等优势，适合于室内环境定位，近期在物联网定位应用中得到广泛关注。

短距离无线定位的原理通常是根据终端接收到的多个信号源的信号强度和已知的信号源位置信息通过计算得出定位结果，信号越多，定位越准确，如图 2-36 所示。因此，可以通过提高信号源节点的密度来提高定位准确度。尤其在物联网中，RFID 得到广泛使用，更为短距离定位技术的应用创造了条件。

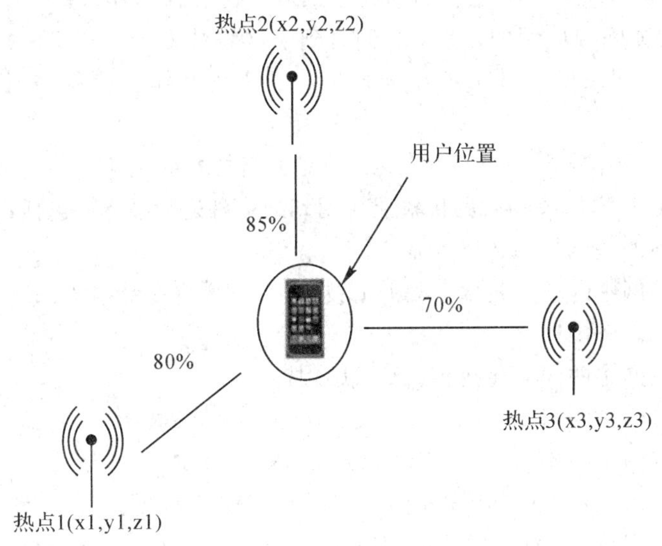

图 2-36　Wi-Fi 定位

习　题　2

1. 感知与识别技术在整个物联网中起什么作用？
2. 什么是自动识别技术？自动识别技术分为哪几类？
3. 射频识别技术有什么技术优势？
4. RFID 主要工作原理是什么？主要有哪些典型应用？
5. RFID 系统标签由哪几部分组成？
6. RFID 阅读器由哪几部分组成？
7. 什么是传感器？传感器常用的分类方法有哪几种？
8. 常见的传感器有哪些？举例说明传感器的应用实例。
9. 无线传感器网络系统主要由什么组成？主要有什么特性？
10. 举例说出二维码技术的应用场合。
11. 举例说出红外感应技术的应用场景。

第 3 章

物联网通信与网络技术

近几年来，全球通信技术的发展日新月异，强烈的社会需求与前期技术的成熟推动了网络技术的形成与发展。从互联网的高速发展，到信息高速公路的大规模建设，再到基于Web技术的互联网应用的发展，我们看到了网络技术的一次又一次腾飞。基于P2P技术的网络应用和网络安全技术的全面发展，更让我们体会到网络对于当今社会的重要性。

物联网技术与网络技术是密不可分的，正是网络技术的飞速发展成就了物联网。本章主要介绍各种网络技术以及物联网传输层应用到的多种通信技术，包括：

(1) 无线网络的基础知识、分类等。

(2) 无线个域网中的蓝牙技术、ZigBee技术、UWB超宽带技术、Z-wave技术的技术特点、应用场合等。

(3) 无线局域网中的Wi-Fi技术、Ad Hoc技术。

(4) 无线城域网中的IEEE802.16协议、WiMAX网络技术。

(5) 无线广域网中的4G、5G、NB-IoT、LoRa技术。

(6) 物联网接入技术中的物联网网关技术、6LoWPAN技术。

(7) 其他物联网技术，如有线通信网络技术、M2M技术、三网融合及NGN技术。

3.1 无线通信及网络技术基础知识

随着科技的发展，通过信息交换来提供更好服务的设备越来越多，由于有线连接的局限性，无线通信越来越受到重视。

无线通信是指用电磁波来携带数据进行通信的方式，因为电磁波不需要任何介质来传导，所以人们把这种通信方式称为无线通信。

1. 无线网络与有线网络的比较

无线网络与有线网络相比，各有优缺点，具体见表3-1。

2. 数据在通信中的运载方式

数据在通信中的运载方式一般有两种，一种是使用模拟信号来运载，另外一种是使用数字信号来运载。

模拟信号是指运载数据的物理参数连续变化的信号，而数字信号是指运载数据的物理参数仅取离散值的信号(比如0、1)。

表3-1　有线网络与无线网络的比较

项目	有线网络	无线网络
部署成本	设备成本较低	设备成本较高
维护成本	维护难度高、布线成本高	维护简单、组建容易
移动性	很低	移动性强
扩展性	较低，如果预留端口不够用，增加用户可能需要重新布置	较高，同时支持的用户更多，如果用户数量过多也可以增加接入点
传输	更快且更稳定	相对较慢，并且可能存在干扰与衰减
安全性	硬件在控制中的情况下更加安全	容易被盗取，因此需要加密

对于无线通信来说，一个重要的特点是无线电波只能携带模拟信号，所以若想用无线电波来运载数字数据，必须先通过调制将数字数据转化为模拟信号。然而，有线通信则不同，它既可以使用模拟信号来运载数据，也可以使用数字信号来运载数据。

3. 无线网络的分类

无线网络主要分为以下几类：

(1) 无线个域网络。

无线个域网络(WPAN)又叫无线个人网络，是在小范围内相互连接数个设备所形成的无线网络，通常是个人可及的范围内。常见的有蓝牙技术、ZigBee技术等。

(2) 无线局域网。

无线局域网(WLAN)是利用无线电而非电缆在同一个网络上传送数据。IEEE 802.11是由国际电气电子工程学会(IEEE)所定义的现今无线局域网通用的标准。

(3) 无线城域网。

无线城域网是连接数个无线局域网的无线网络型式，主要是基于IEEE 802.16协议的全球互通微波存取(Worldwide Interoperability for Microwave Access，WiMAX)技术。

(4) 无线广域网。

无线广域网是指覆盖全国或全球范围内的无线网络，GSM移动通信就是典型的无线广域网。

4. 物联网与网络技术

物联网综合使用到了各种网络技术，由于物联网应用范围广，因此会根据实际应用需求选择各种网络技术。比如，近距离传感器之间无线通信，可以使用轻量级的ZigBee网络；智能家居的远程遥控，可以直接方便地使用Wi-Fi网络等。

在本章接下来的内容里会对大多数常用网络进行介绍。

3.2　无线个域网络技术

无线个域网(Wireless Personal Area Network，WPAN)是一种小范围的网络，是一个以个人工作区为中心，通过无线通信来连接其中设备的网络。无线个域网提供了一种小范围内无线通信的手段。大多数 WPAN 技术(如 Bluetooth)都是基于 IEEE 802.15 标准，一般的覆盖范围从几厘米到几十米不等。

目前已成型的无线个域网络协议主要有两个：一个是无线个人网络(WPAN, IEEE802.15.1)，代表性的是蓝牙技术；另一个是低速无线个人网络(LR - WPAN, IEEE802.15.4)，代表性的是 ZigBee 网络技术。

3.2.1 蓝牙技术

1. 蓝牙的由来

蓝牙技术(Bluetooth)是一种较为高速和普及的技术，常用于短距离的无线个域网。

“蓝牙”原是十世纪统一了丹麦的国王 Harald Bluetooth 的绰号。以此为蓝牙命名的想法最初是 Jim Kardach 于 1997 年提出的，Kardach 开发了能够允许移动电话与计算机通信的系统。他的灵感来自当时他正在阅读的一本描写北欧海盗和 Harald Bluetooth 国王的历史小说，意指蓝牙也将把通讯协议统一为全球标准。

蓝牙的标志如图 3 - 1 所示。

图 3 - 1　蓝牙标志

蓝牙最初由爱立信公司于 1994 创立，研究在移动电话和其他配件间进行低功耗、低成本无线通信连接的方法，原本是设计用来替代 RS - 232 数据线，后来则由蓝牙技术联盟(Bluetooth Special Interest Group)制定技术标准。

蓝牙技术的发明者希望为设备间的通信创造一组标准化协议，以解决用户间移动电子设备互不兼容的问题。1997 年前爱立信公司以此概念接触了移动设备制造商，讨论其项目合作发展，结果获得支持。

1999 年 5 月 20 日，索尼爱立信、国际商业机器、英特尔、诺基亚及东芝公司等业界龙头创立“特别兴趣小组”(Special Interest Group, SIG)，即蓝牙技术联盟的前身，目标是开发一个成本低、效益高、可以在短距离范围内随意无线连接的蓝牙技术标准。

2. 蓝牙的发展

1998 年蓝牙推出 0.7 版，支持 Baseband 与 LMP(Link Manager Protocol)通信协定两部分。1999 年先后推出 0.8 版、0.9 版、1.0 Draft 版、1.0a 版、1.0B 版、1.0 Draft 版，完成 SDP(Service Discovery Protocol)协定、TCS(Telephony Control Specification)协定。

1999 年 7 月 26 日正式公布 1.0 版，确定使用 2.4 GHz 频谱，最高资料传输速度 1 Mb/s。和当时流行的红外线技术相比，蓝牙有着更高的传输速度，而且不需要像红外线那样进行接口对接口的连接，所有蓝牙设备基本上只要在有效通信范围内使用，就可以进行随时连接。当1.0规格推出以后，蓝牙并未立即受到广泛应用，主要原因是当时对应蓝牙功能的电子设备种类少，蓝牙装置也十分昂贵。

2001年1.1版正式列入IEEE标准，Bluetooth 1.1即为IEEE 802.15.1。同年，蓝牙技术联盟成员公司超过2000家。

为了扩宽蓝牙的应用层面和传输速度，蓝牙技术联盟先后推出了1.2版、2.0版，以及其他附加新功能。Bluetooth 2.0将传输率提升至2 Mb/s、3 Mb/s，远大于1.x版的1 Mb/s。

虽然传输速率已经有了很大的提高，但蓝牙技术联盟并不满足于此。在2009年，蓝牙技术联盟推出了3.0版以及选配的高速规范，高速规范使得Bluetooth能利用Wi-Fi作为传输方式进行数据传输，其支持的传输速度最高可达24 Mb/s。

到了2010年6月，蓝牙技术联盟推出了4.0版本以及低功耗规范。在硬件方面，蓝牙4.0可以集成在现有经典蓝牙技术芯片上增加低功部分（双模式，成本相对更低），也可以在高度集成的设备中增加一个独立的连接层，实现超低功耗的蓝牙传输（单模式）。

蓝牙4.1是蓝牙技术联盟于2013年底推出的，其目的是让Bluetooth Smart技术最终成为物联网发展的核心动力。蓝牙4.1提升了连接速度并且更加智能化，对开发人员提供了更高的灵活性和掌控度，让开发人员能更具创新并催化物联网（IoT）发展。

蓝牙4.2改善了数据传输速度和隐私保护程度，两部蓝牙设备之间的数据传输速度提高了2.5倍，其可容纳的数据量相当于此前版本的10倍左右。

3. 蓝牙设备的通信连接

蓝牙系统既可以实现点对点连接，也可以实现一点对多点连接。在一点对多点连接的情况下，信道由几个蓝牙单元分享。两个或者多个分享同一信道的单元构成了所谓的微微网。

蓝牙主设备最多可与一个微微网（一个采用蓝牙技术的临时计算机网络）中的7个设备通信，当然并不是所有设备都能够达到这一最大量。设备之间可通过协议转换角色，从设备也可转换为主设备，比如，一个头戴式耳机如果向手机发起连接请求，它作为连接的发起者，自然就是主设备，但是随后也许会作为从设备运行。

蓝牙核心规格提供两个或两个以上的微微网连接以形成分布式网络，让特定的设备在这些微微网中自动同时地分别扮演主和从的角色。

数据传输可随时在主设备和其他设备之间进行（应用极少的广播模式除外）。主设备可选择要访问的从设备；典型的情况是，它可以在设备之间以轮替的方式快速转换。因为是主设备来选择要访问的从设备，理论上从设备就要在接收槽内待命，主设备的负担要比从设备少一些。主设备可以与七个从设备相连接，但是从设备却很难与一个以上的主设备相连。

4. 蓝牙技术应用

通过使用蓝牙技术产品，人们可以免除居家办公电缆缠绕的苦恼，蓝牙技术已经应用在了生活中的方方面面。目前常用的蓝牙技术产品有蓝牙耳机、蓝牙鼠标、蓝牙自拍杆、蓝牙智能手环、蓝牙游戏手柄等，如图3－2所示。

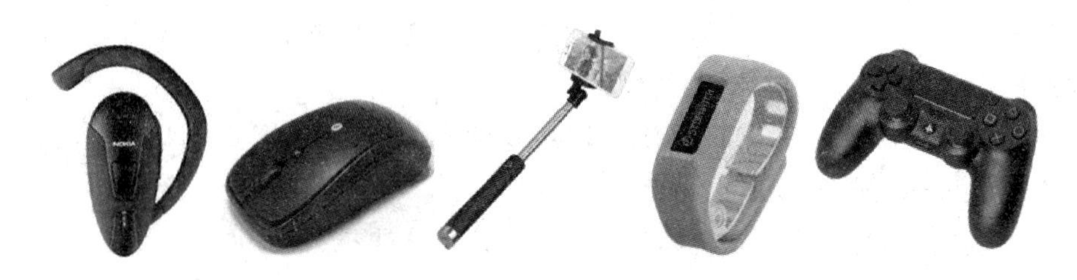

图 3-2　蓝牙耳机、鼠标、自拍杆、手环、游戏手柄

【例 3-1】 近期，深圳市广百思科技有限公司推出了一款集太阳镜和多功能蓝牙于一体的产品——K1 蓝牙太阳眼镜，如图 3-3 所示。K1 从便携易用的角度出发，整合蓝牙与无线同步功能。戴上它，通过蓝牙触控式操作，可以完成听音乐、听电话、听导航等多重功能，特别适合追求潮流、热爱旅行和运动的人群。

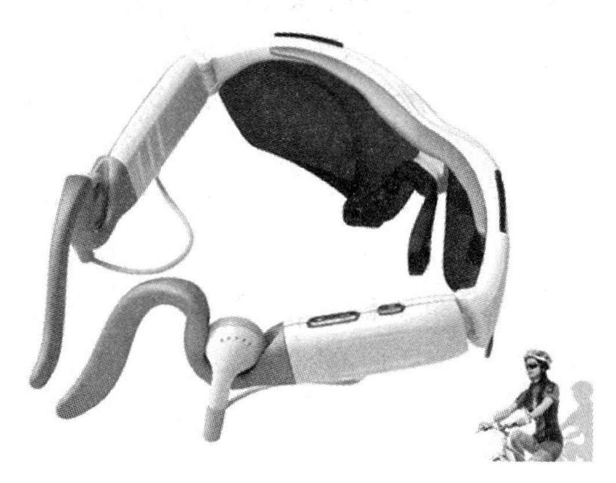

图 3-3　蓝牙太阳眼镜

3.2.2　ZigBee 网络技术

在蓝牙技术的使用过程中，人们发现蓝牙技术尽管有许多优点，但仍存在许多缺陷。对工业、家庭自动化控制和工业遥测遥控领域而言，蓝牙技术太复杂，功耗大，距离近，组网规模太小等。而工业自动化，对无线数据通信的需求越来越强烈，而且对于工业现场，这种无线传输必须是高可靠的，并能抵抗工业现场的各种电磁干扰。因此，经过人们长期努力，ZigBee 协议在 2003 年正式问世。

1. 什么是 ZigBee

ZigBee(又称紫蜂协议)这一名称来源于蜜蜂的八字舞，由于蜜蜂(bee)是靠飞翔和“嗡嗡”(zig)地抖动翅膀的“舞蹈”来与同伴传递花粉所在方位信息，也就是说蜜蜂依靠这样的方式构成了群体中的通信网络。

ZigBee 是一种新兴的近距离、低复杂度、低功耗、低数据速率、低成本的无线网络技术，主要用于近距离无线连接。它依据 802.15.4 标准，在数千个微小的传感器之间相互协调实现通信，如图 3-4 所示。这些传感器只需要很少的能量，以接力的方式通过无线电波将数据从一个网络节点传到另一个节点，所以它们的通信效率非常高。

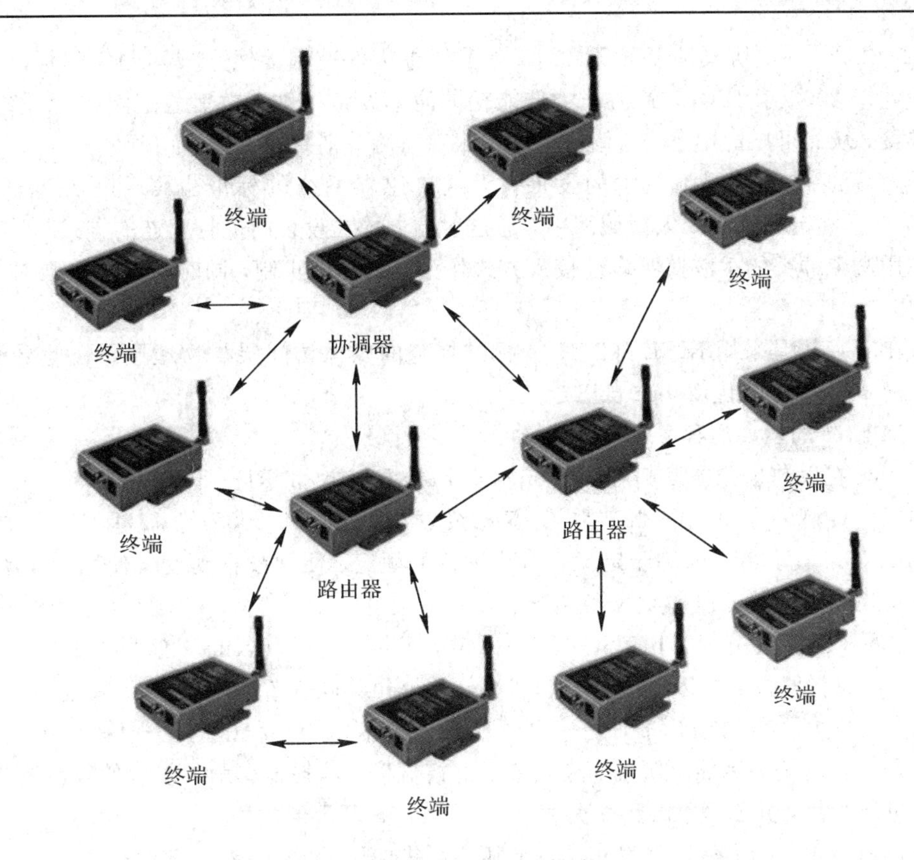

图 3-4　ZigBee 组网模式

简而言之，ZigBee 就是一种便宜的、低功耗的近距离无线组网通信技术。

2. ZigBee 与 IEEE802.15.4 协议

ZigBee 标志如图 3-5 所示。

ZigBee 协议从下到上分别为物理层(PHY)、媒体访问控制层(MAC)、传输层(TL)、网络层(NWK)、应用层(APL)等。其中物理层和媒体访问控制层遵循 IEEE 802.15.4 标准的规定。如图 3-6 所示。

图 3-5　ZigBee 标志

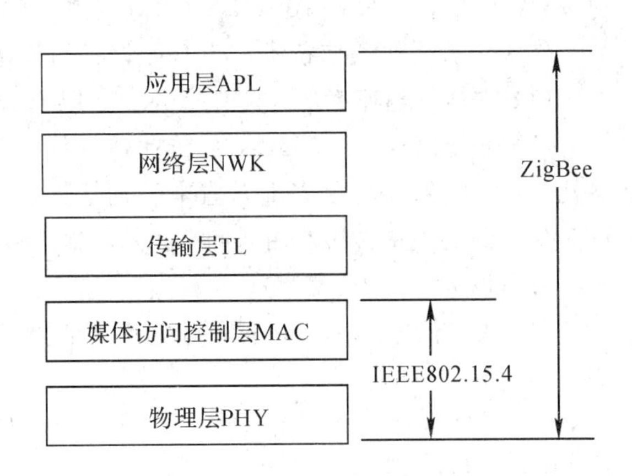

图 3-6　ZigBee 协议

IEEE802.15.4协议是IEEE802.15.4工作组为低速率无线个域网制定的标准，该工作组成立于2002年12月，致力于为低能耗的简单设备提供有效覆盖范围在10米左右的低速连接，从而可广泛用于交互玩具、库存跟踪监测等消费与商业应用领域。

随着无线传感器网络技术的发展，无线传感器网络的标准也得到了快速的发展。802.15.4标准定义了在个人区域网中，通过射频方式在设备间进行互连的方式与协议，该标准使用避免冲突的载波监听多址接入方式作为媒体访问机制，同时支持星型与对等型拓扑结构。

ZigBee底层是采用IEEE 802.15.4标准规范的媒体访问层与物理层。在此之上的应用层和网络层规范则由Zigbee自己定义。

3. ZigBee的发展历程

ZigBee在以前也曾被发起者以HomeRF lite、Firefly和RF-EasyLink等命名。为了满足类似于传感器的小型、低成本设备无线联网的要求，2000年12月IEEE成立了IEEE802.15.4工作组，致力于定义一种供廉价的固定、便携或移动设备使用，且复杂度、成本和功耗均很低的低速率无线连接技术。

ZigBee联盟成立于2001年8月。2002年下半年，英国Invensys公司、日本三菱电气公司、美国摩托罗拉公司以及荷兰飞利浦半导体公司共同宣布加入ZigBee联盟，研发名为ZigBee的下一代无线通信标准，这一事件成为该技术发展过程中的里程碑。ZigBee联盟的目的是在全球统一标准上实现简单可靠、价格低廉、功耗低、无线连接的监测和控制产品方面进行合作，并于2004年12月发布了第一个正式标准。

到目前为止，ZigBee已经发布了3.0版本，并且除了Invensys、三菱电子、摩托罗拉、三星和飞利浦等国际知名的大公司外，该联盟大约已有百余家成员企业，并在迅速发展壮大。其中涵盖了半导体生产商、IP服务提供商、消费类电子厂商及OEM商等，甚至还有像Mattel之类的玩具公司。所有这些公司都参加了负责开发ZigBee物理和媒体控制层技术标准的IEEE802.15.4工作组。

4. 技术特点

ZigBee是一种无线连接，可工作在2.4 GHz(全球流行)、868 MHz(欧洲流行)和915 MHz(美国流行)3个频段上，分别具有最高250 kbit/s、20 kbit/s和40 kbit/s的传输速率，它的传输距离在10～75 m的范围内，但可以继续增加。

作为一种无线通信技术，ZigBee具有如下特点：

(1) 数据传输速率低，只有10～250 kb/s，专注于低传输应用。

(2) 低功耗。由于ZigBee的传输速率低，发射功率仅为1 mW，而且采用了休眠模式，功耗低，因此ZigBee设备非常省电。据估算，ZigBee设备仅靠两节5号电池就可以维持长达6个月到2年左右的使用时间，这是其他无线设备望尘莫及的。这也是ZigBee的支持者所一直引以为豪的独特优势。

(3) 成本低。ZigBee数据传输速率低，协议简单，所以大大降低了成本，并且ZigBee协议是免专利费的。

(4) 网络容量大。一个星型结构的ZigBee网络最多可以容纳254个从设备和1个主设备，而且网络组成灵活。

(5) 有效范围小。有效覆盖范围10～75 m，具体依据实际发射功率的大小和各种不同的应用模式而定，基本上能够覆盖普通的家庭或办公室环境。

(6) 时延短。通信时延和从休眠状态激活的时延都非常短，典型的搜索设备时延为 30 ms，休眠激活的时延是 15 ms，活动设备信道接入的时延为 15 ms。因此 ZigBee 技术适用于对时延要求苛刻的无线控制(如工业控制场合等)应用。

(7) 数据传输可靠。采取了碰撞避免策略，同时为需要固定带宽的通信业务预留了专用时隙，避开了发送数据的竞争和冲突。MAC 层采用了完全确认的数据传输模式，每个发送的数据包都必须等待接收方的确认信息。如果传输过程中出现问题可以进行重发。

(8) 安全性好。ZigBee 提供了基于循环冗余校验(CRC)的数据包完整性检查功能，支持鉴权和认证，采用了 AES－128 的加密算法，各个应用可以灵活确定其安全属性。

5. ZigBee 网络结构

在 ZigBee 网络中的节点按照不同的功能，可以分为协调器节点、路由器节点和终端节点 3 种。一个 ZigBee 网络由一个协调器节点、多个路由器和多个终端设备节点组成。

ZigBee 技术具有强大的组网能力，可以形成星型、树型和网状网，如图 3－7 所示，可以根据实际项目需要来选择合适的网络结构。

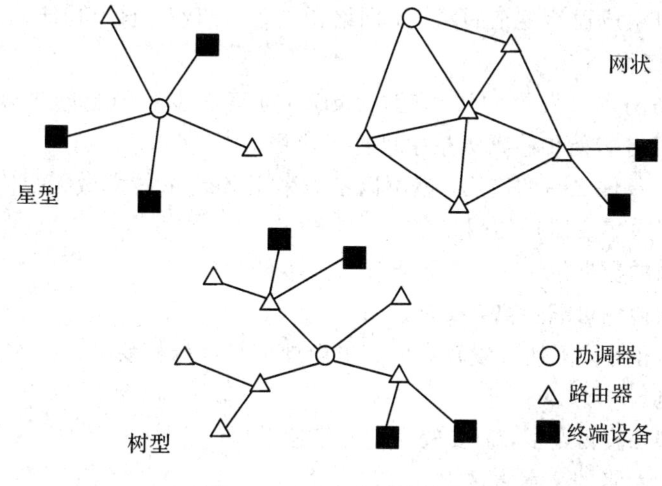

图 3－7　ZigBee 网络结构

1) 星型拓扑

星型拓扑是最简单的一种拓扑形式，包含一个协调器节点和多个终端节点。每一个终端节点只能和协调器节点进行通信。如果需要在两个终端节点之间进行通信必须通过协调器节点进行信息转发。

这种拓扑形式的缺点是节点之间的数据路由只有唯一的一个路径。协调器有可能成为整个网络的瓶颈。实现星型网络拓扑不需要使用 ZigBee 的网络层协议，因为本身 IEEE 802.15.4 的协议层就已经实现了星型拓扑形式，但是这需要开发者在应用层做更多的工作，包括自己处理信息的转发。

2) 树型拓扑

树型拓扑包括一个协调器节点以及一系列的路由器和终端节点。协调器连接一系列的路由器和终端，它的子节点的路由器也可以连接一系列的路由器和终端，这样可以重复多个层级。

树型拓扑中的通讯规则：每一个节点都只能和它的父节点和子节点之间通信。如果需要从一个节点向另一个节点发送数据，那么信息将沿着树的路径向上传递到最近的祖先节点，然后再向下传递到目标节点。

这种拓扑方式的缺点就是信息只有唯一的路由通道。另外，信息的路由是由协议栈层处理的，整个的路由过程对于应用层是完全透明的。

3）网状拓扑

网状拓扑包含一个协调器和一系列的路由器和终端。这种网络拓扑形式和树型拓扑相同。但是，网状拓扑具有更加灵活的信息路由规则，在可能的情况下，路由节点之间可以直接通信。这种路由机制使得信息的通信变得更有效率，而且意味着一旦一个路由路径出现了问题，信息可以自动沿着其他的路由路径进行传输。

通常在支持网状网络的实现上，网络层会提供相应的路由探索功能，这一特性使得网络层可以找到信息传输的最优化路径。需要注意的是，以上所提到的特性都是由网络层来实现的，应用层不需要进行任何的参与。

总之，网状拓扑结构的网络具有强大的功能，网络可以通过“多级跳”的方式来通信，该拓扑结构还可以组成极为复杂的网络，网络还具备自组织、自愈功能。

6. ZigBee 的应用

随着我国物联网进入发展的快车道，ZigBee 也正逐步被国内越来越多的用户接受。ZigBee 技术已在部分智能传感器场景中进行了应用。

通常符合如下条件之一的应用，就可以考虑采用 Zigbee 技术做无线传输：

（1）需要数据采集或监控的网点多。

（2）要求传输的数据量不大，而要求设备成本低。

（3）要求数据传输可靠性高，安全性高。

（4）设备体积很小，不便放置较大的充电电池或者电源模块。

（5）电池供电。

（6）地形复杂，监测点多，需要较大的网络覆盖。

（7）现有移动网络的覆盖盲区。

（8）使用现存移动网络进行低数据量传输的遥测遥控系统。

（9）使用 GPS 效果差，或成本太高的局部区域移动目标的定位应用。

下面简要介绍 ZigBee 技术在工业、医学、建筑领域的应用情况。

（1）在工业领域，利用传感器和 ZigBee 网络，使得数据的自动采集、分析和处理变得更加容易，可以作为决策辅助系统的重要组成部分。例如，危险化学成分的检测，火警的早期监测和预报，高速旋转机器的检测和维护，远程抄表等。这些应用不需要很高的数据吞吐量和连续的状态更新，重点在低功耗和灵活的组网形式，从而最大限度地延长电池寿命，减少 ZigBee 网络的维护成本。

（2）医学领域，借助于各种传感器和 ZigBee 网络，准确且实时地检测每位病人的血压、体温、心跳速度等信息，从而减少医生查房的工作负担，有助于医生做出最快的反应，特别是对重病和病危患者的监护和治疗。

（3）智能建筑领域，可以借助 ZigBee 传感器进行照明控制，使用传感器检测周围环境，只有检测到人来的时候才将照明开关打开。该系统还可以通过 ZigBee 网络进行集中控制。在家庭自动化领域，ZigBee 可用于安全系统、温控装置等方面。另外，可以将 ZigBee 用于遥控装置，优点在于不像目前采用的红外装置那样会受到角度的限制，而且 ZigBee 支持各种网络结构，更容易扩展覆盖范围。同时由于 ZigBee 设备功耗低，电池的使用寿命也和红外装置差不多，因此在无线家庭网关的设计中，可以使用 ZigBee 于家庭内网，控制家用电器。

另外，由于 ZigBee 的低延迟特性，可将其用于 PC 机的外设。例如，带反馈的无线游戏垫或手柄可以充分利用 ZigBee 的低延迟特性，性能与有线控制器一样。

【例 3-2】 在北京地铁 9 号线隧道施工过程中的考勤定位系统，采用的就是 ZigBee 技术。ZigBee 取代了传统的 RFID 考勤系统，实现了无漏读、方向判断准确、定位轨迹准确和可查询，提高了隧道安全施工的管理水平。

【例 3-3】 在某些高档的老年公寓中，基于 ZigBee 网络的无线定位技术，可在疗养院或老年社区内实现全区实时定位及求助功能。由于每个老人都随身携一个移动报警器，遇到险情时，可以及时按下求助按钮，不但使老人在户外活动时的安全监控及救援问题得到解决，而且使用简单方便，可靠性高。

3.2.3 UWB 超宽带技术

1. 什么是 UWB 超宽带技术

超宽带(Ultra-wideband，UWB)技术是一种新型的无线通信技术。它通过对具有很陡上升和下降时间的冲激脉冲进行直接调制，使信号具有 GHz 量级的带宽。超宽带技术标志如图 3-8 所示。

超宽带技术解决了困扰传统无线技术多年的有关传播方面的重大难题，它具有对信道衰落不敏感、发射信号功率谱密度低、低截获能力、系统复杂度低、能提供数厘米的定位精度等优点，适合需要高质量服务的无线通信应用，可以用在无线个域网络、家庭网络连接和短距离雷达等领域。

图 3-8　超宽带技术标志

UWB 原本用于军事用途，直到 2002 年美国联邦通信委员会(FCC)才发布商用化规范。

2. UWB 的技术特点

UWB 主要有以下技术特点：

(1) 低耗电：使用非连续性的窄脉冲，设备发射功率小。

(2) 高速传输：UWB 技术占据了数 GHz 的带宽从而换取了高速的传输速率，并且具有极大的带宽扩展空间。

(3) 高安全性：对于一般通信系统而言，UWB 信号相当于白噪声，从电子噪声中将脉冲信号检测出来是一件非常困难的事。

(4) 低干扰性：不单独占用已经拥挤不堪的频率资源，而是共享其他无线技术使用的频带。

(5) 低成本：不需要功用放大器与混频器，不需要中频处理，因而使用零件较少。

(6) 定位精确：冲击脉冲具有很高的定位精度，而常规无线电难以做到这一点。超宽带无线电具有极强的穿透能力，可在室内或地下进行精确定位。

UWB与一些其他短距离无线通信技术如Wi-Fi、蓝牙相比，在传输速率、传输距离、发射功率、应用范围上的优势，见表3-2。

表3-2 UWB与Wi-Fi、蓝牙对比

项目	UWB	Wi-Fi(802.11a)	蓝牙(802.15.1)
传输速率	1 Gb/s	54 Mb/s	1 Mb/s
传输距离	小于10 m	10～100 m	10 m
发射功率	小于1 mW	大于1 W	1～100 mW
应用范围	近距离多媒体	无线局域网	设备互联

3. UWB的应用

UWB在物联网中的应用十分广泛，总结起来有3个方面：雷达成像系统(包括穿地雷达、墙中成像雷达、穿墙成像雷达、医学成像系统、监视系统等)、高速无线通信系统、精确测量定位系统(包括车载雷达、精密测量和传感定位系统)。

1) 雷达成像系统

在雷达成像系统中，主要以UWB穿墙成像雷达为主，如图3-9所示。目前国外已有用于军事、抢险、反恐、资源探测方面的UWB穿墙成像雷达产品，这类产品主要依据的是FCC制定的频谱限值要求，最大平均等效全向发射功率(EIRP)不超过-41.3 dBm/MHz，工作频段在2 GHz以上。

图3-9 穿墙成像雷达能发现墙后人员并探知其活动

UWB穿墙成像技术产品往往都是利用持续时间极为短暂的UWB信号脉冲穿过一定厚度的墙壁，通过设置在成像设备上的信息屏幕，获取墙壁另一侧的物体(运动)信息。

此外，大地探测雷达也可以应用UWB技术，其工作原理与穿墙雷达相仿。

2) 高速无线通信系统

在高速无线通信应用中，UWB可以作为一种短距离高速传输的无线接入手段，非常适合支持无线个域网的应用。

UWB将通过支持无线USB的应用，取代传统的USB电缆，使无线高速USB应用成为可能。

UWB可应用于移动通信、计算机及其外设、消费电子、信息安全等诸多方面，例如，家用高清电视图像传送、数字家庭宽带无线连线、消费电子中高速数据传输、高清图片及视频显示、汽车视频与媒体中心等。

3）精确测量定位系统

在精确定位应用中，UWB 由于其高分辨率，在精确测量定位系统中得到了广泛应用，汽车防碰雷达系统（车载 UWB 雷达）就是一个典型的例子，如图 3-10 所示。车载 UWB 雷达主要应用在 24 GHz 频段。

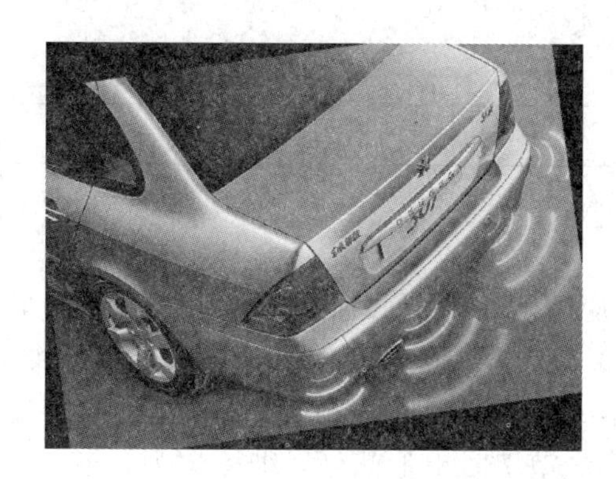

图 3-10 防撞倒车雷达和车载可视倒车雷达

3.2.4 Z-wave 技术

无线网络技术的应用主要集中在高速率方面，研究重点始终放在提高数据速率上，而低速率应用一直谈论得较少，但这并不说明低速率应用不重要。事实上，低速率应用比高速率应用更贴近人们的日常生活。

Z-wave 和 ZigBee 相似，是关注于低速率应用的无线组网技术，Z-wave 标志如图 3-11 所示。

图 3-11 Z-wave 标志

1. Z-wave 技术简介

Z-wave 是由丹麦公司 Zensys 一手主导的无线组网规格，Z-wave 联盟（Z-wave Alliance）虽然没有 ZigBee 联盟强大，但是 Z-wave 联盟的成员均是已经在智能家居领域有现行产品的厂商，该联盟已经具有 160 多家国际知名公司，范围基本覆盖全球各个国家和地区。

Z-wave 是一种新兴的基于射频的、低成本、低功耗、高可靠、适于网络的短距离无线通信技术，信号的有效覆盖范围在室内是 30 m，室外可超过 100 m，适合于窄带宽应用场合。随着通信距离的增大，设备的复杂度、功耗以及系统成本都在增加，相对于现有的各种无线通信技术，Z-wave 技术是最低功耗和最低成本的技术，有力地推动着低速率无线个人区域网。

2. Z-wave 性能对比

Z-wave 与其他无线技术比较，有其独特的性能优点，见表 3-3。例如，Z-wave 使用 1 GHz 以下频率，目前使用这段频带的设备相对较少，而 ZigBee 使用的2.4 GHz 频带正逐渐变得拥挤而容易受到干扰。

表 3-3 Z-wave 与其他无线技术比较

项目	Z-wave	ZigBee	蓝牙(802.15.1)	Wi-Fi(802.11a)
传输速率	100 kb/s	20～250 kb/s	1 Mb/s	54 Mb/s
传输距离	小于 30 m	1～100 m	10 m	10～100 m
频段	865～923 MHz	2.4 GHz	2.4 GHz	2.4 GHz
穿透效果	好	一般	差	差
功耗	低	较低	一般	一般
安全性	好	好	一般	一般

3. Z-wave 的应用优势

Z-wave 技术在应用上具有以下优势：

(1) 成本低。Z-Wave 技术专门针对窄带应用，并采用创新的软件解决方案取代成本高的硬件，因此只需花费其他类似技术的一小部分成本，就可以组建高质量的无线网络。

(2) 低功耗。Z-wave 利用压缩帧格式，同时采用自适应发射功率模式，在通信连接状态下采用休眠模式，一般 Z-wave 设备仅靠 2 节 7 号电池就可以维持长达 2 年以上的寿命。

(3) 模块体积很小，可以方便地集成到各种设备中。体积大小如图 3-12 所示。

(4) 高度健全性和可靠性。Z-wave 采用双向应答式(FSK)的传送机制，确保了网络中的所有设备之间的高可靠通信。

(5) 全网覆盖。可以智能识别周边 30 米范围内的 Z-wave 设备，判断可行性，以最快速的指令抵达全网任意一个终端设备。

(6) 网络管理便捷化。Z-wave 技术可以使智能化网络内的每一个 Z-wave 设备都有其自身独特的网络标识，便于网络管理。如图 3-13 所示为一种采用 Z-wave 技术的智能开关。

图 3-12 一种小型 Z-wave 芯片

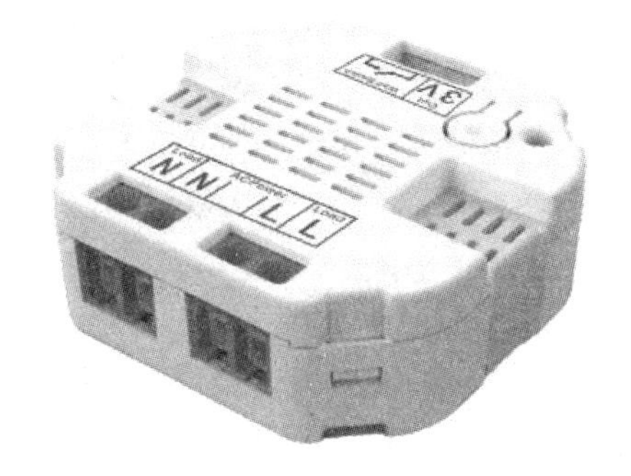

图 3-13 一种采用 Z-wave 技术的智能开关

4. Z-wave 的应用

Z-wave 技术设计主要用于住宅照明、商业控制以及状态读取应用，例如，抄表、照明及家电控制、HVAC、接入控制、防盗及火灾检测等。Z-wave 可将任何独立的设备转换为智能网络设备，从而可以实现控制和无线监测。

Z - wave 技术在最初设计时，就定位于智能家居无线控制领域。它采用小数据格式传输，使用 40 kb/s 的传输速率足以应对，早期甚至使用 9.6 kb/s 的速率传输。与同类的其他无线技术相比，拥有相对较低的传输频率、相对较远的传输距离和一定的价格优势。

随着 Z - Wave 联盟的不断扩大，该技术的应用也将不仅仅局限于智能家居方面，在酒店控制系统、工业自动化、农业自动化等多个领域，都将发现 Z - wave 无线网络的身影。

【例 3 - 4】 利用一个 Z - wave 控制器，在一套住宅内就可以同时控制若干个家用电器、灯具、抄表器、门禁、通风空调设备、家用网关、自动报警器等。如果将 Z - wave 技术与其他技术(如 Wi-Fi 技术)相结合，用户就可以利用手机、Pda、互联网、遥控器等多种手段对 Z - wave 网络中的家电、自动化设备甚至是门锁进行远程控制。用户还可以设定相应的"情景"，比如影院模式，会自动合上客厅的窗帘，降低电灯的亮度，并且启动电视机或者投影仪。由于采用了通用的标准，不同公司出品的 Z - wave 产品之间都可以互联互通，这给用户带来了极大的方便。

3.2.5 其他短距离通信技术

1. NFC 近距离通信技术

1) NFC 简介

NFC 是近场通信(Near Field Communication)的简称，又称近距离无线通信，是一种短距离的高频无线通信技术，允许电子设备之间进行非接触式点对点数据传输和数据交换。NFC 的标志如图 3 - 14 所示。这个技术由非接触式射频识别(RFID)演变而来，采用主动和被动两种读取模式。

图 3 - 14 NFC 标志

NFC 在 13.56 MHz 频率运行于 20 cm 距离内，其传输速度有 106 kbit/s、212 kbit/s 或者 424 kbit/s 三种。目前近场通信已通过 ISO/IEC IS 18092 国际标准、EMCA - 340 标准与 ETSI TS 102 190 标准。

NFC 具有成本低廉、方便易用和更富直观性等特点，只需通过一个芯片、一根天线和一些软件的组合，就能够实现各种设备在几厘米范围内的通信。

2) NFC 设备的应用

当前很多智能手机已经支持 NFC 技术。NFC 技术在手机上的应用主要有以下 5 类：

(1) 接触通过。如门禁管理、车票和门票等，用户将储存车票证或门控密码的设备靠近读卡器即可，也可用于物流管理。

(2) 非接触支付。如非接触式移动支付，用户将设备靠近嵌有 NFC 模块的 POS 机可进行支付，并确认交易。

(3) 接触连接。如把两个 NFC 设备相连接，进行点对点(Peer - to - Peer)数据传输，例如下载音乐、图片互传和交换通信录等。

(4) 非接触浏览。用户可将 NFC 手机靠近街头有 NFC 功能的智能公用电话或海报，来浏览交通信息等。

(5) 下载接触。用户可通过 GPRS 网络接收或下载信息，用于支付等功能，如用户可发送特定格式的短信至家政服务员的手机来控制家政服务员进出住宅的权限。

2. IrDA 红外技术

1) IrDA 简介

IrDA 是红外数据组织(Infrared Data Association)的简称，是一种利用红外线进行点对点通信的技术。

红外线是波长在 750 nm 到 1 mm 之间的电磁波，它的频率高于微波而低于可见光，是一种人眼看不到的光线。目前无线电波和微波已被广泛地应用在长距离的无线通信之中，但由于红外线的波长较短，对障碍物的衍射能力差，所以更适合应用在需要短距离无线通信的场合，进行点对点的直线数据传输。

2) IrDA 的应用

红外通信有着成本低廉、连接方便、简单易用和结构紧凑的特点，因此在小型的移动设备中获得了广泛的应用。这些设备包括笔记本电脑、掌上电脑、机顶盒、游戏机、移动电话、计算器、仪器仪表、数码相机以及打印机之类的计算机外围设备等。

试想一下，如果没有红外通信，连接其中的两个设备就必须要有一条特制的连线，如果要使它们能够任意地两两互联传输数据，该需要多少种连线呢？而有了红外口，这些问题就都迎刃而解了。

随着移动计算和移动通信设备的日益普及，红外数据通信已经进入了发展黄金时期。尽管现在有了同样使用于近距离无线通信的蓝牙技术，但以红外通信技术低廉的成本和广泛的兼容性的优势，红外数据通信势必会在将来很长一段时间内在短距离的无线数据通信领域扮演重要的角色。

3. WiGig 无线技术

WiGig(Wireless Gigabit Alliance，无线千兆联盟)是一种更快的短距离无线技术，可用于在家中快速传输大型文件。

WiGig 与 Wi-Fi 有很多相似之处。WiGig 可以作为 Wi-Fi 标准的一个补充，随着各种条件的成熟，Wi-Fi 和 WiGig 将来有可能融合到一起。

WiGig 的应用优势如下：

(1) WiGig 技术比 Wi-Fi 技术快 10 倍，且无需网线就可以将高清视频由电脑和机顶盒传输到电视机上。

(2) WiGig 的传输距离比 Wi-Fi 短，WiGig 可以在一个房间内正常运转，也能延伸至相邻房间。

(3) WiGig 不是 WirelessHD(无线高清)等技术的直接竞争对手，它拥有更广泛的用途，其目标不仅是连接电视机，还包括手机、摄像机和个人电脑。

(4) WiGig 和 WirelessHD 都使用 60 GHz 的频段，这一基本尚未使用的频段可以在近距离内实现极高的传输速率。

(5) WiGig 可以达到 6 Gb/s 的传输速率，能在 15 s 内传输一部 DVD 的内容。

3.3 无线局域网络技术

局域网(Local Area Network，LAN)，又称内网，指覆盖局部区域(如办公室或楼层)的计算机网络。

无线局域网(Wireless LAN，缩写 WLAN)，是指不使用任何导线或传输电缆连接，而使用无线电波作为数据传送媒介的局域网，传送距离一般只有几米到几十米。无线局域网的主干网路通常使用有线电缆，无线局域网用户通过一个或多个无线接取器接入无线局域网。

无线局域网现在已经广泛应用在商务区、学校、机场及其他公共区域。

3.3.1 Wi-Fi 技术

1. Wi-Fi 简介

Wi-Fi(Wireless Fidelity，无线高保真)属于无线局域网的一种，是一个创建于 IEEE 802.11 标准的无线局域网技术。Wi-Fi 标志如图 3-15 所示。

Wi-Fi 是当前最常用的家庭无线组网技术，IEEE 802.11 的设备已安装在市面上的许多产品，如个人电脑、游戏机、智能手机、打印机、笔记本电脑以及其他周边设备。

Wi-Fi 是当今应用比较广泛的短距离无线网络传输技术，可以将个人电脑、手持设备(如 PDA、手机)等终端以无线方式互相通信，它以传输速度高，有效距离较长的优势得到广泛应用。

现在 Wi-Fi 的覆盖范围在国内越来越广，高级宾馆、豪华住宅区、飞机场以及咖啡厅等区域都有 Wi-Fi 接口，如图 3-16 所示。当我们去旅游、办公时，就可以在这些场所使用掌上设备尽情网上冲浪。

图 3-15 Wi-Fi 标志

图 3-16 Wi-Fi 覆盖范围越来越广

2. IEEE 802.11 与 Wi-Fi 技术发展

IEEE 802.11 第一个版本发表于 1997 年，其中定义了介质访问接入控制层和物理层，物理层定义了在 2.4 GHz 的 ISM 频段上的两种无线调频方式和一种红外线传输的方式，总数据传输速率设计为 2 Mb/s。两个设备之间的通信可以自由直接(Ad Hoc)的方式进行，也可以在基站(Base Station，BS)或者访问点(Access Point，AP)的协调下进行。

1999 年加上了两个补充版本：802.11a 定义了一个在 5 GHz ISM 频段上的数据传输速率可达 54 Mb/s 的物理层，802.11b 定义了一个在 2.4 GHz 的 ISM 频段上但数据传输速率高达 11 Mb/s 的物理层。自定义后各个时期应用比较广泛的分别是 a/b/g/n 四个标准。

由于 ISM 频段中的 2.4 GHz 频段被广泛使用，例如微波炉、蓝牙，它们会干扰 Wi-Fi 使其速度减慢，而 5 GHz 干扰则较小。双频路由器可同时使用 2.4 GHz 和 5 GHz 频段，设备则只能使用某一个频段。

常用802.11协议的频带和最大传输速率见表3-4。

表3-4 常用802.11协议参数

协议	发布时间	频带	最大传输速率
802.11	1997	2.4 GHz	2 Mb/s
802.11a	1999	5 GHz	54 Mb/s
802.11b	1999	2.4 GHz	11 Mb/s
802.11g	2003	2.4 GHz	54 Mb/s
802.11n	2009	2.4 GHz/5 GHz	600 Mb/s
802.11ac	2014	5 GHz	867 Mb/s

Wi-Fi技术的发展大致可分为五代：

第一代802.11，1997年制定，只使用2.4 GHz频段，最快传输速度2 Mb/s。

第二代802.11b，只使用2.4 GHz频段，最快传输速度11 Mb/s，正逐渐被淘汰。

第三代802.11g/a，分别使用2.4 GHz频段和5 GHz频段，最快传输速度54 Mb/s。

第四代802.11n，可使用2.4 GHz频段或5 GHz频段。

第五代802.11ac，只使用5 GHz频段，当前支持802.11ac的路由器还如第三、四代常见路由器，不过却是以后路由器的发展趋势。

3. Wi-Fi的技术优势

Wi-Fi技术具有以下优势：

(1) 无线电波的覆盖范围广。基于蓝牙技术的电波覆盖范围非常小，半径大约只有15 m，而Wi-Fi的半径可达100 m，有的Wi-Fi交换机甚至能够把通信距离扩大到6.5 km。

(2) 传输速度快。虽然由Wi-Fi技术传输的无线通信质量不是很好，数据安全性比蓝牙差一些，传输质量也有待改进，但传输速度非常快，可以达到11 Mb/s，符合个人和社会信息化的需求。

(3) 厂商进入该领域的门槛较低。厂商只要在机场、车站、咖啡店、图书馆等人员较密集的地方设置“热点”，并通过高速线路将因特网接入上述场所。这样，由于“热点”所发射出的电波可以达到距接入点半径数十米至百米的地方，用户只要将支持无线LAN的笔记本电脑、PDA或智能手机拿到该区域内，即可高速接入因特网。也就是说，厂商不用耗费资金来进行网络布线接入，从而节省了大量的成本。

(4) 无需布线。Wi-Fi最主要的优势在于不需要布线，可以不受布线条件的限制，因此非常适合移动办公用户的需要，具有广阔市场前景。

(5) 健康安全。IEEE 802.11规定的发射功率不可超过100 mW，实际发射功率约60～70 mW，而手机的发射功率约200 mW至1 W，手持式对讲机的发射功率高达5 W。相比起来，Wi-Fi产品的辐射更小，而且无线网络使用方式并非像手机直接接触人体，是绝对安全的。

(6) 组建方法简单。一般架设无线网络的基本配备就是无线网卡及一台AP，如此便能以无线的模式，配合既有的有线架构来分享网络资源，架设费用和复杂程序远远低于传统的有线网络。有了AP，就像一般有线网络的Hub一般，无线工作站可以快速且轻易地与网络相连。特别是对于宽带的使用，Wi-Fi更显优势。有线宽带网络ADSL、小区LAN等到户后，连接到一个AP，然后在电脑中安装一块无线网卡即可。普通的家庭有一个AP已经足够，甚至用户的邻里得到授权后，则无需增加端口，也能以共享的方式上网。

4. Wi-Fi组成结构

Wi-Fi是由AP和无线网卡组成的无线网络，组成结构图如图3-17所示。

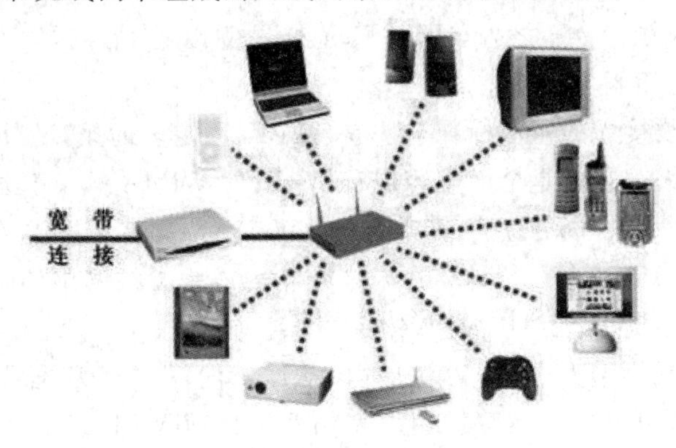

图3-17　Wi-Fi组成结构

1）AP

AP为Access Point简称，一般翻译为"无线访问节点"或"网络桥接器"。它是传统的有线局域网络与无线局域网络之间的桥梁，因此任何一台装有无线网卡的PC均可通过AP去分享有线局域网络甚至广域网络的资源，其工作原理相当于一个内置无线发射器的HUB或者是路由。常见的AP如图3-18所示。

图3-18　无线AP

2）无线网卡

无线网卡是负责接收由AP所发射信号的用户终端设备。如果只是几台电脑的对等网，也可不要AP，只需要为每台电脑配备无线网卡。

5. Wi-Fi应用分类

一般根据Wi-Fi产品目标用户的不同，可以将Wi-Fi产品分为四类：个人Wi-Fi，家庭Wi-Fi，商业Wi-Fi和公众Wi-Fi。

(1) 个人Wi-Fi：一般为单个用户提供Wi-Fi服务，通常以现有终端设备为载体，生成小范围的Wi-Fi热点，供用户自己使用。比如，当前大多数智能手机都能够通过生成一个Wi-Fi热点，把手机网络共享出去让其他设备上网。

(2) 家庭Wi-Fi：一般指无线路由器，通过接入运营商网络，提供Wi-Fi信号给家庭范围内的各种设备使用。

(3) 商业 Wi-Fi：指面向企业客户，为客户提供包括硬件、软件、服务等内容的系统解决方案。

(4) 公众 Wi-Fi：是指政府主导、相关企业参与的面对公众的无线城市建设。

6. Wi-Fi 的发展和未来

近几年，无线 AP 的数量迅猛增长，无线网络的方便与高效使其得到迅速普及。除了在目前的一些公共地方有 AP 之外，国外已经有先例以无线标准来建设城域网，因此，Wi-Fi的无线地位将会日益牢固。

Wi-Fi 是目前无线接入的主流标准，但是，Wi-Fi 会走多远呢？在 Intel 的强力支持下，Wi-Fi 已经有了接班人。它就是全面兼容现有 Wi-Fi 的 WiMAX，对比于 Wi-Fi 的 802.11X 标准，WiMAX 是 802.16x 标准。与前者相比，WiMAX 具有更远的传输距离、更宽的频段选择以及更高的接入速度等，预计会在未来几年内成为无线网络的一个主流标准，Intel 计划将来采用该标准来建设无线广域网络。

总而言之，家庭和小型办公网络用户对移动连接的需求是无线局域网市场增长的动力，虽然到目前为止，美国、日本等发达国家仍然是目前 Wi-Fi 用户最多的地区，但随着电子商务和移动办公的进一步普及，廉价的 Wi-Fi 必将成为那些随时需要进行网络连接用户的必然之选。

7. Wi-Fi 使用安全防范

2014 年 6 月，央视以“危险的 Wi-Fi”为题的节目揭露了在无线网络存在巨大的安全隐患，公共场所的免费 Wi-Fi 热点有可能就是钓鱼陷阱，而家里的路由器也可能被恶意攻击者轻松攻破。如图 3-19 所示，网民在毫不知情的情况下，就可能面临个人敏感信息遭盗取，访问钓鱼网站，甚至造成直接的经济损失。那么，我们在使用 Wi-Fi 时必须树立安全防范意识。

图 3-19　Wi-Fi 使用安全防范

(1) 谨慎使用公共场合的 Wi-Fi 热点。官方机构提供的而且有验证机制的 Wi-Fi，可以找工作人员确认后连接使用。其他可以直接连接且不需要验证或密码的公共 Wi-Fi 风险较高，背后有可能是钓鱼陷阱，尽量不使用。

(2) 使用公共场合的 Wi-Fi 热点时，尽量不要进行网络购物和网银操作，避免重要的个人敏感信息遭到泄露，甚至被黑客银行转账。

(3) 养成良好的 Wi-Fi 使用习惯。手机会把使用过的 Wi-Fi 热点都记录下来，如果 Wi-Fi 开关处于打开状态，手机就会不断向周边进行搜寻，一旦遇到同名的热点就会自动进行连接，存在被钓鱼风险。因此，当我们进入公共区域后，尽量不要打开 Wi-Fi 开关，或者把 Wi-Fi 调成锁屏后不再自动连接，避免在自己不知道的情况下连接上恶意 Wi-Fi 热点。

(4) 家里路由器管理后台的登录账户、密码，不要使用默认的 admin，可改为字母加数字的高强度密码；设置的 Wi-Fi 密码选择 WPA2 加密认证方式，相对复杂的密码可大大提高黑客破解的难度。

(5) 不管在手机端还是电脑端都应安装安全软件。对于黑客常用的钓鱼网站等攻击手法，安全软件可以及时拦截提醒。

3.3.2　Ad Hoc 网络技术

我们经常提及的移动通信网络一般都是有中心的，要基于预设的网络设施才能运行。例如，蜂窝移动通信系统要有基站的支持；无线局域网一般也工作在有 AP 接入点和有线骨干网的模式下。但是，对于有些特殊场合来说，有中心的移动网络并不能胜任。例如，战场上部队快速展开和推进，地震或水灾后的营救等。这些场合的通信不能依赖于任何预设的网络设施，而需要一种能够临时快速自动组网的移动网络。Ad Hoc 网络可以满足这样的要求。

1. Ad Hoc 网络简介

Ad Hoc 源自拉丁语，意思是“特设的、特定目的的、临时的”。

Ad Hoc(Wireless Ad Hoc Network，无线随意网络)，又称无线临时网络，是一种分散式的无线网络系统。它被称为 Ad Hoc，是因为这种网络系统是临时形成，由节点与节点间的动态连结所形成。它不需要依赖一个既存的网络架构，像是有线系统的路由器，或是无线系统的无线网络基地台。相反地，它每一个节点都有能力转送网络封包给其他节点(这称为路由)。

Ad Hoc 结构是一种省去了无线中介设备 AP 而搭建起来的对等网络结构，只要安装了无线网卡，计算机彼此之间即可实现无线互联，如图 3-20 所示。其原理是网络中的一台计算机主机建立点到点连接，相当于虚拟 AP，而其他计算机就可以直接通过这个点对点连接进行网络互联与共享。

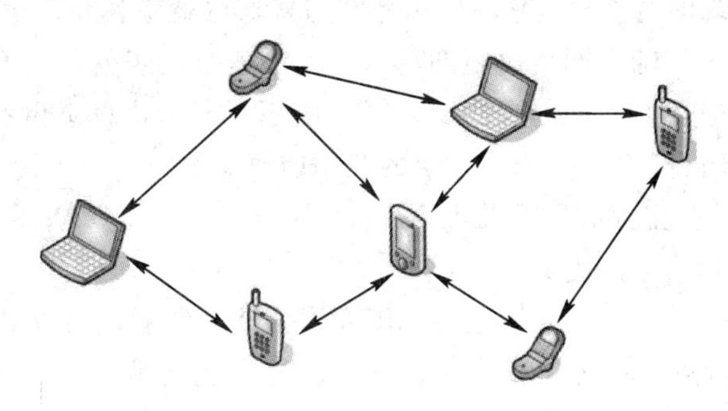

图 3-20　Ad Hoc 网络结构

2. Ad Hoc 网络的特点

Ad Hoc 网络作为一种新的组网方式，具有以下特点。

1）具有网络独立性

Ad Hoc 网络与常规通信网络相比，最大的区别就是可以在任何时间、任何地点不需要硬件基础网络设施的支持，快速构建起一个移动通信网络。它的建立不依赖于现有的网络通信设施，具有一定的独立性。Ad Hoc 网络的这种特点很适合灾难救助、偏远地区通信等应用。

2）动态变化的网络拓扑结构

在 Ad Hoc 网络中，移动主机可以在网中随意移动。主机的移动会导致主机之间的链路增加或消失，使主机之间的关系不断发生变化。在自组网中，主机可能同时还是路由器，因此，移动会使网络拓扑结构不断发生变化，而且变化的方式和速度都是不可预测的。对于常规网络而言，网络拓扑结构则相对稳定。

3）有限的无线通信带宽

在 Ad Hoc 网络中没有有线基础设施的支持，因此，主机之间的通信均通过无线传输来完成。由于无线信道本身的物理特性，它提供的网络带宽相对有线信道要低得多。除此以外，考虑到竞争共享无线信道产生的碰撞、信号衰减、噪声干扰等多种因素，移动终端可得到的实际带宽远远小于理论中的最大带宽值。

4）有限的主机能源

在 Ad Hoc 网络中，主机均是一些移动设备，如便携计算机或掌上电脑。由于主机可能处在不停的移动状态下，主机的能源主要由电池提供，因此 Ad Hoc 网络有能源有限的特点。

5）网络的分布式特性

在 Ad Hoc 网络中没有中心控制节点，主机通过分布式协议互联。网络的某个或某些节点发生故障，其余的节点仍然能够正常工作。

6）生存周期短

Ad Hoc 网络主要用于临时的通信需求，相对于有线网络，它的生存时间一般比较短。

7）有限的物理安全

移动网络通常比固定网络更容易受到物理安全攻击，易于遭受窃听、欺骗和拒绝服务等攻击。现有的链路安全技术有些已应用于无线网络中，以减小安全攻击。不过 Ad Hoc 网络的分布式特性相对于集中式的网络具有一定的抗毁性。

3. Ad Hoc 网络的应用领域

由于 Ad Hoc 网络的特殊性，它的应用领域与普通的通信网络有着显著的区别。它适合被用于无法或不便预先铺设网络设施的场合、需快速自动组网的场合等。针对 Ad Hoc 网络的研究是因军事应用而发起的。因此，军事应用仍是 Ad Hoc 网络的主要应用领域，但在民用方面，Ad Hoc 网络也有非常广泛的应用前景。

Ad Hoc 的应用场合主要有以下几类。

1）军事应用

军事应用是 Ad Hoc 网络技术的主要应用领域。因其特有的无需架设网络设施、可快速展开、抗毁性强等特点，使它成为数字战场通信的首选技术。Ad Hoc 网络技术已经成为美军战术互联网的核心技术。美军的近期数字电台和无线互联网控制器等主要通信装备都使用了 Ad Hoc 网络技术。

2）传感器网络

传感器网络是Ad Hoc网络技术的另一大应用领域。对于很多应用场合来说，传感器网络只能使用无线通信技术。而考虑到体积和节能等因素，传感器的发射功率不可能很大。使用Ad Hoc网络实现多跳通信是非常实用的解决方法。分散在各处的传感器组成Ad Hoc网络，可以实现传感器之间和与控制中心之间的通信。这在爆炸残留物检测等领域具有非常广阔的应用前景。

3）紧急应用

在发生了地震、水灾、强热带风暴或遭受其他灾难打击后，固定的通信网络设施（如有线通信网络、蜂窝移动通信网络的基站等网络设施、卫星通信地球站以及微波接力站等）可能被全部摧毁或无法正常工作，对于抢险救灾来说，这时就需要Ad Hoc网络这种不依赖任何固定网络设施又能快速布设的自组织网络技术。类似地，处于边远或偏僻野外地区时，同样无法依赖固定或预设的网络设施进行通信。Ad Hoc网络技术的独立组网能力和自组织特点，是这些场合通信的最佳选择。

4）个人通信

个人局域网（Personal Area Network，PAN）是Ad Hoc网络技术的另一应用领域。不仅可用于实现PDA、手机、手提电脑等个人电子通信设备之间的通信，还可用于个人局域网之间的多跳通信。

5）与移动通信系统相结合

Ad Hoc网络还可以与蜂窝移动通信系统相结合，利用移动台的多跳转发能力扩大蜂窝移动通信系统的覆盖范围、均衡相邻小区的业务、提高小区边缘的数据速率等。在实际应用中，Ad Hoc网络除了可以单独组网实现局部的通信外，它还可以作为末端子网通过接入点接入其他的固定或移动通信网络，与Ad Hoc网络以外的主机进行通信。因此，Ad Hoc网络也可以作为各种通信网络的无线接入手段之一。

3.4　无线城域网络技术

城域网（Metropolitan Area Network，MAN）指大型的计算机网络，属于IEEE 802.16标准，是介于LAN（局域网）和WAN（广域网）之间能传输语音与资料的公用网络。MAN改进了LAN中的传输媒介，能够提供更大的传输范围和更快的传输速度，达到包含一个大学校园、城市或都会区。它是较大型的局域网路，需要的成本较高。

随着互联网技术的不断发展，人们对于通过无线手段接入互联网提出了越来越高的带宽和距离要求，无线城域网解决无线局域网存在的接入速率低、同时可接入用户数量少、覆盖范围小等缺陷。

一些常用于城域网的技术包括以太网（10 Mb/s、100 Mb/s、10 Gb/s）、WiMAX（全球互通微波存取）。

3.4.1　IEEE 802.16协议

1. IEEE 802.16协议简介

为了规范宽带无线接入技术与市场，电气电子工程师协会IEEE 802委员会于1999年成立了802.16工作组，负责制定宽带无线接入空中接口及相关功能的标准。2001年11月，IEEE通过了802.16标准，从而为宽带无线城域网系列标准奠定了基础。

IEEE 802.16标准的研发初衷是在城域网领域提供高性能的、工作于10～66 GHz频段宽带的无线接入技术，其正式名称是"固定宽带无线接入系统空中接口"(Air Interface for Fixed Broadband Wireless Access Systems)，它采用基于点到多点(PMP)的拓扑结构，数百甚至数千的用户可通过一个基站接入公用网络。

WiMAX是支持和推动802.16走向市场的具体应用，两者的关系密不可分，因此WiMAX经常成为802.16的代名词。

2. IEEE 802.16重要版本

IEEE Std 802.16d(802.16—2004)于2004年6月通过。这项标准使得之前的版本802.16—2001和与其相关的802.16a、802.16c失效。IEEE Std 802.16—2004是阐述固定式系统的标准。

IEEE 802.16e(802.16—2005又称Mobile WiMAX)，2005年12月制定，是一项针对802.16d的修正案，此项修正案增加了移动机制。移动WiMAX标准，是一项对于固定式WiMAX标准的改良，特别是在调变(Modulation Schemes)的部分。

IEEE 802.16m被认为是4G标准，又称Mobile WiMAX Release 2或WirelessMAN-Advanced，能提供100 Mb/s以上的下行带宽。

3. IEEE 802.16的体系结构

IEEE 802.16无线服务的作用就是在用户站点同核心网络之间建立起一个通信路径。IEEE 802.16标准关心的是用户的收发机同基站收发机之间的无线接口。其中的协议专门对在网络中传输大数据块时的无线传输地址问题做了规定，协议标准是按照三层结构体系组织的。

1) 物理层

三层结构中的最底层是物理层，该层的协议主要是关于频率带宽、调制模式、纠错技术以及发射机同接收机之间的同步、数据传输率和时分复用结构等方面的。对于从用户到基站的通信，标准使用的是按需分配多路寻址(DAMA)-时分多址(TDMA)技术。

(1) 多路寻址(DAMA)技术。

按需分配多路寻址DAMA技术是一种根据多个站点之间的容量需要的不同而动态地分配信道容量的技术。

(2) 时分多址(TDMA)技术。

时分多址TDMA是一种时分技术，它将一个信道分成一系列的帧，每个帧都包含很多的小时间单位，称为时隙。工作时，根据每个站点的需要为其在每个帧中分配一定数量的时隙来组成每个站点的逻辑信道。

通过DAMA-TDMA技术，每个信道的时隙分配可以动态地改变。

2) 数据链路层

物理层之上是数据链路层，在该层上IEEE 802.16主要规定为用户提供服务所需的各种功能。这些功能都包括在介质访问控制MAC层中，主要负责将数据组成帧格式，来传输和对用户如何接入到共享的无线介质中进行控制。

3) 汇聚层

MAC层之上是一个汇聚层，该层根据提供服务的不同提供不同的功能。对于IEEE 802.16.1来说，能提供的服务包括数字音频/视频广播、数字电话、异步传输模式ATM、因特网接入、电话网络中无线中继和帧中继等。

4. IEEE 802.16 协议的特点

802.16的物理层允许宽信道(带宽超过10 GHz)传输，使得802.16有能力提供较高容量的上行和下行链路。在较低频段，没有可直视(none line of sight)要求，因而可以提供更多选择进一步提高802.16系统的容量。媒体接入控制层(MAC)设计独立于信道设计，兼容不同环境的物理层，设计之初就考虑了多用户的远距离接入和多路径延迟传播的容忍(信号反射)。单载波物理层设计用于兼容时分双工(TDD)或频分双工(FDD)，应用，支持FDD的全双工及半双工终端等。

802.16在MAC层使用可变长的协议数据单元(PDU)等概念以提高效率，采用自纠错带宽请求/允许方案，减少开销及确认所引起的延迟。支持真正宽带物理层的高速率传输(每路268 Mb/s)，在传输ATM及非ATM(如MPLS、VoIP等)业务时提供可靠的服务质量(QoS)；允许终端根据业务的服务质量和流量参数的带宽需求进行多种选择，在容量和实时处理能力间进行均衡，动态配置上行和下行链路的传输，可以单独或成组登记设定，在提供三倍于非自适应系统容量的同时保持链路的可用性。

3.4.2 WiMAX网络技术

WiMAX是一种面向城域网的宽带无线接入技术，运营商部署一个信号塔，就能得到超数英里的覆盖区域。覆盖区域内任何地方的用户都可以立即启用互联网连接。与Wi-Fi一样，WiMAX也是一个基于开放标准的技术，它可以提供消费者所希望的设备和服务，它会在全球经济范围内创造一个开放而具有竞争优势的市场。

1. WiMAX与IEEE 802.16

IEEE作为标准化组织，虽然负责制定标准，但并不承担推进标准市场化的工作。为了推广IEEE 802.16系列标准和促进宽带无线接入设备之间的兼容性和互操作性，全球主要的宽带无线接入设备厂商及芯片制造商于2001年4月共同成立了一个非盈利工业贸易联盟组织，那就是WiMAX(World Interoperability for Microwave Access，全球互通微波存取)。

WiMAX成员包括英特尔、诺基亚、富士通以及Airspan、Alvarian、Proxim、Wireless Networks等重要的无线设备生产商。WiMAX对设备的互操作性进行测试，还为成功通过测试的系统及设备进行认证。WiMAX标志如图3-21所示。

图3-21 WiMAX标志

与Wi-Fi对WLAN市场带来的影响一样，WiMAX有力地推动了宽带无线市场的增长。

2. WiMAX简介

WiMAX是一项宽带无线接入城域网技术，其目的是宽带移动化。

根据是否支持移动特性，IEEE 802.16 标准可以分为固定宽带无线接入空中接口标准和移动宽带无线接入空中接口标准，比如 802.16a、802.16d 属于固定无线接入空中接口标准，而 802.16e 属于移动宽带无线接入空中接口标准。

3. WiMAX 的技术优势

WiMAX 的技术优势可以简要概括为以下几点。

1) 传输距离远

WiMAX 的无线信号传输距离最远可达 50 km，是 Wi-Fi 无线局域网所不能比拟的，其网络覆盖面积大大提高，只要建设少数基站就能实现全覆盖，这样就使得无线网络应用的范围大大扩展。

2) 接入速度高

最新采用 802.16m 协议的 WiMAX rel 2 能提供大于 300 Mb/s 的上传/下载速度，如果是低移动性的用户甚至能利用多频道达到 1 Gb/s 的速度。对无线网络来说，这是惊人的进步。

3) 提供广泛的多媒体通信服务

WiMAX 有着良好的可扩展性和安全性，同时还有较好的抗干扰性，从而能够实现电信级的多媒体通信服务，其中包括语音、数据和视频的传输。

4) 无“最后一公里”瓶颈限制

作为一种无线城域网技术，它可以将 Wi-Fi 热点连接到互联网，也可作为 DSL(Digital Subscriber Line，数字用户线)等有线接入方式的无线扩展，实现最后一公里的宽带接入，如图 3-22 所示。WiMax 可为 50 km 线性区域内的用户提供服务，用户无需线缆即可与基站建立宽带连接。

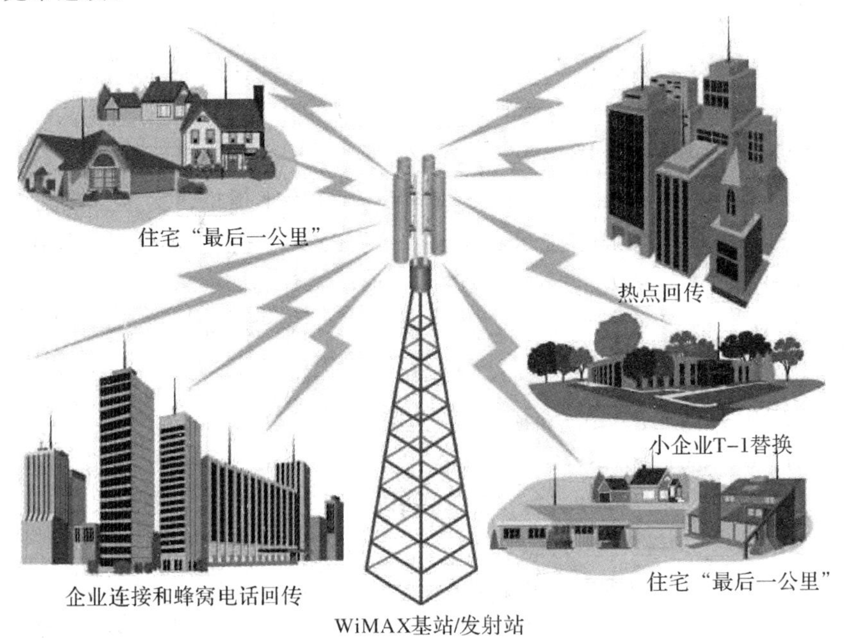

图 3-22 WiMAX 应用

4. WiMAX 的主要构成

1) 传输单元

因为 WiMAX 有互联网传输的背景，所以 WiMAX 网络使用的做法类似于移动电话。我们把某一定地理范围分成多个重叠的区域，这个重叠的区域称为单元。每一个单元提供覆盖范围为用户在该邻域。当用户设备从一个单元到另一个，无线连接也是顺延的从一个单元过渡到另一个单元。

2) 主要设备

WiMAX 网络包括两个主要组件：一个基站和用户设备。WiMAX 基站安装在一个立式建筑或高楼上，目的是广播此无线信号。用户接收到信号，然后启动笔记本电脑上的 WiMAX 功能，或 Mobile Internet Device (MID)，或者 WiMAX 调制解调器。

5. WiMAX 应用场景

与其他有线接入手段(如 xDSL、Cable、光纤接入等)相比，WiMAX 技术具有部署速度更快、扩展能力更强、灵活性更高的优点。WiMAX 对于新兴国家的电信市场与广大的乡村地区特别有吸引力，尤其在一些基础建设不良的地区，更突显出它的竞争力。此外，在一家固网运营商居垄断地位的地区，新兴运营商由于缺乏基础建设与线路需花大笔费用向其租借线路使用费才得以运营，而 WiMAX 向其提供了不受限制迅速开展业务的有效手段。因此，WiMAX 被认为是 DSL 的补充，可以向家庭和小企业提供“无线 DSL”服务。

WiMAX 的典型应用场景如图 3-23 所示。通过 WiMAX 系统，室内、室外的 Wi-Fi 用户可以接入到 Internet/Intranet，同时 WiMAX 还可以提供移动终端、移动 Laptop 的无线接入以及企业 Wi-Fi 热点区域的后端传输功能。

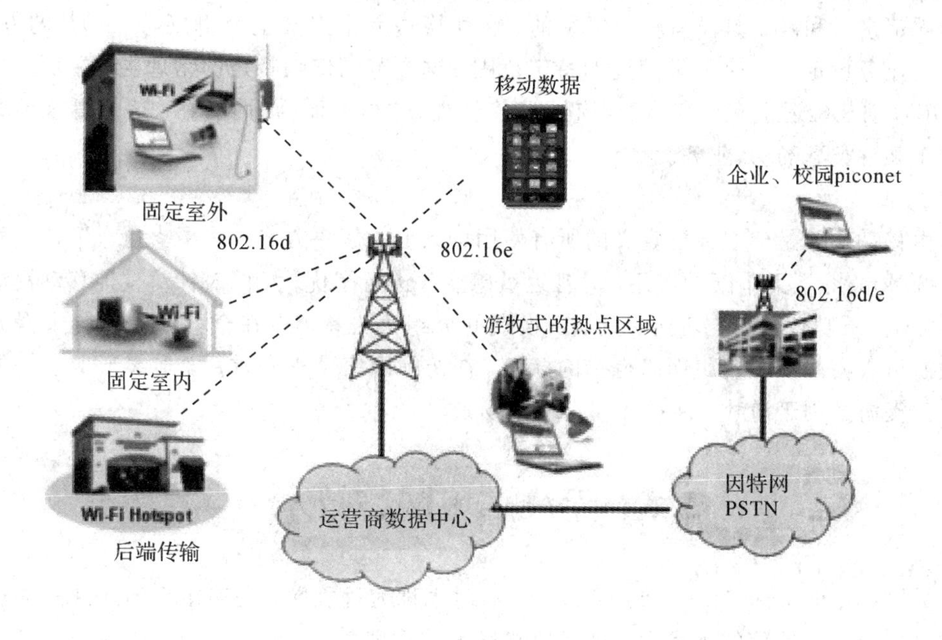

图 3-23 WiMAX 典型应用场景

具体来说，WiMAX 技术可应用于固定、游牧、便携、简单移动和自由移动这五类业务应用场景，并随着WiMAX技术从固定无线接入发展到移动无线接入，应用场景也从固定发展到自由移动。相应的，各种应用场景分别需要不同的空中接口标准的支持。

1）固定

固定接入业务是WiMAX运营网络中最基本的业务模型，该业务场景不支持连接的移动或切换，在IP连接建立之前，必须进行鉴权或授权。用户站(SS)可以根据信号质量来选择和偶尔改变它的连接，换到“好”的可用基站(BS)上，当SS断开与BS的连接并重新加入网络后，必须重新分配IP地址。

2）游牧

游牧式业务是固定接入方式发展的下一个阶段，SS可以从不同的位置接入到运营商的WiMAX网络中。然而在每次会话连接中，用户终端只能进行站点式的接入，在两次不同网络接入中，传输的数据将不被保留。在这种运营模式下，需要进行交互的鉴权，如果用户的归属运营商和拜访运营商具有相同的鉴权用户数据，用户就可以在这两个不同的运营商网络之间进行漫游。在这个阶段，不支持不同基站之间的切换。一个游牧的SS每次入网时将获得不同的IP地址。

3）便携

便携式业务是游牧式业务发展的下一个阶段，从这个阶段开始，终端可以在不同的基站之间进行切换。当终端静止不动时，便携式业务的应用模型与固定式业务和游牧式业务相同。当进行切换过程时，用户将可能经历中断，或者感到一些延迟，或者服务质量的下降。在最差的情况下，切换中断应保持TCP/IP的会话连接。

4）简单移动

简单移动业务是便携式应用的进一步拓展。当用户处于固定接入和漫游状态时，使用模型与固定接入和漫游是没有任何区别的，在切换过程中连接是采用“尽力而为”的方式。简单移动业务设定了一个移动速度的特定范围，这个范围依赖特定的物理层，在切换过程中，简单移动在延迟上有更严格的限制，切换性能比“尽力而为”性能好，这使得这种场景更适合于某种类型的IP业务。

5）自由移动

自由移动业务是建立在已定义的所有使用场景上的解决方案。为了支持车辆速度移动(至少120 km/h)下无中断的应用，对延迟敏感业务进行了优化，同时针对其他移动性敏感性能，例如，低功耗运行、切换时延、切换期间分组丢失率等，在全移动中包含了漫游能力。漫游可以使用户在归属网络得到的标识，在访问网络中得到重用，最终形成统一的业务计费。漫游适用于游牧、便携和移动使用场景。

3.5 无线广域网络技术

广域网(Wide Area Network，WAN)，有时也称为远程网，是连接不同地区的局域网或城域网的计算机通信的远程网。通常跨接很大的物理范围，所覆盖的范围从几十公里到几千公里，它能连接多个地区、城市和国家，或横跨几个洲并能提供远距离通信，形成国际性的远程网络。

广域网所覆盖的范围比城域网(MAN)更广。因为距离较远，信息衰减比较严重，因此相对来说会有更高的传播延迟。

广域网的通信子网主要使用分组交换技术，利用公用分组交换网、卫星通信网和无线分组交换网，将分布在不同地区的局域网或计算机系统互连起来，达到资源共享的目的。

无线广域网(Wireless Wide Area Network，WWAN)指覆盖全国或全球范围内的无线网络，能够提供更大范围内的无线接入。卫星通信系统及手机的移动网络通信都是典型的无线广域网。

3.5.1 4G技术

随着数据通信与多媒体业务需求的发展，适应移动数据、移动计算及移动多媒体运作需要的第四代移动通信已经兴起。4G拥有的超高数据传输速度，被中国物联网校企联盟誉为机器之间当之无愧的“高速对话”。

1. 4G简介

第四代移动电话行动通信标准(The Fourth Generation of Mobile Phone Mobile Communication Technology Standards)，指的是第四代移动通信技术，外文缩写为4G。

2008年3月，国际电信联盟——无线电通信部门(ITU-R)指定一组用于4G标准的要求，命名为IMT-Advanced规范。规定在IMT-Advanced的蜂窝网络系统必须满足以下要求：

(1) 基于全IP(All IP)分组交换网络。

(2) 在高速移动性的环境下达到约100 Mb/s的速率，如移动接入；在低速移动性的环境下高达约1 Gb/s的速率，例如游牧/固定无线网络接入的峰值数据速率。

(3) 能够动态地共享和利用网络资源来支持每单元多用户同时使用。

(4) 使用5～20 MHz可扩展的信道带宽，任选高达40 MHz。

(5) 链路频谱效率的峰值为15 b/s/Hz(下行)和6.75 b/s/Hz(上行)(即1 Gb/s的下行链路中应该是可能超过小于67MHz的带宽)。

(6) 系统的频谱效率下行高达3 b/s/Hz/cell和在室内2.25 b/s/Hz/cell。

(7) 跨不同系统网络的平滑切换。

(8) 提供高质量的服务QoS(Quality of Service)，支持新一代的多媒体传输能力。

2. 网络结构

4G移动系统网络结构可分为三层：物理网络层、中间环境层、应用网络层。

物理网络层提供接入和路由选择功能，它们由无线和核心网的结合格式完成。中间环境层的功能有QoS映射、地址变换和完全性管理等。

物理网络层与中间环境层及其应用环境之间的接口是开放的，它使发展和提供新的应用及服务变得更为容易，并且提供无缝高数据率的无线服务，并运行于多个频带。

3. 4G特点

4G是集3G与WLAN于一体，并能够快速传输数据及高质量的音频、视频和图像等。4G能够以100 Mb/s以上的速度下载，比目前的家用宽带ADSL(4M)快25倍，并能够满足几乎所有用户对于无线服务的要求。此外，4G可以在DSL和有线电视调制解调器没有覆盖的地方部署，然后再扩展到整个地区。很明显，4G有着不可比拟的优越性。

1）通信速度快

人们研究4G通信的最初目的，就是提高蜂窝电话和其他移动装置无线访问Internet的速率，因此4G通信的特征就是它具有更快的无线通信速度。

2）网络频谱宽

每个4G信道占有100 MHz的频谱，相当于W-CDMA3G网络的20倍。

3）通信灵活

4G手机已不能简单划归“电话机”的范畴，毕竟语音资料的传输只是4G移动电话的功能之一，4G手机是一只小型电脑，而且4G手机从外观和式样上也有更惊人的突破。

4）智能性能高

第四代移动通信的智能性更高，不仅表现于4G通信的终端设备的设计和操作具有智能化，更重要的是4G手机可以实现许多难以想象的功能。例如，能适时地提醒主人此时该做什么事。

5）兼容性好

4G通信具备全球漫游、接口开放、能跟多种网络互联、终端多样化等特点。

6）提供增值服务

4G移动通信系统技术采用正交多任务分频技术(OFDM)，人们可以实现例如无线区域环路(WLL)、数字音信广播(DAB)等方面的无线通信增值服务。

7）高质量通信

第四代移动通信不仅仅是为了增加用户数，更重要的是适应多媒体的传输需求，当然还包括通信品质的要求。

8）费用便宜

4G通信部署起来容易，同时在建设4G通信网络系统时，通信运营商们直接在3G通信网络的基础设施之上，采用逐步引入的方法，这样有效地降低了运行者和用户的费用。

4. 4G标准

1）LTE技术

LTE(Long Term Evolution，长期演进)项目是3G的演进，是高速下行分组接入往4G发展的过渡版本，俗称为3.9G。

长期演进技术是应用于手机及数据卡终端的高速无线通信标准，它改进并增强了3G的空中接入技术，并使用调制技术提升网络容量及速度，改善了小区边缘用户的性能，提高小区容量和降低系统延迟。

2）LTE-Advanced技术

虽然长期演进技术被电信公司夸大宣传为“4G LTE”，实际上它不是真正的4G，因为它没有符合国际电信联盟无线电通信部门要求的4G标准。

长期演进技术升级版(LTE-Advanced)才符合国际电信联盟无线电通信部门要求的4G标准。

LTE与LTE-Advanced的标志如图3-24所示。

图3-24　LTE与LTE-Advanced标志

LTE-Advanced是LTE的升级演进，由3GPP主导制定，完全兼容LTE，通常在LTE上通过软件升级即可。其峰值速率：下行可达1 Gb/s，上行可达500 Mb/s，是第一批被国际电信联盟承认的4G标准，也是事实上的唯一主流4G标准。

3.5.2　5G技术

1. 5G简介

第五代移动通信技术(5th Generation Mobile Communication Technology，简称5G)是具有高速率、低时延和大连接特点的新一代宽带移动通信技术，是实现人机物互联的网络基础设施。

5G作为一种新型移动通信网络，不仅要解决人与人通信问题，为用户提供增强现实、虚拟现实、超高清(3D)视频等更加身临其境的极致业务体验，而且要解决人与物、物与物通信问题，满足移动医疗、车联网、智能家居、工业控制、环境监测等物联网应用需求。最终，5G将渗透到经济社会的各行业各领域，成为支撑经济社会数字化、网络化、智能化转型的关键新型基础设施。

国际电信联盟(ITU)定义了5G的三大主要应用场景，即增强移动宽带(eMBB)、超高可靠低时延通信(uRLLC)和海量机器类通信(mMTC)。

(1) 增强移动宽带(eMBB)：主要面向移动互联网流量爆炸式增长，为移动互联网用户提供更加极致的应用体验。

(2) 超高可靠低时延通信(uRLLC)：主要面向工业控制、远程医疗、自动驾驶等对时延和可靠性具有极高要求的垂直行业应用需求。

(3) 海量机器类通信(mMTC)：主要面向智慧城市、智能家居、环境监测等以传感和数据采集为目标的应用需求。

为满足5G多样化的应用场景需求，5G的关键性能指标更加多元化。ITU定义了5G八大关键性能指标(流量密度、连接数密度、时延、移动性、能效、用户体验速率、频谱效率、峰值速率)，其中用户体验速率达1 Gb/s，时延低至1 ms，连接数密度达100万/平方千米。

2. 5G关键技术

1) 5G无线关键技术

5G国际技术标准重点满足灵活多样的物联网需求。在OFDMA和MIMO基础技术上，5G为支持三大应用场景，采用了灵活的全新系统设计。

在频段方面，与4G支持中低频不同，考虑到中低频资源有限，5G同时支持中低频和高频频段，其中，中低频满足覆盖和容量需求，高频满足在热点区域提升容量的需求，5G

针对中低频和高频设计了统一的技术方案,并支持 100 MHz 的基础带宽。

为了支持高速率传输和更优覆盖,5G 采用 LDPC、Polar 新型信道编码方案及性能更强的大规模天线技术等。

为了支持低时延、高可靠,5G 采用短帧、快速反馈、多层/多站数据重传等技术。

2) 5G 网络关键技术

5G 采用全新的服务化架构,支持灵活部署和差异化业务场景。

5G 采用全服务化设计,模块化网络功能,支持按需调用,实现功能重构;采用服务化描述,易于实现能力开放,有利于引入 IT 开发实力,发挥网络潜力。

5G 支持灵活部署,基于 NFV(Network Function Virtualization,网络功能虚拟化)和 SDN(Software Defined Network,软件定义网络),实现硬件和软件解耦,实现控制和转发分离;采用通用数据中心的云化组网,网络功能部署灵活,资源调度高效;支持边缘计算,云计算平台下沉到网络边缘,支持基于应用的网关灵活选择和边缘分流。

5G 通过网络切片满足差异化需求。网络切片是指从一个网络中选取特定的特性和功能,定制出的一个逻辑上独立的网络,它使得运营商可以部署功能、特性服务各不相同的多个逻辑网络,分别为各自的目标用户服务。目前定义了 3 种网络切片类型,即增强移动宽带、低时延高可靠、大连接物联网。

3. 5G 应用领域

1) 工业领域

5G 在工业领域的应用涵盖研发设计、生产制造、运营管理及产品服务四大环节,主要包括 16 类应用场景,分别为 AR/VR 研发实验协同、AR/VR 远程协同设计、远程控制、AR 辅助装配、机器视觉、AGV 物流、自动驾驶、超高清视频、设备感知、物料信息采集、环境信息采集、AR 产品需求导入、远程售后、产品状态监测、设备预测性维护、AR/VR 远程培训。

当前,机器视觉、AGV 物流、超高清视频等场景已取得了规模化复制的效果,实现了“机器换人”,大幅降低人工成本,有效提高产品检测准确率,达到了生产效率提升的目的。预计未来远程控制、设备预测性维护等场景将会产生较高的商业价值,5G 在工业领域丰富的融合应用场景将为工业体系变革带来极大潜力,使工业向着智能化发展。

2) 车联网与自动驾驶

5G 车联网助力汽车、交通应用服务向着智能化升级。5G 网络的大带宽、低时延等特性,支持实现车载 VR 视频通话、实景导航等实时业务。借助于车联网 C-V2X(包含直连通信和 5G 网络通信)的低时延、高可靠和广播传输特性,车辆可实时对外广播自身定位、运行状态等基本安全信息,交通灯或电子标志/标识等可广播交通管理与指示信息,支持实现路口碰撞预警、红绿灯诱导通行等应用,显著提升车辆行驶安全和出行效率,后续还将支持实现更高等级、复杂场景的自动驾驶服务,如远程遥控驾驶、车辆编队行驶等。

5G 网络可支持港口岸桥区的自动远程控制、装卸区的自动码货以及港区的车辆无人驾驶应用,这可以显著降低自动导引运输车控制信号的时延以保障无线通信质量与作业可靠性,同时可使智能理货数据传输系统实现全天候全流程的实时在线监控。

3) 医疗领域

5G 通过赋能现有智慧医疗服务体系,提升远程医疗、应急救护等服务能力和管理效率。

(1) 5G+超高清远程会诊、远程影像诊断、移动医护等应用。

在现有智慧医疗服务体系基础上，叠加5G网络能力，极大提升远程会诊、医学影像、电子病历等数据传输速度和服务保障能力。例如，在抗击新冠肺炎疫情期间，解放军总医院联合相关单位快速搭建5G远程医疗系统，提供远程超高清视频多学科会诊、远程阅片、床旁远程会诊、远程查房等应用，支援湖北新冠肺炎危重症患者救治，有效缓解抗疫一线医疗资源紧缺问题。

(2) 5G+应急救护应用。

在急救人员、救护车、应急指挥中心、医院之间快速构建5G应急救援网络，在救护车接到患者的第一时间，将病患体征数据、病情图像、急症病情记录等以毫秒级速度、无损实时传输到医院，帮助院内医生作出正确指导并提前制定抢救方案，实现患者“上车即入院”的愿景。

4) 文旅领域

5G在文旅领域的创新应用将助力文化和旅游行业步入数字化转型的快车道。5G智慧文旅应用场景主要包括景区管理、游客服务、文博展览等环节。

(1) 5G智慧景区：可实现景区实时监控、安防巡检和应急救援，同时可提供VR直播观景、沉浸式导览及AI智慧游记等创新体验；大幅提升了景区管理和服务水平，解决了景区同质化发展等痛点问题。

(2) 5G智慧文博：可支持文物全息展示、5G+VR文物修复、沉浸式教学等应用，赋能文物数字化发展，深刻阐释文物的多元价值。

3.5.3　NB-IoT技术

5G技术不仅带来了更快的网速，还使万物智能互联成为可能，而NB-IoT被称为5G商用的前奏和基础。

1. NB-IoT简介

NB-IoT是指窄带物联网(Narrow Band Internet of Things，NB-IoT)，是万物互联网络的一个重要分支。NB-IoT聚焦于低功耗广覆盖(LPWA)物联网市场，是一种可在全球范围内广泛应用的技术。它具有覆盖广、连接多、速率快、成本低、功耗低、架构优等特点，能够带来更加丰富的应用场景，因此成为物联网的主要连接技术。

2. NB-IoT的特点

NB-IoT最大的特点是传输距离可达10 km，可以覆盖一个小县城，而且可以带无数终端，一个基站可以带20多万个终端。这意味着，管理一个井盖、停车收费等都变得轻松而且便宜。花费200万元建立一个基站，方圆10 km都可以进行管理。

NB-IoT的特点具体可分以下四点进行阐述：

(1) 广覆盖。相比GSM、宽带LTE等，NB-IoT将网络覆盖能力增强了20 dB，使信号的传输覆盖范围更大，能覆盖到深层地下GSM网络无法覆盖到的地方。这不仅可以满足农村这样的广覆盖需求，对于厂区、地下车库、井盖这类对深度覆盖有要求的场景同样适用。以井盖监测为例，过去采用GPRS的方式需要伸出一根天线，车辆来往极易损坏，而利用NB-IoT，只要部署得当，就可以很好地解决这一问题。

(2) 大连接。相比原有无线技术，NB-IoT在同一基站下增加了50～100倍的接入数，每个小区可以达到50万个连接，是实现万物互联所必需的海量连接。一个扇区能够支持10万个连接，支持低延时敏感度、超低的设备成本、低设备功耗和优化的网络架构。举例来说，受限于带宽，运营商给每个家庭中路由器仅开放8～16个接入口，而一个家庭中往往有多部手机、笔记本、平板电脑，未来要想实现全屋智能，上百种传感设备需要联网就成了一个棘手的问题。而NB-IoT能够轻松满足未来智慧家庭中大量设备联网需求。

(3) 低功耗。低功耗特性是物联网应用的一项重要指标，特别对于一些不能经常更换电池的设备，如安置于高山荒野偏远地区中的各类传感监测设备，它们不可能像智能手机一样随时充电，因此长达几年的电池使用寿命是最基本的需求。由于NB-IoT聚焦小数据量、小速率应用，因此NB-IoT设备功耗可以非常小，设备续航时间可以从过去的几个月大幅提升至几年。

(4) 低成本。与LoRa相比，NB-IoT无需重新建网，射频和天线基本上都是复用的。硬件可剪裁、软件按需简化确保了NB-IoT的成本低廉。

NB-IoT技术为物联网领域的创新应用带来勃勃生机，为远程抄表、安防报警、智慧井盖、智慧路灯等诸多领域带来了创新突破。

NB-IoT的演进十分重要，如支持组播、连续移动性等，只有NB-IoT等基础建设完整，5G才有可能真正实现。

3.5.4 LoRa技术

1. 什么是LoRa

LoRa是Semtech公司创建的低功耗局域网无线标准。低功耗一般很难覆盖远距离，远距离一般功耗高。LoRa的名字就是远距离无线电(Long Range Radio)，它最大的特点就是在同样的功耗条件下比其他无线方式传播的距离更远，实现了低功耗和远距离的统一，它在同样的功耗下比传统的无线射频通信距离扩大了3～5倍。

LoRa也是LPWAN(Low Power Wide Area Network，低功耗广域网)通信技术中的一种，是美国Semtech公司采用和推广的一种基于扩频技术的超远距离无线传输方案。

2. LoRa联盟简介

LoRa联盟是2015年3月由Semtech公司牵头成立的一个开放的、非营利的组织，发起成员还有法国Actility、中国AUGTEK、荷兰皇家电信KPN等企业。不到一年时间，联盟已经发展成员公司150余家，其中不乏IBM、思科、法国Orange等重量级企业。产业链(终端硬件、芯片、模块网关、软件、系统集成、网络运营)中的每一环均有大量的企业，这种技术的开放性、竞争与合作的充分性都促使了LoRa的快速发展与生态繁盛。目前LoRa联盟在全球成员公司已超过500家。

3. LoRa技术要点

LoRa融合了数字扩频、数字信号处理和前向纠错编码技术。此前，只有高等级的工业无线电通信会融合这些技术，而随着LoRa的引入，嵌入式无线通信领域发生了彻底改变。

前向纠错编码技术是给待传输数据序列中增加一些冗余信息，这样，数据传输进程中注入的错误码元在接收端就会被及时纠正。这一技术减少了以往创建“自修复”数据包重发的麻烦，并且在解决由多径衰落引发的突发性误码问题时表现良好。

一旦数据包分组建立起来并注入前向纠错编码中，这些数据包将被送到数字扩频调制器中，这一调制器将分组数据包中每一比特送入一个“扩展器”中，将每一比特时间划分为众多码片。LoRa调制解调器经配置后，可划分的范围为64～4096码片/比特，AngelBlocks配置调制解调器可使用4096码片/比特中的最高扩频因子(12)。相对而言，ZigBee仅能划分的范围为10～12码片/比特。

通过使用高扩频因子，LoRa技术可将小容量数据通过大范围的无线电频谱传输出去。实际上，当通过频谱分析仪测量时，这些数据看上去像噪声，但区别在于噪声是不相关的，而数据具有相关性，基于此，数据实际上可以从噪声中提取出来。扩频因子越高，越多数据可从噪声中提取出来。

在一个运转良好的GFSK接收端，8 dB的最小信噪比需要可靠地解调信号。如果采用配置AngelBlocks的方式，LoRa可解调一个信号，其信噪比为－20 dB，而GFSK方式与这一结果相差28 dB，这说明范围和距离扩大了很多。在户外环境下，6 dB的差距就可以实现2倍于原来的传输距离。

因此，使用LoRa技术能够以低发射功率获得更广的传输范围和距离，这种低功耗广域技术正是发展物联网所需要的。

4. LoRa应用场景

LoRa技术属于目前比较热门的新兴技术，广泛应用于智慧城市、工商业管理、农林渔牧等场景。下面简单列举几个实例。

(1) 在智慧城市方面，道路旁若使用了智慧路灯，就可以通过LoRa传送灯具灯泡使用状况，及时通知养护单位进行保养维修与更换灯泡。

(2) 在智能家居方面，智能电表/水表若是结合了LoRa传输，不但能节省人力抄表费用，而且能在异常情况时提供警示，让屋主掌握用水用电情况，避免浪费。

(3) 在智能停车场方面，在车位上布建LoRa传感器时，安装过程不用拉线，节省大量施工成本；1个LoRa网关即可管理数百个车位的LoRa传感器，实时监控车位状况，全面控管车位使用情形。

(4) 水库可以利用LoRa传感器监测水位变化；河川水道可以利用LoRa传感器监控大雨时的水位异常，提供防洪管理。

(5) 在智慧建筑方面，加入温、湿度以及安全等传感器，并定时将监测到的信息上传，便于建筑管理者进行监管，随时掌握建筑的最新状况。

(6) 在智慧消防方面，动态导引系统利用LoRa无线传输技术远距离、低频以及低功耗的特性，在火灾发生时，由动态导引主机发送信号给布建于建筑物内的动态导引灯板，由于LoRa走的是低于1 GHz以下的低频段，因此不用担心信号受到其他无线通信的干扰，灯板在收到信号后会立即给出指示，引导避难者前往安全的逃生路径。

(7) 在智慧农业方面，将温、湿度以及盐碱度等环境数据通过传感器定期上传，可以有效帮助提高农产品产量、减少水资源的消耗。

(8) 在物流追踪方面，物流企业可以根据定位的需要在特定的场所装设LoRa网关，例如，在运送过程中，货品大多会被放置在仓库或通过卡车分送至各地，所以只需要在仓库物流网涵盖区或货车上装设LoRa网关，就能让货品上的追踪器连至网络，从而实时掌握货品流向及时程，避免货品遗失。

(9) 在共享单车服务与管理方面，若在共享单车上安装 LoRa 传感器，就可以利用城市中的 LoRa 网关/基地台，运用三角定位的计算原理，掌握车辆位置，方便管理。

3.6 物联网的接入技术

物联网的接入技术是指将末梢汇聚网络或单个的节点接入核心承载网络的技术。核心承载网络可以包括各种如 4G、5G 等公共商业网络，也可以是企业专网、物联网专网等，此外还包括全球性的核心承载网络——互联网。

物联网的接入可以是单个物体(节点)的接入，比如野外的单个观测节点，需要核心承载网络将分散的节点信息汇聚，或者将单个节点的信息传输到需要数据的地方。物联网的接入也可以是末梢网络多个节点信息汇聚后的接入，这种应用并不关心在末梢网络中单个节点的作用，而更加重视末端网中共同监测或汇聚信息的接入传输。

物联网的接入技术多种多样，就接入设备而言，主要有物联网网关、嵌入物体的通信模块、各种智能终端等(如手机等)。就接入的位置是否变化来分，可分为固定接入和移动接入两种。由于物联网需要一个无处不在的通信网络，而移动通信网具有覆盖广、建设成本低、部署方便、具备移动性等特点，这使得无线网络将成为物联网的一种发展很快的接入方式。

下面主要对物联网网关接入技术、6LoWPAN 技术进行简单介绍。

3.6.1 物联网网关技术

由于传感器网络是面向应用的网络，传感器网络内一般会有自己的协议和规范，而且各类感知技术种类繁多，并采用不同的通信协议，无法实现互联互通。在这样的情况下应运而生了一种新的网元设备——物联网网关(Internet of Things Gateway，IoTGW)。

1. 物联网网关简介

物联网网关作为物联网应用中的主要接入和组网设备，承担着将物联网感知信息封装成 IP 数据包传送给后台服务器的任务，可以实现感知网络与通信网络，以及不同类型感知网络之间的协议转换。如图 3-25 所示，物联网网关既可以实现广域互联，也可以实现局域互联。此外，物联网网关还需要具备设备管理功能，运营商通过物联网网关设备可以管理底层的各感知节点，了解各节点的相关信息，并实现远程控制。

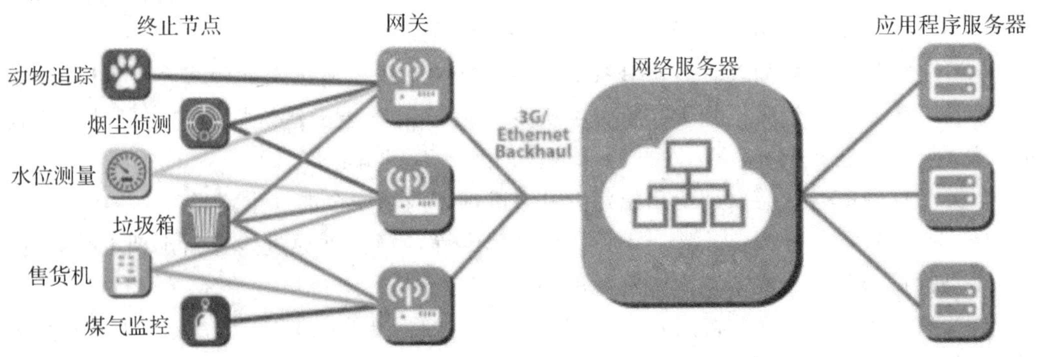

图 3-25 各种服务通过物联网网关连接至互联网

在无线传感网中，物联网网关是不可或缺的核心设备。

2. 物联网网关的技术优势

1）广泛的接入能力

目前用于近程通信的技术标准很多，包括常见的 ZigBee、Wi-Fi 等。各类技术主要针对某一应用展开，缺乏兼容性和体系规划。现在国内外已经展开针对物联网网关进行标准化工作，如 3GPP、传感器工作组，以实现各种通信技术标准的互联互通。

2）可管理能力

强大的管理能力，对于任何大型网络都是必不可少的。首先要对网关进行管理，如注册管理、权限管理、状态监管等。网关实现子网内的节点管理，如获取节点的标识、状态、属性、能量等，以及远程实现唤醒、控制、诊断、升级和维护等。由于子网的技术标准不同，协议的复杂性不同，所以网关具有的管理能力不同。

3）协议转换能力

从不同的感知网络到接入网络的协议转换、将下层的标准格式的数据统一封装、保证不同的感知网络的协议能够变成统一的数据和信令；将上层下发的数据包解析成感知层协议可以识别的信令和控制指令。

3.6.2 6LoWPAN 技术

6LoWPAN(IPv6 over Low power Wireless Personal Area Network，基于 IPv6 的低功率无线个域网)，主要实现将低功率无线个域网连接到 IPv6 网络中。

6LoWPAN 标志如图 3-26 所示。

图 3-26 6LoWPAN 标志

6LoWPAN 同 ZigBee 一样，是基于 IEEE 802.15.4 标准的无线连接技术。

1. 6LoWPAN 发展背景

将 IP 协议引入无线通信网络一直被认为是不现实的。迄今为止，无线网只采用专用协议，因为 IP 协议对内存和带宽要求较高，要降低它的运行环境要求以适应微控制器及低功率无线连接很困难。

6LoWPAN 技术是一种在 IEEE 802.15.4 标准基础上传输 IPv6 数据包的网络体系，可用于构建无线传感器网络。6LoWPAN 技术底层采用 IEEE802.15.4 规定的 PHY 层和 MAC 层，网络层采用 IPv6 协议。

建立在 IEEE 802.15.4 标准 MAC 层之上的 ZigBee，可以说是目前最流行的低速率、低功耗无线网络标准，已经广泛用于智能家居、智能电网、商业楼宇自动化和其他的低数据速率无线网络。6LoWPAN 也利用 IEEE 802.15.4 的底层标准传输 IPv6 数据包，并由于能支持与其他 IP 系统的无缝连接而表现出巨大的吸引力。

随着 IPv4 地址的耗尽，IPv6 是大势所趋。物联网技术的发展，进一步推动了 IPv6 的部署与应用。6LoWPAN 技术具有无线低功耗、自组织网络的特点，是物联网感知层、无线传感器网络的重要技术。

2. 6LoWPAN 的技术优势

1）普及性

IP 网络应用广泛，作为互联网核心技术的 IPv6，也在加速其普及的步伐，在低速无线个域网中使用 IPv6 更易于被接受。

2）适用性

IP 网络协议栈架构受到广泛的认可，低速无线个域网完全可以基于此架构进行简单、有效地开发。

3）更多地址空间

IPv6 应用于低速无线个域网时，最大亮点就是庞大的地址空间。这恰恰满足了部署大规模、高密度低速无线个域网设备的需要。

4）支持无状态自动地址配置

IPv6 中当节点启动时，可以自动读取 MAC 地址，并根据相关规则配置好所需的 IPv6 地址。这个特性对传感器网络来说，非常具有吸引力，因为在大多数情况下，不可能对传感器节点配置用户界面，节点必须具备自动配置功能。

5）易接入

低速无线个域网使用 IPv6 技术，更易于接入其他基于 IP 技术的网络及下一代互联网，使其可以充分利用 IP 网络的技术进行发展。

6）易开发

目前基于 IPv6 的许多技术已比较成熟，并被广泛接受，针对低速无线个域网的特性对这些技术进行适当的精简和取舍，可以简化协议开发的过程。

3.7 物联网其他网络技术

3.7.1 有线通信网络技术

物联网的传输层主要分为有线和无线两种通信方式。由于物联网应用方向多，应用环境复杂，人们往往对无线通信方式谈得更多。RFID、ZigBee、4G 等都属于无线通信范畴。Modbus、Foundation Fieldbus、CAN、ProfiNet 等则属于有线通信，这些网络各有适用场景。

传统的有线网络技术较为成熟，在众多场合已得到了应用验证。相对于无线通信，有线通信有着抗干扰能力强、安全性高、传输速率高、传输延迟低等特点。所以虽然有线通信提到的较少，但由于物联网跨越的行业及用户需求千差万别，预计上述网络标准将在物联网的现有网络层面长期共存。

3.7.2 M2M 技术

随着网络通信技术的发展，人与人之间可以更加快捷地沟通，信息的交流更顺畅。但是目前仅仅是计算机和其他一些IT类设备具备这种通信和网络能力，众多的普通机器设备几乎不具备联网和通信能力。

M2M(Machine to Machine)是一种理念，如图3-27所示，也是所有增强机器设备通信和网络能力的技术的总称，目标就是使所有机器设备都具备联网和通信能力，其核心理念就是网络一切。

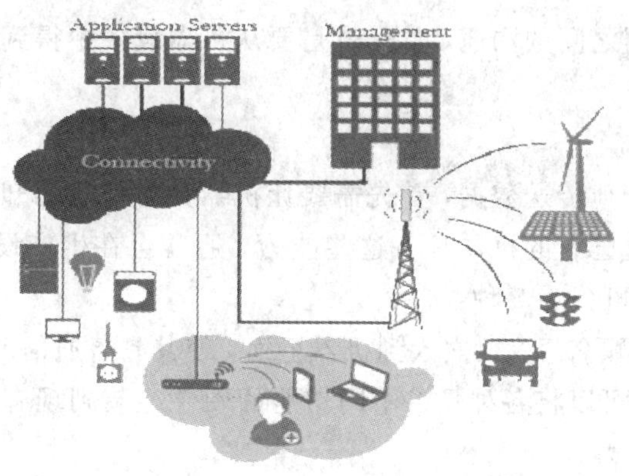

图3-27 M2M的理念

1. M2M技术简介

M2M技术具有非常重要的意义，作为实现机器与机器之间的无线通信手段有着广阔的市场和应用。

例如，在电力设备中安装可监测配电网运行参数的模块，实现配电系统的实时监测、控制和管理维护；在石油设备中安装可以采集油井工作情况信息的模块，远程对油井设备进行调节和控制，如图3-28所示，及时准确了解油井设备工作情况；在汽车上配装采集车载信息终端、远程监控系统等，实现车辆运行状态监控等。

图3-28 通过M2M设备可以远程监控油井

人们普遍看好M2M技术的发展前景，认为数量众多的机器联网将为通信产业带来极大的发展机遇，并预测未来M2M市场将高速增长。

在市场上，很多传统大企业制定了M2M的战略规划：摩托罗拉、诺基亚等通信设备商纷纷加大了M2M通信模块的投入和研发，Vodafone、Orange等电信运营商也推出了自己的 M2M 业务。一些新兴的公司比如 Telit 和 Wyless，借助 M2M 市场迅速成长。国内市场虽然起步较晚，但已初具规模。

2. M2M 技术构成

M2M 技术有 5 个重要的组成部分：机器、M2M 硬件、通信网络、中间件和应用。

1）机器

要实现机器与机器之间的沟通，首先就是要从机器设备中得到数据，然后通过网络将数据传送出去。

2）M2M 硬件

要让机器能够智能地传送数据，首先需要让机器具备信息感知、信息加工(计算能力)以及无线通信能力。让已有的机器具备这些能力，通常会在生产设备的过程中嵌入 M2M 硬件。M2M 硬件产品可分为 5 种：

(1) 嵌入式硬件：顾名思义，嵌入到机器里面，使其具备通信能力。

(2) 可组装硬件：可以将各种具备不同功能的硬件组装到现有机器上，使机器具有联网、协议转换之类的能力。

(3) 调制解调器：可以使机器能够将数据通过公用电话网络或者以太网送出。

(4) 传感器：各种传感器使机器具备感知能力。

(5) 识别标识：使机器可以被唯一识别，比如 RFID 标签。

3）通信网络

通信网络是 M2M 技术的核心，负责在机器与机器或人与机器之间传送音频、视频以及控制、测量等数据信息。

M2M 通信网络可以分为两部分，一部分用于 M2M 远程异地通信的传输网络，另一部分是由各类机器组成的网络。由于应用范围和现场环境千差万别，有时只靠一种技术不足以满足需求，需要多种技术并用，协同构筑通信网络。比如使用 ZigBee 技术在机器之间交换数据，使用以太网将数据传送到远程服务器。

4）中间件(Middleware)

中间件包括两部分：M2M 网关、数据收集/集成部件。中间件和物联网网关的功能很大程度上是相通的，甚至有时可以是同一样东西。M2M 网关需要完成不同通信协议之间的转换，而数据收集/集成部件则是为了对原始数据进行处理，并将处理、整合后的结果传送出去。

5）应用

数据收集/集成部件是为了将数据变成有价值的信息。而应用的目的是对原始数据进行不同加工和处理，并将结果呈现给需要这些信息的观察者和决策者。

3.7.3 三网融合及 NGN 技术

1. 三网融合

三网融合是指电信网、计算机网、广播电视网三大网络通过资源共享、信息共享、优势互补等方式融合起来，为客户同时提供语音、数据和广播电视等多重服务。

融合后的网络对用户是透明的，用户在业务使用过程中只需关心所获得服务的质量，而无需关心正在提供服务的是哪一个网络。三网融合示意图，如图 3－29 所示。

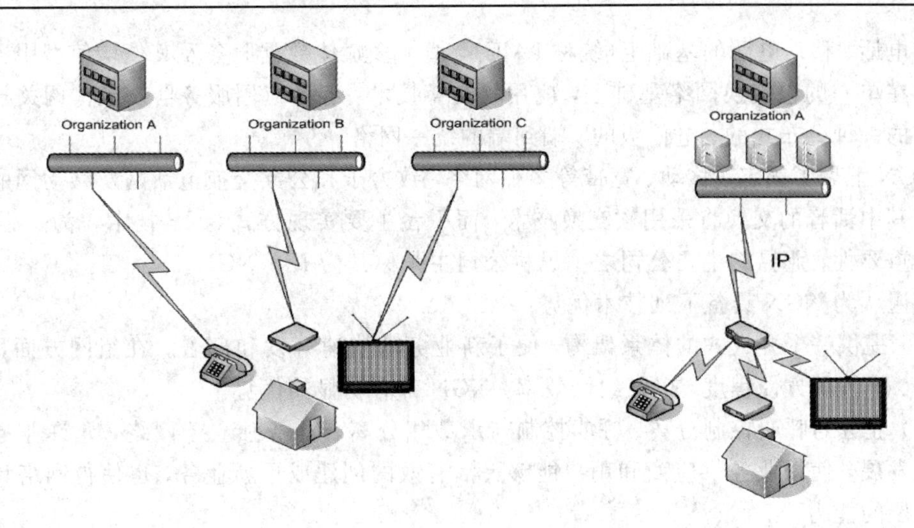

图 3-29　三网融合示意图

三网融合具有以前任何一种网络都无法比拟的优势，它既能够通过一套终端平台同时向用户呈现多种业务，有效地降低操作难度和复杂性，减少用户的购买成本，降低业务的使用门槛，又能够简化网络管理、强化业务管理。

三网融合是技术进步、市场与业务发展、产业政策引导三者共同驱动的结果。三网融合在技术上表现为趋向一致，网络层上实现互联互通，形成无缝覆盖，应用层上趋向使用统一的 IP 协议，终端实现融合，业务层上互相渗透和交叉，在经营上互相竞合，行业管制和政策方面也趋向统一。

三网融合从不同角度分析，包括 5 个层面的融合：

(1) 产业链广度和深度的延伸。广度是指可以提供的服务不断增加，深度是指不同业务提供者。例如，广电和电信业务提供者的逐渐融合。世界上不少运营商既可以提供电信业务，又可以提供广电业务。

(2) 网络系统的融合。即电信网、广播电视网和计算机网的融合。

(3) 终端的融合。原本分属三个产业的终端产品具有很多相似的技术特征。三网融合必须注重跨终端融合，同一个业务应用，通过不同接口，可以覆盖电视、电脑、手机等终端。比如用手机看电视，用电脑打电话。

(4) 业务的融合。业务融合可以从两个层面上理解，一是原有的业务可以在不同的网络上提供，二是出现新的可以在广电网上和电信网上提供的业务形态。

(5) 体制和政策的融合。体制和政策的融合也是保障广电、电信和互联网融合发展的重要条件。

以上前 4 个层面的融合都属于产业和技术层面上的，而体制和政策的融合属于制度层面上的。

2. NGN 技术

下一代网络(Next Generation Network，NGN)，又称为次世代网络，是一种全新的电信网络体系架构，它融合了 IP 技术和多媒体通信技术，提出了分组、分层、开放的概念，从面向管理的传统电信网络转变成面向客户、面向业务的新一代网络。

NGN 在一个统一的网络平台上，以统一管理的方式提供多媒体业务，整合现有的市内固定电话、移动电话的基础上(统称 FMC),增加多媒体数据服务及其他增值型服务。它是建立在单一的包交换网络基础上,应用软交换技术、各种应用服务器及媒体网关技术建立起来的一种分布式的、电信级的、端到端的统一网络。

NGN 汇聚了固定、移动、宽带等多种网络,致力于和公共交换电话网及移动网的完美互通。其中话音的交换将采用软交换技术,而平台主要实现方式为 IP 技术。为了强调 IP 技术的重要性,业界的主要公司之一思科公司主张称其为 IP-NGN。

普遍认为 NGN 具备下列技术优势:

(1) 提供一个开放式的体系架构,便于新业务的快速开发和部署。在组网方面,无论是容量、维护的方便程度,以及组网效率,NGN 都有明显的优势。

(2) 业务与呼叫控制分离、呼叫控制与承载相分离。业务独立于网络,允许业务和网络独立发展,使得业务供应商和用户能够灵活有效的创建或更新业务,也使得网络具有可持续发展的能力。

(3) 支持各种业务的多业务网络。NGN 是一个基于分组传送的网络,能够承载话音、多媒体、数据和影像等所有比特流的多业务网。

(4) 可与现有网络互通,充分利用现有资源。

习　题　3

1. 物联网应用中使用的网络主要有什么类型?
2. 物联网的无线通信技术根据距离可以分为哪 4 个网络?各有什么特点?
3. 无线个域网主要包含什么技术?各自有什么特点?分别适合什么应用?
4. 无线局域网主要包含什么技术?各自有什么特点?分别适合什么应用?
5. 无线城域网有什么特点?适合什么物联网应用?
6. 无线广域网主要包括哪些移动网络技术?各自有什么特点?分别适合什么应用?
7. 物联网的网关主要有什么功能?
8. 6LowPAN 技术是什么?主要完成什么工作?
9. 物联网为什么需要有线通信网络技术?现场总线主要应用在什么场合?
10. M2M 技术主要有哪些应用?
11. 下一代网络技术 NGN 主要有什么特点?

第 4 章

物联网的服务与管理

物联网的核心价值是数据，而数据处理和分析又是重中之重，那么我们怎样才能发掘出有用的数据(即信息和智能)，并通过应用融入人们的生活中呢？

解决数据的管理与运用问题主要采用物联网的服务与管理技术，包括数据的流动管理(如中间件技术)、数据如何存储(数据库与海量存储技术)、如何检索数据(搜索引擎)、如何使用数据(数据挖掘与机器学习等)、如何保护数据(数据安全与隐私保护等)等。

本章主要介绍物联网信息处理与服务管理技术中的以下内容：

(1) 云计算技术。

(2) 中间件技术。

(3) 数据库与数据存储技术。

(4) 数据融合与数据挖掘技术。

(5) 智能信息处理技术。

4.1　物联网云计算技术

4.1.1　从生活实例说起云计算

说起云计算，很多人都认为是专业人员的事情，与我们普通人关系不大。其实，云计算已经深入到我们日常生活的方方面面。在介绍专业知识前，我们先看看以下几个实例。

(1) 电子日历。我们的大脑并不是万能的，不可能记住每一件事，所以我们需要借助一些辅助工具。最初，圆珠笔和便签是很好的备忘选择。后来，人们可以在电脑、手机上记下来，但我们需要在不同的设备上记录很多次，这样做有点麻烦。电子日历(即应用云计算技术的日历)就很好地解决了这个问题。电子日历可以提醒我们要在母亲节买礼物，去干洗店取衣服的时间，飞机起飞的时间等等。这种电子日历可以通过各种设备完成提醒功能，既可以是电子邮件，也可以是手机短信，甚至可以是电话。

(2) 电子邮件。由于各种不同的原因，我们都会有几个不同的邮箱。查看这些邮箱的邮件，需要打开不同的网站，输入不同的用户名及密码。现在，云计算又可以发挥很大作用了。通过托管，邮件服务提供商可以将多个不同的邮件整合在一起。例如，谷歌的 Gmail 电子邮件服务，可以整合多个符合 POP3 标准的电子邮件，用户可以直接在 Gmail 的收件箱中直接收取到来自各个邮箱中的电子邮件。

(3) 在线办公软件。自从云计算技术出现以后，办公室的概念就模糊了。不管是谷歌推出的 Apps 还是微软推出的 SharePoint，都可以在任何一个有互联网的地方同步办公所需要的办公文件。即使同事之间的团队协作也可以通过上述基于云计算技术的服务来实现，而不用处在同一个办公室里才能够完成合作。在将来，随着移动设备的发展以及云计算技术在移动设备上的应用，办公室的概念将会逐渐消失。

(4) 地图导航。在没有 GPS 的时代，每到一个地方，我们都需要购买当地的地图。以前经常可见路人拿着地图问路的情景。现在，我们只需要一部手机，就可以拥有一张全世界的地图，甚至还能够得到地图上得不到的信息，例如交通路况、天气状况等。地图、路况这些复杂的信息，并不需要预先装在我们的手机中，而是储存在服务提供商的“云”中，我们只需在手机上按一个键，就可以很快找到所需的信息。

云计算拥有如此众多的应用，它让我们的生活变得更加方便，并且富有乐趣。未来云计算有望走进千家万户，相信会有更多的人享受到云计算的诸多福利。

4.1.2 云计算的定义

云计算(Cloud Computing)是使计算分布在大量的分布式计算机上，而非本地计算机或远程服务器中，企业能够将资源切换到需要的应用上，根据需求访问计算机和存储系统。好比是从单台发电机模式转向了电厂集中供电的模式。它意味着计算能力也可以作为一种商品进行流通，就像煤气、水电一样，取用方便，费用低廉。与普通商品最大的不同在于它是通过互联网进行传输的。

对云计算的定义有多种说法。目前通常使用美国国家标准与技术研究院(NIST)的定义：云计算是一种按使用量付费的模式，这种模式提供可用的、便捷的、按需的网络访问，进入可配置的计算资源共享池(资源包括网络、服务器、存储、应用软件、服务)，这些资源能够被快速提供，只需投入很少的管理工作，或与服务供应商进行很少的交互。

最简单的云计算技术在网络服务中已经随处可见，例如搜索引擎、网络信箱等，用户只要输入简单指令即能得到大量信息。也就是说，云计算是一种 IT 资源的交付和使用模式，即通过网络以按需、易拓展的方式获得所需的硬件和软件、平台及服务等资源。这种服务模式被比喻为云服务。如图 4-1 所示。

图 4-1　云计算的概念

4.1.3 云计算的工作原理

云计算的基本原理是：通过网络将庞大的计算处理程序自动拆分成无数个较小的子程序，再交由多部服务器所组成的庞大系统经搜寻、计算、分析之后将处理结果回传给用户。通过这项技术，网络服务提供者可以在数秒之内，处理数以千万计甚至亿计的信息，达到与“超级计算机”同样强大效能的网络服务。

在典型的云计算模式中，用户通过终端接入网络，向“云”提出需求；“云”接受请求后组织资源，通过网络为“端”提供服务，如图4-2所示。用户终端的功能可以大大简化，诸多复杂的计算与处理过程都将转移到终端背后的“云”上去完成。

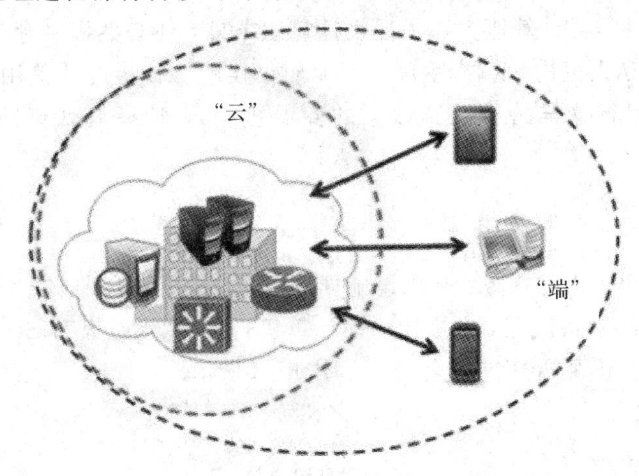

图4-2 云计算的工作原理

用户所需的应用程序并不需要运行在用户的个人电脑、手机等终端设备上，而是运行在因特网的大规模服务器群集；用户所处理的数据也无需存储在本地，而是保存在因特网上的数据中心。提供云计算服务的企业负责这些数据中心和服务器正常运转的管理和维护，并保证为用户提供足够强的计算能力和足够大的存储空间。在任何时间和任何地点，用户只要能够连接至因特网，就可以访问，实现随需随用。

4.1.4 云计算的特点

云计算具有以下特点：

(1) 超大规模。“云”具有相当的规模，Google云计算已经拥有100多万台服务器，亚马逊、IBM、微软、Yahoo等公司的“云”均拥有几十万台服务器。企业私有云一般拥有数百上千台服务器。“云”能赋予用户前所未有的计算能力。

(2) 虚拟化。云计算支持用户在任意位置、使用各种终端获取应用服务，所请求的资源来自“云”，而不是固定的有形的实体。应用在“云”中某处运行，但实际上用户无需了解应用运行的具体位置，只需要一台终端设备，就可以通过网络服务来获取各种超强能力的服务。

(3) 高可靠性。“云”使用了数据多副本容错、计算节点同构可互换等措施来保障服务的高可靠性，使用云计算比使用本地计算机更加可靠。

(4) 通用性。云计算不针对特定的应用，在“云”的支撑下可以构造出千变万化的应用，同一个“云”可以同时支撑不同的应用运行。

(5) 高扩展性。“云”的规模可以动态伸缩，满足应用和用户规模增长的需要。

(6) 按需服务。“云”是一个庞大的资源池，用户按需购买，像自来水、电、煤气那样计费。

(7) 极其廉价。“云”具有特殊容错措施，可以采用极其廉价的节点来构成，“云”的自动化集中式管理使大量企业无需负担日益高昂的数据中心管理成本，“云”的公用性和通用性使资源的利用率大幅提升，只要花费几百美元、几天时间就能完成以前需要数万美元、数月时间才能完成的任务。

(8) 潜在危险性。云计算服务除了提供计算服务外，还必然提供存储服务。但是云计算服务当前垄断在私人机构(企业)手中，而他们仅仅能够提供商业信用。对于政府机构、商业机构(特别像银行这样持有敏感数据的商业机构)，选择云计算服务应保持足够的警惕。

4.1.5 云计算的基本服务类型

云计算包括三个层次的服务：基础设施即服务(IaaS)、平台即服务(PaaS)和软件即服务(SaaS)。其中IaaS在最底层，它被比喻为计算机行业的“水电煤”；SaaS在最顶层，为最多用户直接服务；PaaS则介于二者之间。如图4-3所示。

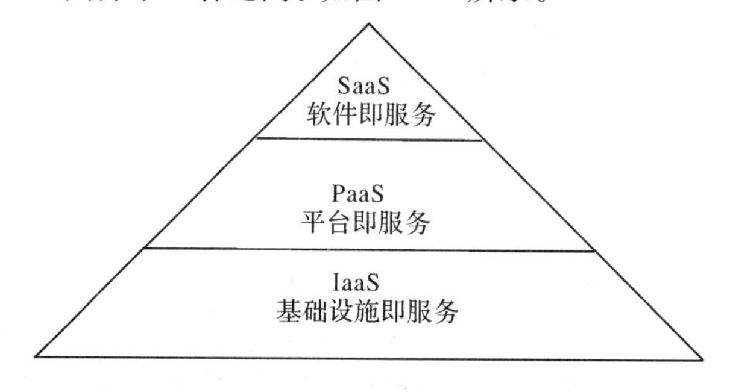

图4-3 云计算的基本服务类型

1. 基础设施即服务IaaS(Infrastructure as a Service)

基础设施即服务提供给用户的服务是对所有计算基础设施的利用，包括CPU、内存、存储、网络和其他基本的计算资源，用户能够部署和运行任意软件，包括操作系统和应用程序。用户不管理或控制任何云计算基础设施，但能控制操作系统的选择、存储空间、部署的应用，也可以有限制地控制网络组件(例如路由器、防火墙、负载均衡器等)。

在IaaS环境中，用户相当于在使用裸机和磁盘，既可以让它运行Windows，也可以让它运行Linux，因而几乎可以做任何想做的事情，但用户必须考虑如何才能让多台机器协同工作起来。

2. 平台即服务PaaS(Platform as a Service)

平台即服务把用户需要的开发语言和工具(例如Java，python，.Net等)、开发或收购的应用程序等，部署到供应商的云计算基础设施上，用户不需要管理或控制底层的云基础设施，包括网络、服务器、操作系统、存储等，但能控制部署的应用程序，也可能控制运行应用程序的托管环境配置。

3. 软件即服务 SaaS(Software as a Service)

软件即服务提供给用户的服务是运营商运行在云计算基础设施上的应用程序，用户可以在各种设备上通过客户端界面(如浏览器)访问。

SaaS 既不像 PaaS 一样提供计算或存储资源类型的服务，也不像 IaaS 一样提供运行用户自定义应用程序的环境，它只提供某些专门用途的服务供应用调用。

4.1.6　物联网与云计算

云计算是实现物联网的核心。运用云计算模式，使物联网中数以兆计的各类物品的实时动态管理、智能分析变为可能。

物联网通过将射频识别技术、传感器技术、纳米技术等新技术运用在各行各业中，将各种物体进行连接，并通过无线等网络将采集到的各种实时动态信息送达计算处理中心，进行汇总、分析和处理。物联网应用带来了海量大数据，这些数据具有实时感应、高度并发、自主协同和涌现效应等特征，迫切需要云计算提供数据处理并提供应用服务。云计算能为连接到云上的设备终端提供强大的运算处理能力，以降低终端本身的复杂性。二者都是为满足人们日益增长的需求而诞生的。

虽然云计算不是单纯为物联网的应用服务，但随着物联网应用的大规模推广，大量的智能物体会连接到互联网上，给云计算带来很好的发展机遇。

1. IaaS 模式在物联网中的应用

物联网发展到一定规模后，在物理资源层与云计算结合可以说是水到渠成的。一部分物联网行业应用，如智能电网、地震台网监测等，终端数量的规模化导致物联网应用对物理资源产生了大规模需求，一方面是介入终端的数量可能是海量的，另一方面是采集的数据可能是海量的。

无论是横向通用的支撑平台，还是纵向特定的物联网应用平台，都可以在 IaaS 技术虚拟化的基础上实现物理资源的共享，以及业务处理能力的动态扩展。

IaaS 技术在对主机、存储和网络资源的集成与抽象的基础上，具有可扩展性和统计复用能力，允许用户按需使用。除网络资源外，其他资源均可通过虚拟化提供成熟的技术实现，为解决物联网应用的海量终端接入和数据处理提供了有效途径。同时，IaaS 对各类内部异构的物理资源环境提供了统一的服务界面，为资源定制、出让和高效利用提供统一界面，也有利于实现物联网应用的软系统与硬系统之间某种程度的松耦合关系。

目前国内建设的一些和物联网相关的云计算中心、云计算平台，主要是 IaaS 模式在物联网领域的应用。

2. PaaS 模式在物联网中的应用

高德纳 Gartner 信息咨询公司把 PaaS 分成两类，APaaS 和 IPaaS。APaaS 主要为应用提供运行环境和数据存储；IPaaS 主要用于集成和构建复合应用。人们常说的 PaaS 平台大多是指 APaaS，如 Force. com 和 GoogleAppEngine。

在物联网范畴内，由于构建者本身价值取向和实现目标的不同，PaaS 的具体应用存在不同的应用模式和应用方向。

3. SaaS 模式在物联网中的应用

SaaS 模式的存在由来已久，通过 SaaS 模式，可以实现物联网应用提供的服务被多个客户共享使用。这为各类行业应用和信息共享提供了有效途径，也为高效利用基础设施资源、实现高性价比的海量数据处理提供了可能。

在物联网范畴内出现的一些变化是，SaaS 应用在感知延伸层进行了拓展。它们依赖感知延伸层的各种信息采集设备采集大量的数据，并以这些数据为基础进行关联分析和处理，向最终用户提供业务功能和服务。

例如，传感网服务提供商可以在不同地域布放传感节点，提供各个地域的气象环境基础信息。其他提供综合服务的公司可以将这些信息聚合起来，开放给公众，为公众提供出行指南。同时，这些信息也被送到政府的监控中心，一旦有突发的气象事件，政府的公共服务机构就可以迅速展开行动。

总之，从目前来看，物联网与云计算的结合是必然趋势，但是，物联网与云计算的结合也需要水到渠成，不管是 PaaS 模式还是 SaaS 模式，在物联网方面的应用，都需要在特定的环境中才能发挥应有的作用。

4.1.7 知识拓展

1. 汽车科技

世界通过技术连接越来越紧密，各行各业都在试图跟上国际步伐，可是没有哪个行业比汽车行业的数字化转型更为明显。现在，对于一辆车而言，仅能从 A 点到 B 点保持良好车速还不够，现在标准车型都自带蓝牙手机连接，固定 GPS 以及一系列其他附加功能来改善驾驶体验。

汽车体验转变依赖于物联网。例如，使用云，汽车公司能够提供诊断和报告功能，如果车坏了，它的计算机能够分析问题并向车主报告；多辆汽车的数据能帮助确定那些可被预测和修复的重复问题，将它们的汽车转变为本质上的智能型手机。比如雪佛兰，已经开始在它的车辆上安装固定 OnStar 4G LTE Wi-Fi 热点，让乘客将他们的智能设备和车辆连接到互联网。

另一种方案是利用数据中心，这是一种数据较少的一种自动化、永久连接的方法，但能够提供更广泛的数据与信息阵列。

而车载娱乐的后座辅助电缆和 DVD 播放机也已经成为过去式，智能型手机能够自动同步汽车的收音机播放音乐，并允许驾驶员在行驶中进行免提通话，这些附加功能正在把汽车变成一个巨大的可行驶型智能手机。

2. 云计算发展趋势

目前，“上云”成为各类企业加快数字化转型、鼓励技术创新和促进业务增长的第一选择甚至前提条件。我们不妨结合企业的需求和云厂商的投入方向，预测未来云计算的发展趋势。

(1) 云计算将进一步成为创新技术和最佳工程实践的重要载体和试验场。

云计算将走在时代进步的前沿。这得益于云产品本身的 SaaS 属性，非常适合快速交付和迭代，从 AI 与机器学习、IoT 与边缘计算、区块链到工程实践领域的 DevOps、云原生和 Service Mesh，都有云计算厂商积极参与、投入和推广的身影。

以人工智能为例，不论是IaaS中GPU计算资源的提供，还是面向特定领域成熟模型能力开放(如各类自然语言处理、图像识别、语言合成的API)，再到帮助打造定制化AI模型的机器学习平台，云事实上从各个层面都有力地支持和参与了AI相关技术的发展。就最终效果而言，云上的资源和产品让人工智能等新兴技术变得触手可及，大大降低了客户的探索成本，也加快了新技术的验证和实际交付，具有极高的社会价值。

(2) 云计算将顺应产业互联网大潮，下沉行业场景，向垂直化产业化纵深发展。

随着通用类架构与功能的不断完善和对行业客户的不断深耕，云计算自然地渗透进入更多垂直领域，提供更贴近行业业务与典型场景的基础能力。

典型的垂直云代表有视频云、金融云、游戏云、政务云、工业云等。以视频云为例，它是将视频采集、存储、编码转换、推流、视频识别等一系列以视频为核心的技术能力整合为一站式垂直云服务，不仅适用于消费互联网视频类应用的构建，还能配合摄像头和边缘计算节点进军广阔的线下安防监控市场。再如金融云，可针对金融保险机构特殊的合规和安全需要，提供物理隔离的基础设施，还可提供支付、结算、风控、审计等业务组件。

可以预计，随着产业互联网的兴起，其规模之大、场景之多，将给予云计算厂商极大的发展空间；而云计算作为赋能业务的技术平台和引擎，也非常适合承载产业互联网的愿景，加快其落地与实现。

(3) 多云和混合云将成为大中企业刚需，得到更多重视与发展。

当企业大量的工作负载部署在云端，对于云的应用进入深水区之后，新的问题则会显现。虽然云端已经能提供相当高的可用性，但为了避免单一供应商出现故障时的风险，关键应用仍需架设必要的技术冗余；另一方面，当业务规模较大时，从商业策略上说也需要避免过于紧密的厂商绑定，以寻求某种层面的商业制衡和主动权。因此，越来越多的企业会考虑同时采购多个云厂商的服务并将它们结合起来使用——这将催生多云架构和解决方案的兴起，以帮助企业集中管理、协调多个异构环境，实现跨云容灾和统一监控运维等需要。

(4) 云生态建设的重要性不断凸显，成为影响云间竞争的关键因素。

当某个云发展到一定规模和阶段之后，不能仅考虑技术和产品，还要建立和培养具有生命力的繁荣生态和社区，此为长久发展之道。因为一朵云再大再丰富，也必有覆盖不了的场景和完成不了的事情。这就需要大量的第三方服务提供商，以合作伙伴的身份基于云平台提供各类解决方案。这样既方便了用户，又增加了云的黏性，也可保证应用提供商的市场空间，可谓三方共赢。所以在当下各大云平台上，我们都能够找到应用市场和合作伙伴计划，这正是厂商们着力建设的第三方解决方案平台。

4.2　物联网中间件技术

4.2.1　中间件技术

1. 什么是中间件

中间件(Middleware)是一类连接软件组件和应用的计算机软件，它包括一组服务，以便于运行在一台或多台机器上的多个软件通过网络进行交互。

中间件是基础软件的一大类，属于可复用软件的范畴。顾名思义，中间件处于操作系统软件与用户应用软件的中间，如图 4-4 所示。

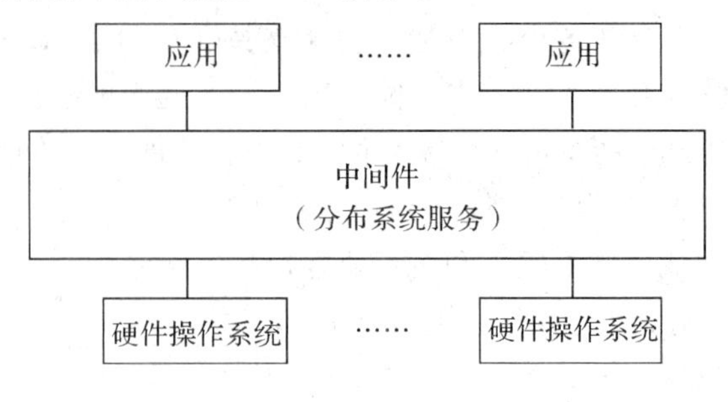

图 4-4　中间件概念模型

中间件在操作系统、网络和数据库之上，应用软件的下层，总的作用是为处于上层的应用软件提供运行与开发的环境，帮助用户灵活、高效地开发和集成复杂的应用软件。

在众多关于中间件的定义中，比较普遍被接受的是 IDC(Internet Data Center，互联网数据中心)表述的：中间件是一种独立的系统软件或服务程序，分布式应用软件借助这种软件在不同的技术之间共享资源，中间件位于客户机服务器的操作系统之上，管理计算资源和网络通信。

IDC 对中间件的定义表明，中间件是一类软件，而非一种软件；中间件不仅仅实现互联，还要实现应用之间的互操作；中间件是基于分布式处理的软件，最突出的特点是其网络通信功能。

我们可以把中间件理解为面向信息系统交互、集成过程中的通用部分的集合，它屏蔽了底层的通信、交互、连接等复杂又通用化的功能，以产品的形式提供，系统在交互时，直接采用中间件进行连接和交互即可，避免了大量的代码开发和人工成本。

其实，理论上来讲，中间件所提供的功能通过代码编写都可以实现，只不过开发的周期和需要考虑的问题太多，逐渐地我们把这些部分以中间件产品的形式进行了替代。比如常见的消息中间件，即系统之间的通信与交互的专用通道，类似于邮局，系统只需要把传输的消息交给中间件，由中间件负责传递，并保证传输过程中的各类问题，如网络问题、协议问题、两端的开发接口问题等均由消息中间件屏蔽了，出现了网络故障时，消息中间件会负责缓存消息，以避免信息丢失。相当于客户想给美国发一个邮包，只需要把邮包交给邮局，填写地址和收件人，至于运送过程中的一系列问题客户都不需要关心。

2. 中间件的特点

中间件一般具有以下特点：

(1) 满足大量应用的需要。

(2) 运行于多种硬件和 OS 平台。

(3) 支持分布计算，提供跨网络、硬件和 OS 平台的透明性的应用或服务的交互。

(4) 支持标准的协议。

(5) 支持标准的接口。

由于标准接口对于可移植性、标准协议对于互操作性的重要性，中间件已成为许多标准化工作的主要部分。对于应用软件开发，中间件远比操作系统和网络服务更为重要，中间件提供的程序接口定义了一个相对稳定的高层应用环境，不管底层的计算机硬件和系统软件怎样更新换代，只要将中间件升级更新，并保持中间件对外的接口定义不变，应用软件就几乎不需任何修改，从而保护了企业在应用软件开发和维护中的重大投资。

3. 中间件的分类

中间件所包括的范围很广泛，在不同的角度或不同的层次上，对中间件的分类也会有所不同。一般分为：

(1) 数据访问中间件。

(2) 远程过程调用中间件。

(3) 面向消息中间件。

(4) 基于对象请求代理中间件。

(5) 事务处理中间件。

(6) 工作流中间件。

中间件可向上提供不同形式的通信服务，包括同步、排队、订阅发布、广播等。在平台上还可构筑各种框架，为应用程序提供不同领域内的服务，如事务处理监控器、分布数据访问、对象事务管理器 OTM 等。平台为上层应用屏蔽了异构平台的差异，而其上的框架又定义了相应领域内的应用的系统结构、标准的服务组件等，用户只需告诉框架所关心的事件，然后提供处理这些事件的代码。当事件发生时，框架则会调用用户的代码。用户代码不用调用框架，用户程序也不必关心框架结构、执行流程、对系统级 API 的调用等，所有这些由框架负责完成。因此，基于中间件开发的应用具有良好的可扩充性、易管理性、高可用性和可移植性。

4. 中间件技术的发展趋势

中间件技术的发展方向，将聚焦于消除信息孤岛，推动无边界信息流，支撑开放、动态、多变的互联网环境中的复杂应用系统，实现对分布于互联网上的各种信息资源(计算资源、数据资源、服务资源、软件资源)的快速、灵活、可信、高效能及低成本的集成、协同和综合利用，提高组织的 IT 基础设施的业务敏捷性，降低总体运维成本，促进 IT 与业务之间的匹配。

中间件技术正在呈现出业务化、服务化、一体化、虚拟化等诸多新的重要发展趋势。

5. 中间件的应用需求

由于网络世界是开放的、可成长的和多变的，分布性、自治性、异构性已经成为信息系统的固有特征。实现信息系统的综合集成，已经成为国家信息化建设的普遍需求，并直接反映了整个国家信息化建设的水平。中间件通过网络互连、数据集成、应用整合、流程衔接、用户互动等形式，已经成为大型网络应用系统开发、集成、部署、运行与管理的关键支撑软件。

随着中间件在我国信息化建设中的广泛应用，中间件应用需求也表现出一些新的特点：

1) 可成长性

Internet 是无边界的，中间件必须支持建立在 Internet 上的网络应用系统的生长与代谢，维护相对稳定的应用需求。

2）适应性

环境和应用需求不断变化，应用系统需要不断演进，作为企业计算的基础设施，中间件需要感知、适应变化，提供对下列环境的支持：

(1) 支持移动、无线环境下的分布应用，适应多样性的设备特性以及不断变化的网络环境。

(2) 支持流媒体应用，适应不断变化的访问流量和带宽约束。

(3) 能适应未来还未确定的应用要求。

3）可管理性

领域问题越来越复杂，IT 应用系统越来越庞大，其自身管理维护则变得越来越复杂，中间件必须具有自主管理能力，简化系统管理成本。

(1) 面对新的应用目标和变化的环境，支持复杂应用系统的自主再配置。

(2) 支持复杂应用系统的自我诊断和恢复。

(3) 支持复杂应用系统的自主优化。

(4) 支持复杂应用系统的自主防护。

4）高可用性

提供安全、可信任的信息服务：

(1) 支持大规模的并发客户访问。

(2) 提供 99.99%以上的系统可用性。

(3) 提供安全、可信任的信息服务。

4.2.2 物联网中间件

1. 物联网中间件的作用

在物联网中采用中间件技术，目的是实现多个系统和多种技术之间的资源共享，最终组成多个资源丰富、功能强大的服务系统。

物联网的中间件是中间件技术在物联网中的应用，可以涉及物联网的各个层面，一般处于物联网集成服务器、感知层和传输层的嵌入式设备中。如图 4-5 所示，某物联网中间件位于物联网感知层和应用层之间，主要屏蔽感知层硬件及网络平台的差异，实现互操作和信息的预处理，支持物联网应用开发、运行时数据共享和开放互联互通，保障物联网相关系统的可靠部署与管理等任务。

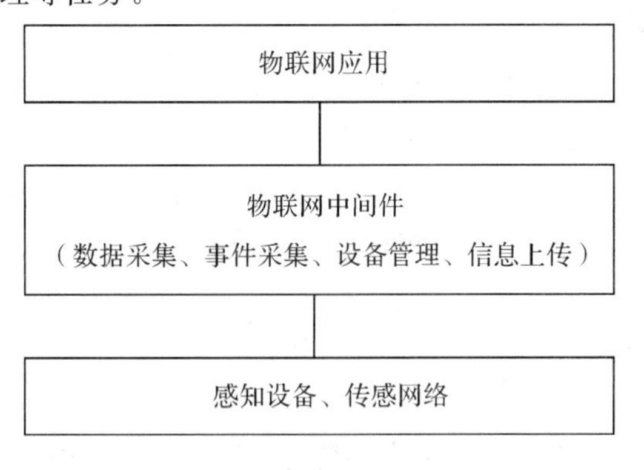

图 4-5 物联网中间件示意图

2. 使用物联网中间件的必要性

物联网中间件的必要性体现在以下方面。

1）屏蔽异构性

物联网的各种传感器、RFID标签、二维码、摄像头等不同的信息采集设备及网关拥有不同的硬件结构、驱动程序和操作系统等。

另外，这些设备采集的数据格式也不相同，需要对这些不同的数据格式进行转化统一，以方便应用系统的处理。

2）实现互操作

在物联网应用中，一个采集设备采集的信息往往供多个应用系统使用。另外，不同的系统之间也需要数据互通与共享。

物联网本身涉及的技术种类繁多，为解决各种异构性，使不同应用系统的处理结果不依赖各自的计算环境，使不同系统能够根据应用需要有效地相互集成，需要使用中间件作为一种通用的交互平台。

3）数据预处理

物联网感知层往往要采集海量的信息，这些原始信息本身也有一定错误率，如果直接将这些信息传输给应用系统，不仅会导致应用系统处理困难而濒临崩溃边缘，还有可能得到错误结果，因此需要中间件对原始数据进行各种过滤、融合、纠错等处理，然后再传送给应用系统。

物联网中间件是快速构建大规模物联网应用的架构支撑与工具手段，有利于物联网应用的规范化和标准化，可大幅降低物联网应用建设成本。例如，利用感知事件高效处理技术、海量数据挖掘与综合智能分析技术等核心技术的中间件，能够提高物联网应用的效益。所以，发展物联网应用中间件有利于支撑大规模物联网应用，加快物联网应用的发展。

物联网中间件有很多种，主要有RFID中间件、嵌入式中间件、通用中间件和M2M物联网中间件等。下面主要介绍RFID中间件。

4.2.3 RFID中间件技术

1. RFID中间件的作用

RFID中间件位于RFID硬件设备与RFID应用系统之间，是可以实现数据传输、数据过滤、数据格式转换等功能的一种中间程序软件，如图4-6所示。

图4-6　RFID中间件示意图

RFID 中间件将 RFID 读写器读取的各种数据信息，经过中间件提取、解密、过滤、格式转换后导入企业的管理信息系统，并通过应用系统反映在程序界面上，供操作者浏览、选择、修改、查询等。

2. RFID 中间件的特征

一般来说，RFID 中间件具有以下特征。

1）独立于架构

RFID 中间件位于 RFID 读写器与后端应用程序之间，能够与多个 RFID 读写器以及多个后端应用程序连接，不依赖于具体的 RFID 系统和应用系统，可以减轻架构与维护的复杂性。

2）数据流

RFID 中间件可以将实体的对象格式转换为信息环境下的虚拟对象，因此可以完成数据的采集、过滤、整合与传递等任务，使正确的对象信息传到用户使用的应用系统。

3）处理流

RFID 中间件采用程序逻辑及存储再转送功能来提供顺序的消息流，具有数据流设计与管理的能力，可以在数据传输中对数据的安全性进行管理，保证数据的安全传输。

4）标准

RFID 主要应用于自动数据采样技术与辨识实体对象方面。EPCglobal 目前正在研究为各种产品的全球唯一识别号码提出通用标准，即 EPC(产品电子编码)。

EPC 是在供应链系统中，以一串数字来识别一项特定的商品，通过无线射频辨识标签由 RFID 读写器读入后，传送到计算机或是应用系统中的过程称为对象命名服务(Object Name Service，ONS)。对象命名服务系统会锁定计算机网络中的固定点抓取有关商品的消息。EPC 存放在 RFID 标签中，被 RFID 读写器读出后，即可提供追踪 EPC 所代表的物品名称及相关信息，并立即识别及分享供应链中的物品数据，有效地提供信息透明度。

3. RFID 中间件应用实例——RFID 数据采集中间件

1）基础知识

标准的 RIFD 系统基本由三部分组成：RFID 电子标签、读卡终端以及应用支撑软件。其中，实时数据接收、指令交互是应用支撑软件的重要组成部分，大量的读卡终端设备通信及并发刷卡操作，对实时数据采集模块如何保证软件运行速度、并发数据处理能力提出了较高要求。

2）产品需求背景

对于生产企业内部开发团队及 ERP、MES、SCM 等企业管理软件开发公司而言，组织开发实时数据传输模块可能是一件很容易的事情。但最终结果，由于受软件开发工程师自身开发能力、软件运行逻辑设计及对硬件性能参数的了解程度等而存在很大差异。因此大部分 RFID 项目在软件开发期间或开发完成后还需要指派软件工程师常驻客户现场，花费 1 个月甚至更长的时间优化运行速度。为解决这个问题，某公司设计开发某 RFID 中间件软件产品，它是衔接硬件设备(如 RFID 电子标签、读卡器)和企业应用软件间进行数据、指令交互的软件，可以帮助企业用户将采集的 RFID 数据应用到业务处理中，让 RFID 部署变得简单、容易和经济。

3) RFID 数据采集中间件的工作原理

某企业 RFID 数据采集中间件的工作原理，如图 4 - 7 所示。

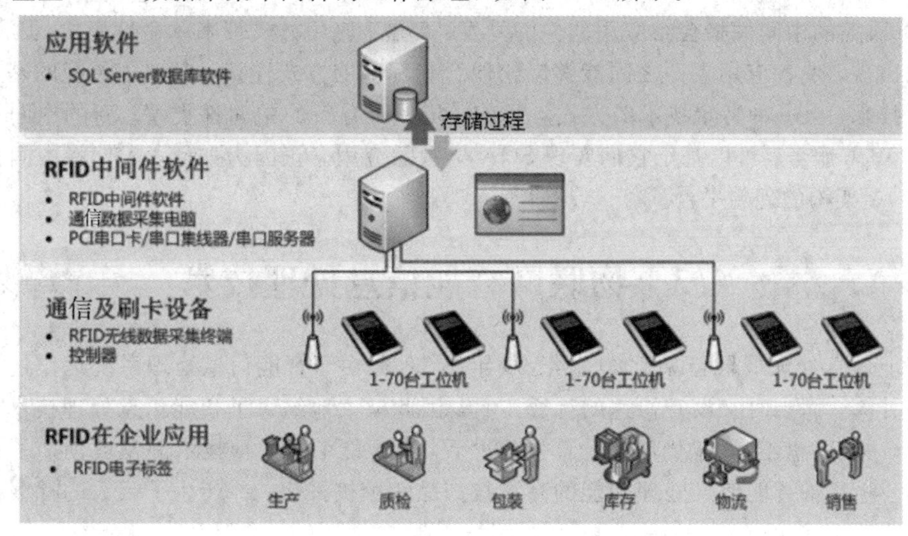

图 4 - 7　RFID 数据采集中间件

RFID 中间件软件 Windows 操作系统平台主要用于实时监控、交互所管理工作组的全部工位机上的数据及处理指令。当 RFID 读卡终端(或称工位机)刷卡、按键操作时，软件采集到这些事件数据，通过调用由客户自行编写的、指定名字的存储过程，自动判断相关逻辑，把数据推送给用户上层应用软件数据库内；同时利用存储过程的返回值，返回给工位机屏幕显示内容、发声次数、键盘是否锁定等内容，实现 RFID 中间件软件与用户软件的接口，达到人机交互目的。

4.2.4　知识拓展

SOA(Service Oriented Architecture，面向服务的体系结构)是一个组件模型，它将应用程序的不同功能单元(称为服务)通过这些服务之间定义良好的接口和契约联系起来。接口是采用中立的方式进行定义的，它独立于实现服务的硬件平台、操作系统和编程语言。这使得构建在各种这样的系统中的服务可以以一种统一和通用的方式进行交互。

SOA 架构的中间件产品的含义，是指采用中间件产品开发出来的应用，能很容易被整合进 SOA 架构，也就是说其应用很容易实现 SOA。

中间件中的有些产品，如应用服务器、门户中间件、一些新的工作流系统等，与互联网关系密切，本身就支持 Web 服务的封装，基于它们开发的应用的功能很容易就能封装成 Web 服务，支持 SOA。但是对于消息中间件、交易中间件等来说，SOA 意义就不大了。

SOA 概念的提出是为了解决动态的 B2B 应用整合问题。例如，物流涉及仓储、运输、车辆等几个环节，如果这些环节相应的信息系统所提供的功能服务都能够以 Web 服务的方式提交出来，那么相互的调用就会非常容易，很容易实现动态的 B2B 整合。哪怕没有自己的仓库、车辆，同样可以利用这些服务，构建全新的物流商业模式，提供灵活的商业服务，成为一个第三方、第四方物流企业。

SOA 的价值在于跨越了不同应用系统、不同技术的整合，这种整合改变现有的商业模型。

中间件对于Web应用具有简化和帮助其相互连接、相互访问的作用。从理论上讲，基于Web服务的中间件将会给应用软件的开发、部署、应用方式带来革命性变化，因为Web服务的出现，使各应用组件之间能够以松偶合和标准的方式连接，突破了传统的基于某厂商特定技术、某一种特定技术的方式。目前，几乎所有新的中间件类型、新的中间件产品都支持Web服务，可以基于它们实现SOA架构的应用。正因为如此，人们将中间件视为实现SOA架构的理想平台。

4.3 物联网智能信息处理技术

智能信息处理最早起源于20世纪30年代，但是由于智能信息处理系统运作过程需要大量的计算，而当时又没有快速的计算工具，因此极大地约束了智能信息处理技术在初期的发展。自20世纪40年代后期计算机问世后，给智能信息处理技术的发展创造了良好的条件，一些具备智能信息处理功能的高科技产品相继被推出，并产生了巨大的社会及经济效益。

4.3.1 物联网智能信息处理技术的基本概念

1. 智能信息处理技术

智能信息处理技术就是自动地对信息进行处理，从信息采集、传输、处理到最后提交都自动完成。它涉及计算机技术、人工智能、电子技术、嵌入式技术等，具有智能、准确、高效实时的特点，目前已被广泛应用于物流、工业控制等多个领域。

2. 物联网智能信息处理技术

物联网应用的最终目标是实现对物理世界的智能化控制，因此物联网应用的智能化是其核心和本质的要求。

物联网的智能信息处理指物联网应用过程中信息的储存、检索、智能化分析利用，例如，利用人工智能、专家系统对感知的信息做出决策和处理等。

3. 物联网数据的特点

物联网的智能信息处理主要针对感知的数据，而物联网的数据具有独特的特点。

1）异构性

在物联网中，不仅不同的感知对象有不同类型的表征数据，即使是同一个感知对象也会有各种不同格式的表征数据。比如，在物联网中为了实现对一栋写字楼的智能感知，需要处理各种不同类型的数据，如探测器传来的各种高维观测数据，专业管理机构提供的关系数据库中的关系记录，互联网上提供的相关超文本链接标记语言(HTML)、可扩展标记语言(XML)、文本数据等。为了实现完整准确的感知，必须综合利用这些不同类型的数据获得全面准确信息，这也是提供有效信息服务的基础。

2）海量性

物联网是网络和数据的海洋。在物联网中海量对象连接在一起，每个对象每时每刻都在变化，表达其特征的数据也会不断地积累。如何有效地改进已有的技术和方法，或者提出新的技术和方法，从而高效地管理和处理这些海量数据，将是从这些原始数据中提取信息并进一步融合、推理和决策的关键。

3）不确定性

物联网中的数据具有明显的不确定性特征，主要包括数据本身的不确定性、语义匹配的不确定性和查询分析的不确定性等。为了获得客观对象的准确信息，需要去粗取精、去伪存真，以便更全面地进行表达和推理。

4.3.2　数据库与数据存储技术

在物联网应用中数据库起着记忆（数据存储）和分析（数据挖掘）的作用，因此没有数据库的物联网是不完整的。目前，常用的数据库技术一般有关系型数据库和非关系型数据库。

1. 关系型数据库

1）关系型数据库的概念

所谓关系型数据库，是指采用了关系模型来组织数据的数据库。简单来说，关系模型指的就是二维表格模型，而一个关系型数据库就是由二维表及其之间的联系组成的一个数据组织。

例如，表4-1的学生基本情况表就是一个二维数据表。

表4-1　学生基本情况表

学　号	姓　名	性　别	出生日期	班　级	成　绩
2015001	张红雨	女	1996年5月13日	财会15	350
2015002	李　强	男	1997年9月25日	市场营销15	398
2015003	王　东	男	1996年7月12日	计算机15	385
2015004	杜成千	女	1995年7月30日	国际贸易15	220
2015005	黄小红	女	1996年10月11日	财会15	310
2015006	高　原	女	1996年11月12日	计算机15	290

关系型数据库可以简单地理解为二维数据库，表的格式如同Excel，有行有列。常用的关系型数据库有Oracle、SqlServer、Informix、MySql、SyBase等，我们平时看到的数据库都是关系型数据库。

目前，关系数据库广泛应用于各个行业，是构建管理信息系统，存储及处理关系数据不可缺少的基础软件。

2）关系型数据库的特点

关系型数据库具有以下特点：

（1）容易理解。二维表结构是非常贴近逻辑世界的一个概念，关系模型相对网状、层次等其他模型来说更容易理解。

（2）使用方便。通用的SQL语言使得操作关系型数据库非常方便，程序员和数据管理员可以方便地在逻辑层面操作数据库，而完全不必理解其底层实现。

（3）易于维护。丰富的完整性（实体完整性、参照完整性和用户定义的完整性）大大降低了数据冗余和数据不一致的概率。

2. 实时数据库

物联网的数据采集之后必须要有一个可靠的数据仓库，而实时数据库可以作为支撑海量数据的数据平台。

实时数据库(Real Time Data Base，RTDB)是数据库系统发展的一个分支，是数据库技术结合实时处理技术产生的，适用于处理不断更新的快速变化的数据及具有时间限制的事务处理。

1）实时数据库的作用

实时数据库系统是开发实时控制系统、数据采集系统、CIMS系统等的支撑软件。

在流程行业中，大量使用实时数据库系统进行控制系统监控，系统先进控制和优化控制，并为企业的生产管理和调度、数据分析、决策支持及远程在线浏览提供实时数据服务和多种数据管理功能。

实时数据库已经成为企业信息化的基础数据平台，可直接实时采集、获取企业运行过程中的各种数据，并将其转化为对各类业务有效的公共信息，满足企业生产管理、企业过程监控、企业经营管理之间对实时信息完整性、一致性、安全共享的需求，可为企业自动化系统与管理信息系统间建立起信息沟通的桥梁。帮助企业的各专业管理部门利用这些关键的实时信息，提高生产销售的营运效率。如图4-8所示。

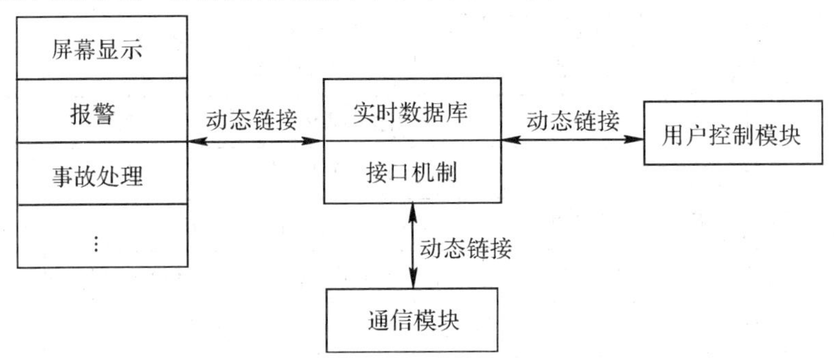

图4-8　实时数据库的作用

目前，实时数据库已广泛应用于电力、石油石化、交通、冶金、军工、环保等行业，是构建工业生产调度监控系统、指挥系统、生产实时历史数据中心的不可缺少的基础软件。

2）实时数据库的重要特性

实时数据库最初是基于先进控制和优化控制而出现的，对数据的实时性要求比较高，因而实时数据库的一个重要特性就是实时性，包括数据实时性和事务实时性。

(1) 数据实时性。

数据实时性是现场IO数据的更新周期，作为实时数据库，不能不考虑数据实时性。一般数据的实时性主要受现场设备的制约，特别是对于一些比较老的系统而言，情况更加突出。

(2) 事务实时性。

事务实时性是指数据库对其事务处理的速度。它可以是事件触发方式或定时触发方式。

事件触发是该事件一旦发生可以立刻获得调度，这类事件可以得到立即处理，但是比较消耗系统资源。

定时触发是在一定时间范围内获得调度权。

作为一个完整的实时数据库，从系统的稳定性和实时性而言，必须同时提供两种调度方式。

3. 关系型数据库和实时数据库的选择

关系型数据库和实时数据库在一定程度上具有一些相似的性能和相通之处。作为两种主流的数据库，实时数据库比关系型数据库更能胜任海量并发数据的采集、存储。面对越来越多的数据，关系型数据库的处理响应速度会出现延迟甚至假死，而实时数据库不会出现这样的情况。

关系型数据库和实时数据库的区别见表 4-2。

表 4-2　关系型数据库和实时数据库的区别

比较项目	实时数据库	关系型数据库	说明
应用领域	应用于电力、石油、化工等流程工业和生产领域，适用于处理不断更新、变化迅速的数据及具有时间限制的事务处理	应用于电子商务、事务性管理、金融管理等领域	
开发目的	处理实时变化的数据。维护数据的实时性、真实性，满足工业生产管理、实时应用的需求	处理永久、稳定的数据。维护数据的完整性、一致性，很难处理有关数据及其处理的定时限制，因此不能满足工业生产管理实时应用的需要	
表结构	以时间序列方式对数据进行存储，以资产表的方式对数据进行访问	以二维表格对数据进行存储和访问	
读写速度(b/s)	1,000,000	3,000	实时数据库的读写速度比关系型数据库快几百倍
历史数据压缩	有	无	实时数据库的数据压缩功能极大地减少了所占用的存储空间
磁盘空间占用率	在单服务器处理 30 万点、扫描频率为 1 s 的情况下，存储 200 h 的数据占用 4 G 磁盘空间	同等条件下，存储 5 h 的数据占用 4 G 磁盘空间	
数据恢复功能	无	有	关系型数据库的数据恢复功能以消耗系统资源和降低系统性能为代价

从表中可以看出，根据数据库结构的性能差异，二者有着不同的应用范围。对于仓储

管理、标签管理、身份管理等数据量相对比较小、实时性要求低的应用领域，关系型数据库更加适合。而对于智能电网、水域监测、智能交通、智能医疗等面临海量并发、对实时性要求极高的应用领域，实时数据库具有更大的优势。

另外，在项目处于试点工程阶段时，需要采集点较少，对数据也没有存储年限的要求，此时关系型数据库可以替代实时数据库。但随着试点项目工程的不断推广，其应用范围越来越广泛，采集点就会相应的增多，实时数据库就是最好的选择。

4. NoSQL 数据库

随着物联网、云计算等技术的发展，大数据广泛存在，同时也呈现出了许多云环境下的新型应用，如社交网络、移动服务、协作编辑等。这些新型应用对海量数据管理(或称云数据管理)系统提出了新的需求，如事务的支持、系统的弹性等。

NoSQL 数据库能够满足物联网应用的大数据需求，将随着物联网应用的发展展现新的应用和发展空间。

1) NoSQL 数据库的产生

NoSQL(Not Only SQL)意即“不仅仅是 SQL”，它泛指非关系型的数据库。

随着互联网 Web 2.0 网站的兴起，传统的关系数据库在应付 Web 2.0 网站时已显得力不从心，暴露了很多难以克服的问题。而非关系型的数据库由于其本身的特点得到迅速发展。

NoSQL 数据库的产生解决了大规模数据集合多重数据种类带来的挑战，尤其是大数据应用难题。NoSQL 数据库的主要功能是：

(1) 满足对数据库高并发读写的需求。

(2) 满足对海量数据的高效率存储和访问的需求。

(3) 满足对数据库的高可扩展性和高可用性的需求。

2) NoSQL 数据库的四大分类

NoSQL 不使用 SQL 作为查询语言，而是使用如 Key - Value 存储、列存储、文档型、图型等方式存储数据的模型。

常用的 NoSQL 数据库有以下 4 类：

(1) 键值(Key - Value)存储数据库。这一类数据库主要会使用到一个哈希表，这个表中有一个特定的键和一个指针指向特定的数据。Key - Value 模型对于 IT 系统来说，其优势在于简单、易部署。但是如果 DBA 只对部分值进行查询或更新的时候，Key - Value 就显得效率低下。

(2) 列存储数据库。此种数据库通常用来应对分布式存储的海量数据。键仍然存在，但是它们的特点是指向了多个列。这些列是由列家族来安排的。

(3) 文档型数据库。文档型数据库与第一种键值存储相类似。该类型的数据模型是版本化的文档，半结构化的文档以特定的格式存储。文档型数据库可以看作是键值数据库的升级版，允许之间嵌套键值，而且文档型数据库比键值数据库的查询效率更高。

(4) 图型(Graph)数据库。图型结构的数据库同其他行列以及刚性结构的 SQL 数据库不同，它是使用灵活的图模型，并且能够扩展到多个服务器上。NoSQL 数据库没有标准的查询语言(SQL)，因此进行数据库查询需要制定数据模型。

上述四类 NoSQL 数据库的应用场景、数据模型、优缺点对比见表 4 - 3。

表4-3　NoSQL数据库的四大分类对比分析

分类	典型应用场景	数据模型	优　点	缺　点
键值(Key-Valu)数据库	内容缓存，主要用于处理大量数据的高访问负载，也用于一些日志系统等	Key指向Value的键值对，通常用hash table来实现	查找速度快	数据无结构化，通常只被当作字符串或者二进制数据
列存储数据库	分布式的文件系统	以列簇式存储，将同一列数据存在一起	查找速度快，可扩展性强，更容易进行分布式扩展	功能相对局限
文档型数据库	Web应用(与Key-Value类似，Value是结构化的，不同的是数据库能了解Value的内容)	Key-Value对应的键值对，Value为结构化数据	数据结构要求不严格，表结构可变，不像关系型数据库需预先定义表结构	查询性能不高，而且缺乏统一的查询语法
图型(Graph)数据库	社交网络，推荐系统等。专注于构建关系图谱	图结构	利用图结构相关算法。比如最短路径寻址，N度关系查找等	很多时候需要对整个图做计算才能得出需要的信息，而且这种结构不易做分布式的集群方案

3) NoSQL数据库的特征

NoSQL并没有一个明确的范围和定义，但是他们普遍存在以下特征：

(1) 不需要预定义模式。不需要事先定义数据模式、预定义表结构。数据中的每条记录都可能有不同的属性和格式。当插入数据时，并不需要预先定义它们的模式。

(2) 无共享架构。相对于将所有数据存储的存储区域网络中的全共享架构，NoSQL往往将数据划分后存储在各个本地服务器上。因为从本地磁盘读取数据的性能往往好于通过网络传输读取数据的性能，从而提高了系统的性能。

(3) 弹性可扩展。可以在系统运行的时候，动态增加或者删除结点，不需要停机维护，数据可以自动迁移。

(4) 分区。相对于将数据存放于同一个节点，NoSQL数据库需要将数据进行分区，将记录分散在多个节点上面，并且通常分区的同时做复制。这样既提高了并行性能，又能保证没有单点失效。

4) NoSQL数据库适用场合

NoSQL数据库适用于以下情况：

(1) 数据模型比较简单。

(2) 需要灵活性更强的IT系统。

(3) 对数据库性能要求较高。

(4) 不需要高度的数据一致性。

(5) 对于给定key，比较容易映射复杂值的环境。

4.4 数据挖掘技术

4.4.1 数据挖掘的基本概念

数据挖掘(Data Mining，DM)是指从大量数据中抽取挖掘出未知的、有价值的模式或规律等知识的过程。

1. 数据挖掘的特征

数据挖掘是在没有明确假设的前提下去挖掘信息、发现知识。数据挖掘所得到的信息应具有先前未知、有效和可实用三个特征：

(1) 先前未知的信息是指该信息是预先未曾预料到的。

(2) 数据挖掘是要发现那些不能靠直觉发现的信息或知识，甚至是违背直觉的信息或知识。

(3) 挖掘出的信息越是出乎意料，就可能越有价值。

2. 数据挖掘过程

数据挖掘的过程是一个反复迭代的人机交互和处理过程，主要包括以下三个阶段：

1) 数据预处理阶段

(1) 数据准备：了解领域特点，确定用户需求。

(2) 数据选取：从原始数据库中选取相关数据或样本。

(3) 数据预处理：检查数据的完整性及一致性，消除噪声等。

(4) 数据变换：通过投影或利用其他操作减少数据量。

2) 数据挖掘阶段

(1) 确定挖掘目标：确定要发现的知识类型。

(2) 选择算法：根据确定的目标选择合适的数据挖掘算法。

(3)数据挖掘：运用所选算法，提取相关知识并以一定的方式表示。

3) 知识评估与表示阶段

(1) 模式评估：对在数据挖掘步骤中发现的模式(知识)进行评估。

(2) 知识表示：使用可视化和知识表示相关技术，呈现所挖掘的知识。

4.4.2 数据挖掘的主要分析方法

数据挖掘的分析方法主要有以下几种。

1. 分类(Classification)

从数据中选出已经分好类的训练集，在该训练集上运用数据挖掘分类的技术，建立分类模型，对于没有分类的数据进行分类。

例子：

a. 风险等级：信用卡申请者，分类为低、中、高风险。

b. 故障诊断：中国宝钢集团与上海天律信息技术有限公司合作，采用数据挖掘技术对钢材生产的全流程进行质量监控和分析，构建故障地图，实时分析产品出现瑕疵的原因，有效提高了产品的优良率。

注意：类的个数是确定的，是预先定义好的。

2. 估计(Estimation)

估计与分类类似，不同之处在于，分类描述的是离散型变量的输出，而估计处理连续值的输出；分类数据挖掘的类别是确定数目的，估计的量是不确定的。

例子：

a. 根据购买模式，估计一个家庭的孩子个数。

b. 根据购买模式，估计一个家庭的收入。

c. 估计不动产的价值。

一般来说，估计可以作为分类的前一步工作。给定一些输入数据，通过估值，得到未知的连续变量的值，然后根据预先设定的阈值进行分类。

例如：银行对家庭贷款业务，运用估计，给各个客户记分(Score 0-1)，然后根据阈值，将贷款级别分类。

3. 预测(Prediction)

通常，预测是通过分类或估计起作用的，也就是说，通过分类或估计得出模型，该模型用于对未知变量的预言。从这种意义上说，预言其实没有必要分为一个单独的类。预言其目的是对未来未知变量的预测，这种预测是需要时间来验证的，即必须经过一定时间后，才知道预言准确性是多少。

4. 相关性分组或关联规则(Affinity Grouping or Association Rules)

相关性分组决定哪些事情将一起发生。两个或两个以上变量的取值之间存在某种规律性，称为关联。

数据关联是数据库中存在的一类重要的、可被发现的知识。关联分析的目的是找出数据库中隐藏的关联网。一般用支持度和可信度两个阈值来度量关联规则的相关性，还可引入兴趣度、相关性等参数，使得挖掘的规则更符合需求。

例子：

a. 超市中客户在购买A的同时，经常会购买B，即A => B(关联规则)。

b. 客户在购买A后，隔一段时间，会购买B(序列分析)。

5. 聚类(Clustering)

聚类是对记录分组，把相似的记录在一个聚集里。聚类和分类的区别是聚集不依赖于预先定义好的类，不需要训练集。

例子：

a. 一些特定症状的聚集可能预示了一个特定的疾病。

b. 下载某类音乐不相似的客户聚集，可能暗示成员属于不同的亚文化群。

聚集通常作为数据挖掘的第一步。例如，“哪一种类的促销对客户响应最好？”，对于这一类问题，首先对整个客户做聚集，将客户分组在各自的聚集里，然后对每个不同的聚集回答问题，可能效果更好。

6. 时序模式(time-series pattern)

时序模式是通过时间序列搜索出的重复发生概率较高的模式。与回归一样，它也是用已知的数据预测未来的值，但这些数据的区别是变量所处的时间不同。

7. 偏差分析(Deviation)

在偏差中包括很多有用的知识，数据库中的数据存在很多异常情况，发现数据库中数据存在的异常情况是非常重要的。偏差检验的基本方法就是寻找观察结果与参照之间的差别。

8. 描述和可视化(Description and Visualization)

描述和可视化是对数据挖掘结果的表示方式，一般是指数据可视化工具，包含报表工具和商业智能分析产品(BI)的统称。譬如，通过一些工具进行数据的展现、分析、提取，将数据挖掘的分析结果更形象、深刻地展现出来。

4.4.3 数据挖掘的应用实例

1. 数据挖掘技术在金融行业中的应用实例

目前，关联规则挖掘技术已经被广泛应用在西方金融行业企业中，它可以成功预测银行客户需求。一旦获得了这些信息，银行就可以改善自身营销。

现在银行都在开发新的沟通客户的方法。各银行在自己的ATM机上捆绑了顾客可能感兴趣的本行产品信息，供使用本行ATM机的用户了解。如果数据库中显示，某个高信用限额的客户更换了地址，这个客户很有可能新近购买了一栋更大的住宅，因此会有可能需要更高信用限额、更高端的新信用卡，或者需要一个住房改善贷款，这些产品都可以通过信用卡账单邮寄给客户。

当客户打电话咨询的时候，数据库可以有力地帮助电话销售代表。销售代表的电脑屏幕上可以显示出客户的特点，同时也可以显示出顾客感兴趣的产品类型。

同时，一些知名的电子商务站点也从强大的关联规则挖掘中受益。这些电子购物网站使用关联规则进行挖掘，然后设置用户有意要一起购买的捆绑包。也有一些购物网站使用它们设置相应的交叉销售，也就是购买某种商品的顾客会看到相关的另外一种商品的广告。

2. 数据挖掘技术在电信业中的应用实例

近年来，电信业从单纯的语音服务演变为提供多种服务的综合信息服务商。随着网络技术和电信业务的发展，电信市场竞争也日趋激烈，电信业务的发展提出了对数据挖掘技术的迫切需求，以便帮助理解商业行为，识别电信模式，捕捉盗用行为，更好地利用资源，提高服务质量并增强自身的竞争力。

(1) 可以使用聚类算法，针对运营商积累的大量用户消费数据建立客户分群模型，通过客户分群模型对客户进行细分，找出有相同特征的目标客户群，然后有针对性地进行营销。而且，聚类算法也可以实现离群点检测，即在对用户消费数据进行聚类的过程中，发现一些用户的异常消费行为，据此判断这些用户是否存在欺诈行为，决定是否采取防范措施。

(2) 可以使用分类算法，针对用户的行为数据，对用户进行信用等级评定，对于信用等级好的客户可以给予某些优惠服务等，对于信用等级差的用户不能享受促销等优惠。

(3) 可以使用预测相关的算法，对电信客户的网络使用和客户投诉数据进行建模，建立预测模型，预测大客户离网风险，采取激励和挽留措施防止客户流失。

(4) 可以使用相关分析找出选择了多个套餐的客户在套餐组合中的潜在规律，哪些套餐容易被客户同时选取，例如，选择了流量套餐的客户大部分选择了彩铃业务，然后基于相关性的法则，对选择流量但是没有选择彩铃的客户进行交叉营销，向他们推销彩铃业务。

4.4.4　物联网的数据挖掘

数据挖掘是决策支持和过程控制的重要技术手段，是物联网中的重要内容。

由于物联网具有明显的行业应用特征，需要对各行各业的、数据格式各不相同的海量数据进行整合、管理、存储，并需要在整个物联网中提供数据挖掘服务，从而实现预测、决策，进而反向控制这些传感网络，达到控制物联网中客观事物运动和发展进程的目的。

在物联网中进行数据挖掘已经从传统意义上的数据统计分析、潜在模式发现与挖掘，转向成为物联网中不可缺少的工具和环节。

1. 物联网的计算模式

物联网一般有两种基本计算模式，即物计算模式和云计算模式。

1）物计算模式

物计算模式基于嵌入式系统，强调实时控制，对终端设备的性能要求较高，系统的智能主要表现在终端设备上。这种智能建立在对智能信息结果的利用上，而不是建立在终端计算基础上，对集中处理能力和系统带宽要求较低。

2）云计算模式

云计算模式以互联网为基础，目的是实现资源共享和资源整合，其计算资源是动态、可伸缩、虚拟化的。云计算模式通过分布式的构架采集物联网中的数据，系统的智能主要体现在数据挖掘和处理上，需要较强的集中计算能力和高带宽，但终端设备比较简单。

2. 两种模式的选择

物联网数据挖掘的结果主要用于决策控制，挖掘出的模式、规则、特征指标用于预测、决策和控制。在不同的情况下，可以选用不同的计算模式。

例如，物联网要求实时高效的数据挖掘，物联网任何一个控制端均需要对瞬息万变的环境实时分析、反应和处理，需要物计算模式和利用数据挖掘结果。

另外，物联网的应用以海量数据挖掘为特征，物联网需要进行数据质量控制，多源、多模态、多媒体、多格式数据的存储与管理是控制数据质量、获得真实结果的重要保证。物联网还需要分布式整体数据挖掘，因为物联网计算设备和数据天然分布，不得不采用分布式并行数据挖掘。在这些情况下，基于云计算的方式比较合适，能保证分布式并行数据挖掘和高效实时挖掘，保证挖掘技术的共享，降低数据挖掘应用门槛，普惠各个行业，并且企业租用云服务就可以进行数据挖掘，不用自己独立开发软件，不需要单独部署云计算平台。

3. 数据挖掘算法的选择

一般而言，数据挖掘算法可以分为分布式数据挖掘算法和并行数据挖掘算法等。

(1) 分布式数据挖掘算法适合数据垂直划分的算法、重视数据挖掘多任务调度算法。

(2) 并行数据挖掘算法适合数据水平划分、基于任务内并行的挖掘算法。

云计算技术可以认为是物联网应用的一块基石，能够保证分布式并行数据挖掘，高效实时挖掘，云服务模式是数据挖掘的普适模式，可以保证挖掘技术的共享，降低数据挖掘的应用门槛，满足海量挖掘的要求。

4. 物联网数据挖掘的应用类型

物联网数据挖掘分析应用通常都可以归纳为预测和寻证分析两大类。

1）预测(Forecasting)

预测主要用在完全或部分了解现状的情况下，推测系统在近期或者中远期的状态。

例如：

a. 在智能电网中，预测近期扰动的可能性和发生的地点。

b. 在智能交通系统中，预测拥阻和事故在特定时间和地点可能发生的概率。

c. 在环保体系中，根据不同地点的废物排放，预测将来发生生物化学反应产生污染的可能性。

2）寻证分析(Provenance Analysis)

当系统出现问题或者达不到预期效果时，分析它在运行过程中的哪个环节出现了问题。

例如：

a. 在食品安全应用中，一旦发生质量问题，需要在食品供应链中寻找相应证据，明确原因和责任。

b. 在环境监控中，当污染物水平超标时，需要在记录中寻找分析原因。

5. 案例：数据挖掘帮助 DHL 实时跟踪货箱温度

DHL 是国际快递和物流行业的全球市场领先者，它提供快递、水陆空三路运输、合同物流解决方案，以及国际邮件服务。在美国要求确保运送过程中药品装运的温度达标，DHL 的医药客户强烈要求提供更可靠且更实惠的选择。这就要求 DHL 在递送的各个阶段都要实时跟踪集装箱的温度。

虽然由记录器方法生成的信息准确无误，但是无法实时传递数据，客户和 DHL 都无法在发生温度偏差时采取任何预防和纠正措施。因此，DHL 使用 RFID 技术在不同时间点全程跟踪装运的温度，通过 IBM 全球企业咨询服务部绘制服务的关键功能参数的流程。

DHL 获得了两方面的收益：对于最终客户来说，能够使医药客户对运送过程中出现的装运问题提前做出响应，并以引人注目的低成本全面切实地增强了运送可靠性。对于 DHL 来说，提高了客户满意度和忠实度，为保持竞争差异奠定了坚实的基础，并成为重要的新的收入增长来源。

4.5 数据融合技术

随着计算机技术、通信技术的快速发展，作为数据处理的新兴技术——数据融合技术，在近 10 年中得到惊人发展并已进入诸多军事应用领域。

4.5.1 数据融合的基本概念

数据融合技术是指利用计算机对按时序获得的若干观测信息，在一定准则下加以自动分析、综合，以完成所需的决策和评估任务而进行的信息处理技术。

数据融合技术，包括对各种信息源给出的有用信息的采集、传输、综合、过滤、相关及合成，以便辅助人们进行态势/环境判定、规划、探测、验证、诊断。

例如，在军事战场上及时准确地获取各种有用的信息，对战场情况和威胁及其重要程度进行适时的完整评价，实施战术、战略辅助决策与对作战部队的指挥控制是极其重要的。

4.5.2　数据融合技术在物联网中的应用

数据融合与多传感器系统密切相关，物联网的许多应用都用到多个传感器或多类传感器构成协同网络。在这种系统中，对于任何单个传感器而言，获得的数据往往存在不完整、不连续和不精确等问题。而利用多个传感器获得的信息进行数据融合处理，对感知数据按照一定规则加以分析、综合、过滤、合并、组合等处理，可以得到应用系统更加需要的数据。

因此，数据融合的基本目标是通过融合方法对来自不同感知节点、不同模式、不同媒质、不同时间和地点以及不同形式的数据进行融合后，得到对感知对象更加精确、精炼的一致性解释和描述。

另外，数据融合需要结合具体的物联网应用寻找合适的方式来实现，除了上述目标，还能节省部署节点的能量和提高数据收集效率等。目前，数据融合已经广泛应用于工业控制、机器人、空中交通管制、海洋监视和管理等多传感器系统的物联网应用领域中。

1. 在军事上的应用实例

数据融合技术为先进的作战管理提供了重要的数据处理技术基础。

数据融合在多信息源、多平台和多用户系统内起着重要的处理和协调作用，保证了数据处理系统各单元与汇集中心间的连通性与及时通信，而且使原来由军事操作人员和情报分析人员完成的许多功能均由数据处理系统快速、准确、有效地自动完成。

例如，现代作战原则强调纵深攻击和遮断能力，要求能描述目标位置、运动及其企图的信息，这已超过了使用的常规传感器的性能水平。未来的战斗车辆、舰艇和飞机将对射频和红外传感器呈很低的信号特征。为维持其低可观测性，它们将依靠无源传感器和从远距离信息源接收的信息。那么，对这些信息数据的融合处理至关重要。

数据融合技术还是作战期间对付敌人使用隐身技术(如消声技术、低雷达截面、低红外信号特征)及帮助进行大面积目标监视的重要手段。数据融合技术将帮助战区指挥员和较低层次的指挥员从空间和水下进行大范围监视、预报环境条件、管理电子对抗和电子反对抗设备等分散资源。同样还能协助先进的战术战斗机、直升飞机的驾驶员进行超低空导航。

2. 在自动化制造中的应用实例

高速、低成本及高可靠性的数据融合技术不仅在军事领域得到越来越广泛的应用，而且在自动化制造领域、商业部门，乃至家庭都有极其广阔的应用前景。

例如，自动化制造过程中的实时过程控制、传感器控制元件、工作站以及机器人和操作装置控制等均离不开数据融合技术的应用。

数据融合技术为需要可靠地控制本部门敏感信息和贸易秘密的部门提供了实现新的保密系统的控制擅自进入的可能性。

对于来自无源电子支援测量、红外、声学、运动控测器、火与水探测器等各种信息源的数据融合，可以用于商店和家庭的防盗防火。

军事应用领域开发的一些复杂的数据融合应用同样可以应用于民用部门的城市规划、资源管理、污染监测和分析以及气候、作物和地质分析，以保证在不同机关和部门之间实现有效的信息共享。

4.5.3 数据融合的种类

数据融合一般有 3 类，即数据级融合、特征级融合、决策级融合，如图 4－9 所示。

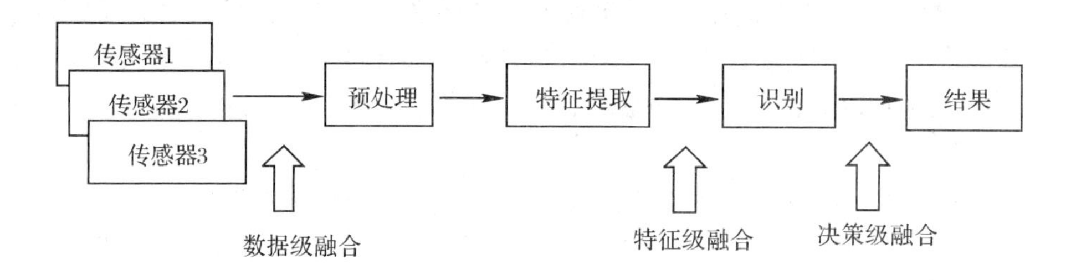

图 4－9　数据融合的三个类型

1）数据级融合

它是直接在采集到的原始数据层上进行的融合，在各种传感器的原始测报未经预处理之前就进行数据的综合与分析。

数据级融合一般采用集中式融合体系进行融合处理过程，这是低层次的融合。例如，成像传感器中通过对包含若干像素的模糊图像进行图像处理，从而确认目标属性的过程，就属于数据级融合。

2）特征级融合

特征级融合属于中间层次的融合，它先对来自传感器的原始信息进行特征提取(特征可以是目标的边缘、方向、速度等)，然后对特征信息进行综合分析和处理。

特征级融合的优点在于实现了可观的信息压缩，有利于实时处理，并且由于所提取的特征直接与决策分析有关，因而融合结果能最大限度地给出决策分析所需要的特征信息。

3）决策级融合

决策级融合通过不同类型的传感器观测同一个目标，每个传感器在本地完成基本的处理，其中包括预处理、特征抽取、识别或判决，以建立对所观察目标的初步结论。然后通过关联处理进行决策级融合判决，最终获得联合推断结果。

4.5.4 数据挖掘与数据融合的联系

数据挖掘与数据融合既有联系，又有区别。它们是两种功能不同的数据处理过程，前者发现模式，后者使用模式。

二者的目标、原理和所用的技术各不相同，但功能上相互补充，将二者集成可以达到更好的多源异构信息处理效果。

4.5.5 知识拓展

智能语音系统是一种软件交互平台，通过语音输入、语音识别、信号转换及内容比对等融合而成。目前最为常见的智能语音系统产品是手机中的语音助手和通话功能。

说起智能语音助手大家首先想到的就是苹果手机的Siri，尤其是当用户对着它发起简单沟通后会感到一定的娱乐性。

智能语音系统是通过一个收发平台，在内核嵌入识别芯片功能的整体化产品。这其中会根据不同的语言、业务需求及产品应用进行相关定制。

比如，大家日常使用的智能语音拨号功能，只需要识别用户所使用的语言，通过话筒接收语音信号，通过主电路板进行震动编码转换，并将收集到的信息发送至语言库进行识别和判断比对工作。当这一切都完成后会根据比对结果进行下一步信号传输工作，并将结果反馈给用户。

相比这种简单的过程而言，具备搜索及娱乐功能的智能语音系统助手在整体流程上显得更为复杂。除了要判断和识别用户使用语言及声音震动所带来的传感信号外，还要对语言库及信息库进行完善工作，让它具备更加智能的判断和理解能力。而对于庞大的语言库、信息库完善工作就需要依托现有云端和网络作为支持，所以从这个方面来看还将涉及网络传输和云存储等技术。

4.6　物联网的其他智能化技术

4.6.1　物联网数据智能处理研究的主要内容

物联网的智能数据处理虽然依赖于数据，但是物联网数据处理是受服务驱动的。物联网的服务主要包括分析、决策与控制。为了实现这些服务，在数据层面需要进行一系列的数据处理工作。

针对物联网数据的智能处理，需要研究以下内容。

1. 以融合和决策为目的的海量数据的实时挖掘

(1) 针对基于物联网服务的需求，物联网中的数据挖掘应分为两个方面：辅助常规决策的数据挖掘和辅助数据融合的数据挖掘。

(2) 鉴于物联网数据的异构、海量、分布性和决策控制的实时性，需要的内容包括：

① 需要研究数据挖掘引擎的布局及多引擎的调度策略。

② 需要研究时空数据的实时挖掘方案，海量数据的实时挖掘方法，不确定知识条件下的实时挖掘算法，数据挖掘算法的综合运用、改进和新算法，低时空复杂度算法。

③ 需要考虑物联网隐私的重要性，需要研究隐私保护的数据挖掘方法等。

2. 以情境感知为目的的不确定性建模和推理

(1) 针对数据本身的不确定性，需要研究以下问题：

① 感知数据本身的不确定性表达和推理。

② 实体数据的不确定性表达和推理。

③ 决策数据的不确定性表达和推理。

(2) 针对语义映射的不确定性，需要研究以下问题：

① 融合感知数据获取实体数据过程中的不确定性表达和推理。

② 融合实体数据获取决策数据过程中的不确定性表达和推理。

(3) 针对查询分析的不确定性，需要研究以下问题：

① 物联网高维数据在松散模式下查询的不确定性表达。

② 查询结果的不确定性表达和推理。

③ 联机分析处理和数据挖掘如何从不确定性数据中获取合理结果等。

4.6.2 物联网中的人工智能技术

物联网的智能化技术是将智能技术的研究成果应用到物联网中，实现物联网的智能化。例如，物联网可以结合智能化技术如人工智能等，应用到物联网中。

物联网的目标是实现一个智慧化的世界，它不仅仅感知世界，关键在于影响世界，智能化地控制世界。物联网根据具体应用结合人工智能，可以实现智能控制和决策。

人工智能是利用计算机来模拟人的某些思维过程和智能行为(如学习、推理、思考、规划等)。人工智能一般有工程学方法和模拟法两种不同的方式。

1. 工程学方法(Engineering Approach)

工程学方法采用传统的编程技术，使系统呈现智能的效果，而不考虑所用方法是否与人或动物机体所用的方法相同。

采用这种方法，需要人工详细规定程序逻辑，在已有的实践中被多次采用。从不同的数据源(包含物联网的感知信息)收集的数据中提取有用的数据，对数据进行滤除以保证数据的质量，将数据经转换、重构后存入数据仓库或数据集市，然后寻找合适的查询、报告和分析工具及数据挖掘工具对信息进行处理，最后转变为决策。

2. 模拟法(Modeling Approach)

模拟法不仅要看效果，还要求实现方法也和人类或生物机体所用的方法相同或相类似。这种方法应用于物联网的一个方向是专家系统，另外一个方向为模式识别。

1) 专家系统

专家系统是一种模拟人类专家解决专门问题的计算机程序系统，不但采用基于规则的推理方法，而且采用了诸如人工神经网络的方法与技术。

根据专家系统处理的问题的类型，把专家系统分为解释型、诊断型、调试型、维修型、教育型、预测型、规划型、设计型和控制型等。

2) 模式识别

模式识别通过计算机用数学技术方法来研究模式的自动处理和判读，例如，用计算机实现模式(文字、声音、人物、物体等)的自动识别。

计算机识别的显著特点是速度快、准确性高，识别过程与人类的学习过程相似，可使物联网在“识别端”——信息处理过程的起点就具有智能性，保证物联网上的每个非人类的智能物体有类似人类的“自觉行为”。

总之，物联网要实现智能化，需要结合人工智能的成果，如问题求解、逻辑推理证明、专家系统、数据挖掘、模式识别、自动调理、机器学习、智能控制等技术。

4.6.3 物联网专家系统

物联网专家系统是指在物联网上的一类具有专门知识和经验的计算机智能程序系统或智能机器设备，通过网络化部署专家系统来实现物联网数据的基本智能处理，对用户提供智能化的专家服务功能。

物联网专家系统可实现对多用户的专家服务，其决策数据来源于物联网智能终端的采集数据。其工作原理如图 4－10 所示。

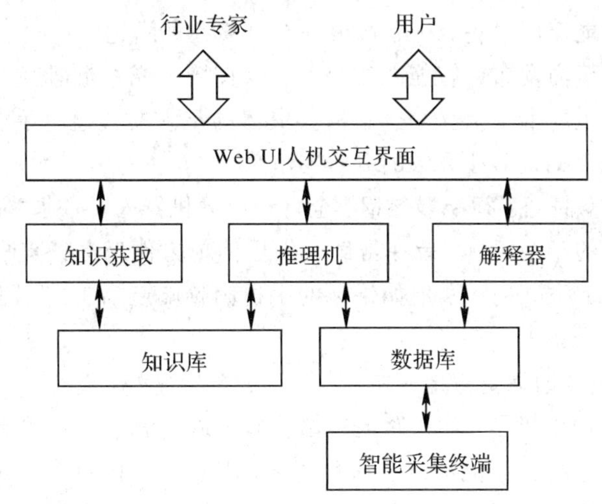

图 4－10　物联网专家系统工作原理

(1) 智能终端采集的数据提交到物联网应用数据库，数据反映了当前问题求解状态的集合。

(2) 推理机是实施问题求解的核心执行机构，是对知识进行解释的程序，它按照一定策略对找到的知识进行解释执行，并把结果记录到数据库中。

(3) 解释器用于对求解过程做出说明，并回答问题的提问。

(4) 知识库是问题求解所需要的行业领域知识的集合，包括基本事实、规则等信息。

(5) 知识获取负责建立、修改和扩充知识库，是专家系统中把问题求解的各种专门知识从专家头脑中或者其他知识源转换到知识库的重要机构。

在物联网中引入专家系统使物联网对其接入的数据具有分析判断并提供决策依据的能力，使物联网实现初步的智能化。

【例 4－1】 农业物联网专家系统是将大量的传感器节点构成监控网络，通过各种传感器采集信息，以帮助农民和科研人员及时发现问题，并且准确地确定发生问题的位置，这样农业将逐渐地从以人力为中心、依赖于孤立机械的生产模式转向以信息和软件为中心的生产模式，从而大量使用各种自动化、智能化、远程控制的生产设备。建立农业生产指挥调度系统，对管理区域内的粮田种植、管理、采收、墒情预警、抗灾等工作进行诊断、调度和防控。

4.6.4　知识拓展——物联网时代智慧生活 24 小时

每一次看科幻大片，可能都有人会想：什么时候人类才能过上那样便捷、舒适的生活？的确，全息投影、空中汽车或是高速通行管道、人工智能管家在现阶段来说还有些遥远。不过，虚拟现实、物联网、移动支付、自动驾驶及动作感应技术，都已经获得了阶段性的实质发展，或许几年内，我们就会看到这些新型设备在消费领域逐渐普及。那么，我们能预料到的未来数字生活会是怎样的呢？

1. 咖啡早餐叫你起床

早起对每一个上班族来说都是一件困难事，另外吃早餐也是一个很麻烦的事情。如果想要在家里做好，无疑需要早起，所以路上买个煎饼凑合一下显然是无奈的事情。事实上，借助于物联网智能家居设备，就能够很好地改善这种问题。

比如，目前一些厂商发布的智能咖啡机，可以直接填充好咖啡豆，内置的磨豆机会自动将其磨成咖啡粉，也配置了独立的容水槽。最棒的是它能够通过手机应用程序控制，完全可以设置好自动烹煮时间，让香浓的咖啡叫醒你。

另外，诸如真空烹饪机、智能慢炖锅、全自动调酒机器人，都是主打无线控制、应用程序定时、自动化烹饪的新型厨具，旨在帮助人们更简单方便地烹饪美食。或许不久我们的厨房不会出现一款“厨师机器人”，但如果你的手机闹钟响起后就能喝上一杯咖啡，可能也是一个小小的生活品质提升。

2. 自动巡航系统帮助你更好地开车

吃完早餐就要出门上班了，如果路上很堵，那么这一天的心情可能都会很糟糕，尤其是开车通勤。自动驾驶技术可能会改善这种情况，但谷歌全自动驾驶汽车在目前来说仍是可望不可即，除了昂贵的价格，各国政策对这种高新技术的可靠性也有不同的理解，所以短期内你不可能真的开上这种汽车。可喜的是，各大汽车厂商均在大力发展雷达自动巡航系统，并且很快会登陆世界范围市场。

比如，奥迪的自动巡航系统预计将出现在高配车型中，能够通过车身顶部的雷达及摄像头综合传感器实现助力转向、自动油门及刹车系统，显然能够减少通勤驾驶的疲劳感。沃尔沃也推出了一套汽车间的无线沟通方案，在汽车间形成一个庞大的互联网，与自动巡航系统配合能实现更好的效果。

3. 在智能餐厅享受午餐

经过了一上午的繁忙工作，午休时间可以去公司附近的餐馆改善一下伙食。也许你已经体验过一些餐馆的 iPad 电子菜单，但其实这并没有什么稀奇，更棒的智能餐厅也许很快就会变成现实。

在智能餐厅中，你不必再苦等服务员点菜，通过智能手机与桌上的 iBeacon 室内定位装置，可以实现方便的 App 点餐，室内大屏幕上会实时显示菜肴的加工程序，当一道菜完成时，服务员也会精准地将它放到你的桌子上。结账时，可通过应用或是 Apple Pay 刷手机支付。显然，这种高效率无疑会受到上班族群的追捧，一小时的午休不必再浪费在点餐、结账上了。

下班前，很多朋友都会选择去公司或是附近的健身房健身，但在跑步机上跑上 1 个小时未免有些无聊，这时候虚拟现实设备就能够让我们体验到近未来的健身感受。类似 Virtuix Omni、Cyberith Virtualizer 等虚拟现实跑步机都是作为 Oculus Rift 显示器的配件登场，发迹于众筹平台、最终以高人气筹得资金并实现量产。

在宣传中，它们似乎都将射击游戏体验放在第一位，但事实上，体感游戏可能是更受大众欢迎的卖点。例如，如果开发商开发了一款虚拟跑步游戏，场景包括纽约的中央公园、巴黎香榭里大道、瑞士阿尔卑斯山或是非洲草原，那么跑步健身就不会再那么无聊。当然，我们还希望 Oculus Rift 最终版本的体积能够再小一些，不会增加头部的负担。

4. 把房间变成自然界

结束了一天的工作回到家中，吃完晚餐，这时需要放松一会儿。大部分人的习惯都是看看电视、网络视频或是玩玩游戏，但你完全可以在未来融入其中，将房间变成热带雨林、海底世界、电影中的场景甚至是游戏场。

索尼发布的 Life Space UX 超短距 4K 体感投影仪，可以融入电视柜、吊灯等设备中，实现立体化的影像投射，画面支持触摸操作，把家中的墙壁或是天花板变成另一个世界。无独有偶，微软的 RoomAlive 投影技术就像它的名字一样，能够把房间变成"活"的，通过高清投射与 Kinect 体感装置结合，你不需要佩戴沉重的虚拟现实显示器或是再对着小屏幕电视挥舞手柄，房间就是你的游乐场。当然，这些技术的问题在于价格过于昂贵，但相信在近未来，它们的价格最终会变得平易近人，从而走进普通家庭。

5. 助眠设备让你睡个好觉

一天中的最后时光，显然是在香甜的睡梦中渡过。也许你已经开始佩戴运动手环来监测睡眠质量，但实际上运动手环仅提供了参考数据，并未真正实现助眠功能。目前，市场中一些智能设备已经开始主打助眠功能，通过灯光、声音再配合传感器收集数据，来实现助眠效果。

在近未来，我们相信此类设备还会得到更多功能上的强化。首先，是集成物联网标准，可与恒温器、空气净化器连接，实现类似 IFTTT 的联动功能，提供一个更好的整体睡眠环境。其次，它们的形式不仅仅局限于一个独立的设备，而是真正融入你的床上。例如智能床垫，集成传感器来监测睡眠质量，最终床垫能够进化为根据传感器数据调节形态、软硬度，帮助你获得更舒适的睡眠形态。

习　题　4

1. 什么是云计算技术？云计算有什么特点？云计算与物联网有什么关系？
2. 什么是中间件？物联网中间件有哪些？主要有什么特点？主要完成哪些任务？
3. 应用在物联网中的智能信息技术主要有哪些？主要有什么作用？

第 5 章

物联网信息安全与隐私保护

物联网的发展可谓是风生水起。虽然早在几年前人们对于物联网的迅猛发展就已有预测，但是随着物联网的概念越来越热，市面上出现了大量基于物联网而开发的连接设备：从与人们生活密切相关的智能恒温器、冰箱、洗衣机等家用电器，到与人们生命密切相关的家庭安全摄像头、婴儿监视器、胰岛素泵、心脏起搏器等安全与卫生设备，再到与人们健康密切相关的健身追踪器、智能手表等可穿戴设备。每一种连接设备的出现，都为人们的生活增添了些许的智能。然而，新技术的发明及应用往往伴随着人们对连接设备安全性以及隐私保护方面的担忧。

本章主要介绍物联网信息安全与隐私保护中的以下内容：

(1) 物联网安全的特点。

(2) 感知层的安全需求和安全框架。

(3) 传输层的安全需求和安全框架。

(4) 处理层的安全需求和安全框架。

(5) 应用层的安全需求和安全框架。

(6) 影响信息安全的非技术因素。

5.1 从案例说起物联网安全

【例 5-1】 2015 年一场风波降临在与互联网相连接的婴儿监视器的最新产品上，最终该产品被纳入智能设备安全调查的名列中。究其原因，这款产品在使用过程中会很容易地被黑客入侵及攻击。黑客入侵婴儿监视器偷窥婴儿的同时，还会在深夜里对婴儿大喊大叫。这无疑惹恼了爱子的父母们，从而引发了激烈地抗议。

然而，关于黑客入侵婴儿监视器的报道已不是一件新鲜事。2013 年，婴儿监视器的安全性问题就已经被提出。值得注意的是，最新的报道剑指黑客专用搜索引擎 Shodan，这个于 2013 年发布的搜索引擎，可以找到几乎所有和互联网相关联的东西，当然包括物联网中的智能设备。Shodan 能够在互联网上搜索到使用实时流化协议(RTSP)的设备。通常情况下，这些设备都没有基本的密码保护或者只是简单地设置了默认密码，从而给 Shodan 搜索引擎可乘之机。

【例 5-2】 黑客攻击了安全摄像头生产商 TrendNet 的官方网站，并把 700 多位消费者使用家庭安全摄像头拍摄的视频发布到互联网上。

2015 年，美国联邦贸易委员会针对安全摄像头生产商 TrendNet 涉嫌虚报其软件是"安全的"发起投诉并将其登记在案。在其投诉中，委员会声称：该公司不仅通过明文的方式在互联网上传输用户的登录凭据，还通过明文的方式在用户的移动设备上储存登录凭据。与此同时，生产商未能就消费者的隐私设置进行测试，无法确保所拍摄的视频能够实现真正意义上的"私密"，使得黑客能够很轻松地入侵及攻击消费者家中的安全摄像头，从而进行一系列未被授权的对婴儿睡觉、孩子玩耍及成年人日常生活的监控。

案件结果：该案规定，在未来的 20 年内，TrendNet 公司必须每两年进行一次来自第三方安全项目的评估。同时，要求公司通知消费者有关摄像头和软件的更新来纠正他们在使用中存在的安全问题，并在接下来的两年里，为客户提供免费技术支持，以帮助他们更新或者卸载相关的软件。

由以上案例可以看出，物联网设备的安全性在迅速降低。对于物联网设备的保护应当出现在其发展中的各个阶段，新的安全漏洞会不断的涌现，如果没有足够稳固的应对，那么消费者可能不会再信任任何的物联网设备。值得注意的是，安全问题一直是现代生活中的一部分。没有强大的监管制度和来自消费者的巨大压力，物联网设备生产商是不可能为消费者带来长期智能生活上的保护。

5.2 物联网安全的特点

与互联网不同，物联网的特点在于无处不在的数据感知、以无线为主的信息传输、智能化的信息处理。从物联网的整个信息处理过程来看，感知信息经过采集、汇聚、融合、传输、决策与控制等过程，体现了与传统的网络安全不同的特点。

1. 影响物联网安全的因素

物联网的安全特征体现了感知信息的多样性、网络环境的异构性和应用需求的复杂性，呈现出网络的规模和数据的处理量大、决策控制复杂等特点，对物联网安全提出了新的挑战。

物联网除了面对传统 TCP/IP 网络、无线网络和移动通信网络等传统网络安全问题之外，还存在着大量自身的特殊安全问题。具体讲，物联网常常在以下方面受到安全威胁：

(1) 物联网的设备、节点等无人看管，容易受到操纵和破坏。

物联网的许多应用代替人完成一些复杂、危险和机械的工作，物联网中设备、节点的工作环境大都无人监控，因此攻击者很容易接触到这些设备，从而对设备或其嵌入其中的传感器节点进行破坏。攻击者甚至可以通过更换设备的软硬件，对它们进行非法操控。

【例 5-3】 在远程输电过程中，电力企业可以使用物联网来远程操控一些变电设备。由于缺乏看管，攻击者可轻易地使用非法装置来干扰这些设备上的传感器。如果变电设备的某些重要参数被篡改，其后果极其严重。

(2) 信息传输主要靠无线通信方式，信号容易被窃取和干扰。

物联网在信息传输中多使用无线传输方式，暴露在外的无线信号很容易成为攻击者窃取和干扰的对象，对物联网的信息安全产生严重的影响。同时，攻击者也可以在物联网无线信号覆盖的区域内，通过发射无线电信号来进行干扰，从而使无线通信网络不能正常工作，甚至瘫痪。

【例 5-4】 攻击者可以通过窃取感知节点发射的信号，来获取所需要的信息，甚至是用户的机密信息并可据此来伪造身份认证，其后果不堪设想。

【例 5-5】 在物流运输过程中，嵌入在物品中的标签或读写设备的信号受到恶意干扰，很容易造成一些物品的丢失。

(3) 出于低成本的考虑，传感器节点通常是资源受限的。

物联网的许多应用通过部署大量的廉价传感器覆盖特定区域。廉价的传感器一般体积较小，使用能量有限的电池供电，其能量、处理能力、存储空间、传输距离、无线电频率和带宽都受到限制，因此传感器节点无法使用较复杂的安全协议，因而这些传感器节点或设备也就无法拥有较强的安全保护能力。攻击者针对传感器节点的这一弱点，可以通过采用连续通信的方式使节点的资源耗尽。

(4) 物联网中物品的信息能够被自动地获取和传送。

物联网通过对物品的感知实现物物相连，比如，通过 RFID(射频识别)、传感器、二维识别码和 GPS 定位等技术能够随时随地且自动地获取物品的信息。

同样地，这种信息也能被攻击者获取，在物品的使用者没有察觉的情况下，物品的使用者将会不受控制地被扫描、定位及追踪，对个人的隐私构成了极大威胁。

2. 物联网的安全要求及安全建设

物联网安全的总体需求是物理安全、信息采集的安全、信息传输的安全和信息处理的安全，而最终目标是要确保信息的机密性、完整性、真实性和网络的容错性。

物联网的安全性要求物联网中的设备必须是安全可靠的，不仅要可靠地完成设计规定的功能，更不能发生故障危害到人员或者其他设备的安全；另一方面，物联网中的设备必须有能力防护自己，在遭受黑客攻击和外力破坏的时候仍然能够正常工作。

物联网的信息安全建设是一个复杂的系统工程，需要从政策引导、标准制定、技术研发等多个方面向前推进，提出坚实的信息安全保障手段，保障物联网健康、快速地发展。

5.3 物联网安全层次

我们已经知道，物联网具备三个特征：一是全面感知，二是可靠传递，三是智能处理。因此，物联网安全性相应地也分为三个逻辑层，即感知层、传输层和处理层。除此之外，在物联网的综合应用方面还有一个应用层，它是对智能处理后的信息的利用。

在某些框架中，尽管智能处理与应用层被作为同一逻辑层进行处理，但从信息安全的角度考虑，将应用层独立出来更容易建立安全架构。

物联网安全管理层次，如图 5-1 所示。

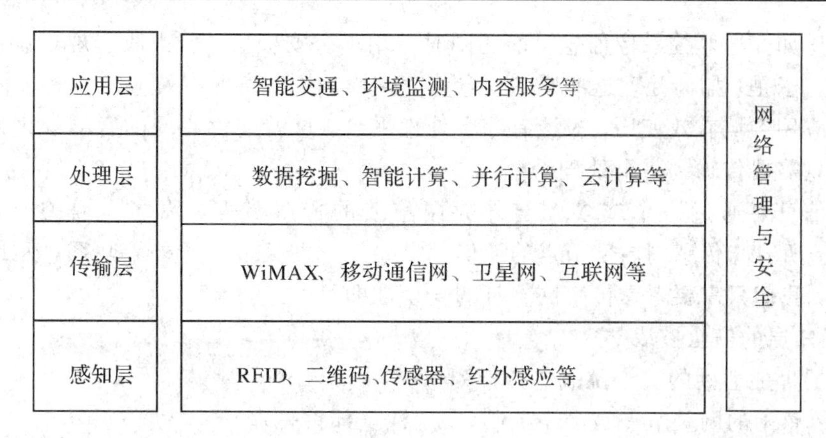

图 5-1　物联网安全管理层次

其实，对物联网的几个逻辑层，目前已经有许多针对性的密码技术手段和解决方案。但需要说明的是，物联网作为一个应用整体，各个层独立的安全措施简单相加不足以提供可靠的安全保障。而且，物联网与几个逻辑层所对应的基础设施之间还存在许多本质区别，最基本的区别有：

(1) 已有的对传感网(感知层)、互联网(传输层)、移动网(传输层)、安全多方计算、云计算(处理层)等的一些安全解决方案在物联网环境可能不再适用，其主要原因是：

① 物联网所对应的传感网的数量和终端物体的规模是单个传感网所无法相比的。

② 物联网所联接的终端设备或器件的处理能力有很大差异，它们之间可能需要相互作用。

③ 物联网所处理的数据量比现在的互联网和移动网都大得多。

(2) 即使分别保证感知层、传输层和处理层的安全，也不能保证物联网的安全，这是因为：

① 物联网是融几个层于一体的大系统，许多安全问题来源于系统整合。

② 物联网的数据共享对安全性提出了更高的要求。

③ 物联网的应用将对安全提出新要求，比如隐私保护不属于任一层的安全需求，但却是许多物联网应用的安全需求。

鉴于以上原因，为保障物联网的健康发展，需要重新规划并制定可持续发展的安全架构，使物联网在发展和应用过程中，其安全防护措施能够不断完善。

5.3.1　感知层的安全需求和安全框架

感知层的任务是全面感知外界信息，或者说是原始信息收集器。该层的典型设备包括 RFID 装置、各类传感器(如红外、超声、温度、湿度、速度等)、图像捕捉装置(摄像头)、全球定位系统(GPS)、激光扫描仪等。这些设备收集的信息通常具有明确的应用目的，因此传统上这些信息直接被处理并应用，例如，公路摄像头捕捉的图像信息直接用于交通监控。

但是在物联网应用中，多种类型的感知信息可能会被同时处理、综合利用，甚至不同感应信息的结果将影响其他控制调节行为，例如，湿度的感应结果可能会影响到温度或光照控制的调节。同时，物联网应用强调的是信息共享，这是物联网区别于传感网的最大特点之一。比如交通监控录像信息可能还同时被用于公安侦破、城市改造规划设计、城市环境监测等。于是，如何处理这些感知信息将直接影响到信息的有效应用。为了使同样的信息被不同应用领域有效使用，应该有综合处理平台，这就是物联网的智能处理层，因此这些感知信息需要传输到一个处理平台。

感知信息要通过一个或多个与外界网连接的传感节点，称之为网关节点(sink 或 gateway)，所有与传感网内部节点的通信都需要经过网关节点与外界联系，因此在物联网的传感层，我们只需要考虑传感网本身的安全性即可。

1. 感知层的安全挑战

感知层可能遇到的安全挑战包括下列情况：

(1) 传感网的网关节点被敌手控制(安全性全部丢失)。

(2) 传感网的普通节点被敌手控制(敌手掌握节点密钥)。

(3) 传感网的普通节点被敌手捕获(但由于没有得到节点密钥，而没有被控制)。

(4) 传感网的节点(普通节点或网关节点)受来自网络的 DOS 攻击。

(5) 接入到物联网的超大量传感节点的标识、识别、认证和控制问题。

2. 感知层的安全需求

针对上述的挑战，感知层的安全需求可以总结为如下几点：

(1) 机密性：多数传感网内部不需要认证和密钥管理，如统一部署的共享一个密钥的传感网。

(2) 密钥协商：部分传感网内部节点进行数据传输前需要预先协商会话密钥。

(3) 节点认证：个别传感网(特别当传感数据共享时)需要节点认证，确保非法节点不能接入。

(4) 信誉评估：一些重要传感网需要对可能被敌手控制的节点行为进行评估，以降低敌手入侵后的危害(某种程度上相当于入侵检测)。

(5) 安全路由：几乎所有传感网内部都需要不同的安全路由技术。

3. 感知层的安全防护

根据物联网本身的特点和上述物联网感知层在安全方面存在的问题，需要采取有效的防护对策，主要有以下几点：

(1) 加强对传感网机密性的安全控制。

在传感网内部，需要有效的密钥管理机制，用于保障传感网内部通信的安全，机密性需要在通信时建立一个临时会话密钥，确保数据安全。例如，在物联网构建中选择射频识别系统，应该根据实际需求考虑是否选择有密码和认证功能的系统。

(2) 加强节点认证。

个别传感网(特别当传感数据共享时)需要节点认证，确保非法节点不能接入。认证性可以通过对称密码或非对称密码方案解决。使用对称密码的认证方案需要预置节点间的共享密钥，在效率上比较高，消耗网络节点的资源较少，许多传感网都选用此方案；而使用非对称密码技术的传感网一般具有较好的计算和通信能力，并且对安全性要求更高。在认证的基础上完成密钥协商是建立会话密钥的必要步骤。

(3) 加强入侵监测。

一些重要传感网需要对可能被敌手控制的节点行为进行评估，以降低敌手入侵后的危害。敏感场合，节点要设置封锁或自毁程序，发现节点离开特定应用和场所，启动封锁或自毁，使攻击者无法完成对节点的分析。

(4) 加强对传感网的安全路由控制。

几乎所有传感网内部都需要不同的安全路由技术。

综上，由于传感网的安全一般不涉及其他网路的安全，因此是较独立的问题，有些已有的安全解决方案在物联网环境中也同样适用。但由于物联网环境中传感网遭受外部攻击的机会增大，因此用于独立传感网的传统安全解决方案需要提升安全等级后才能使用，也就是说在安全的要求上更高。

5.3.2 传输层的安全需求和安全框架

物联网的传输层主要用于把感知层收集到的信息安全可靠地传输到信息处理层，然后根据不同的应用需求进行信息处理，即传输层主要是网络基础设施，包括互联网、移动网和一些专业网(如国家电力专用网、广播电视网)等。在信息传输过程中，可能经过一个或多个不同架构的网络进行信息交接。例如，普通电话座机与手机之间的通话就是一个典型的跨网络架构的信息传输。在信息传输过程中跨网络传输是很正常的，在物联网环境中这一现象更突出，而且很可能在正常而普通的事件中产生信息安全隐患。

1. 传输层的安全挑战

网络环境目前遇到前所未有的安全挑战，而物联网传输层所处的网络环境也存在安全挑战，甚至是更高的挑战。同时，由于不同架构的网络需要相互连通，因此在跨网络架构的安全认证等方面会面临更大挑战。

物联网传输层的安全问题主要存在以下方面：

(1) DOS攻击、DDOS攻击。

(2) 假冒攻击、中间人攻击等。

(3) 跨异构网络的网络攻击。

2. 传输层的安全需求

在物联网发展过程中，目前的互联网或者下一代互联网将是物联网传输层的核心载体，多数信息要经过互联网传输。互联网遇到的DOS和分布式拒绝服务攻击(DDOS)仍然存在，因此，需要有更好的防范措施和灾难恢复机制。

考虑到物联网所连接的终端设备性能和对网络需求的巨大差异，对网络攻击的防护能力也会有很大差别，因此很难设计通用的安全方案，而应针对不同网络性能和网络需求有不同的防范措施。

在传输层，异构网络的信息交换将成为安全性的脆弱点，特别在网络认证方面，难免存在中间人攻击和其他类型的攻击(如异步攻击、合谋攻击等)。这些攻击都需要有更高的安全防护措施。

如果仅考虑互联网和移动网以及其他一些专用网络，则物联网传输层对安全的需求可以概括为以下几点：

(1) 数据机密性：需要保证数据在传输过程中不泄露其内容。

(2) 数据完整性：需要保证数据在传输过程中不被非法篡改，或非法篡改的数据容易被检测出。

(3) 数据流机密性：某些应用场景需要对数据流量信息进行保密，目前只能提供有限的数据流机密性。

(4) DDOS攻击的检测与预防：DDOS攻击是网络中最常见的攻击现象，在物联网中将会更突出。物联网中需要解决的问题还包括如何对脆弱节点的DDOS攻击进行防护。

(5)移动网中认证与密钥协商(AKA)机制的一致性或兼容性、跨域认证和跨网络认证。

3. 传输层的安全防护

传输层的安全机制可分为端到端机密性和节点到节点机密性。

(1) 对于端到端机密性，需要建立的安全机制为端到端认证机制、端到端密钥协商机制、密钥管理机制和机密性算法选取机制等。在这些安全机制中，根据需要可以增加数据完整性服务。

(2) 对于节点到节点机密性，需要节点间的认证和密钥协商协议，这类协议要重点考虑效率因素。

机密性算法的选取和数据完整性服务，可以根据需求选取或省略。考虑到跨网络架构的安全需求，需要建立不同网络环境的认证衔接机制。

另外，根据应用层的不同需求，网络传输模式可能区分为单播通信、组播通信和广播通信，针对不同类型的通信模式也应该有相应的认证机制和机密性保护机制。

简言之，传输层的安全防护主要包括以下几个方面：

(1) 节点认证、数据机密性、完整性、数据流机密性、DDOS攻击的检测与预防。

(2) 移动网中AKA机制的一致性或兼容性、跨域认证和跨网络认证。

(3) 相应密码技术。密钥管理(密钥基础设施PKI和密钥协商)、端对端加密和节点对节点加密、密码算法和协议等。

(4) 组播和广播通信的认证性、机密性和完整性安全机制。

5.3.3 处理层的安全需求和安全框架

处理层是信息到达智能处理平台的处理过程，包括如何从网络中接收信息。在从网络中接收信息的过程中，需要判断哪些信息是真正有用的信息，哪些是垃圾信息甚至是恶意信息。

在来自网络的信息中，有些属于一般性数据，用于某些应用过程的输入，而有些可能是操作指令。在这些操作指令中，又有一些可能是多种原因造成的错误指令(如指令发出者的操作失误、网络传输错误、得到恶意修改等)，或者是攻击者的恶意指令。

如何通过密码技术等手段甄别出真正有用的信息，又如何识别并有效防范恶意信息和指令带来的威胁是物联网处理层的重大安全挑战。

1. 处理层的安全挑战

物联网处理层的重要特征是智能，即实现少不了自动处理技术，其目的是使处理过程方便迅速，而非智能的处理手段可能无法应对海量数据。但是，自动过程对恶意数据，特别是恶意指令信息的判断能力是有限的，而智能也仅限于按照一定规则进行过滤和判断，攻击者很容易避开这些规则，正如垃圾邮件过滤一样，多年来一直是一个棘手的问题。

因此，处理层的安全挑战包括以下几个方面：

(1) 来自超大量终端的海量数据的识别和处理。

(2) 智能变为低能。

(3) 自动变为失控(可控性是信息安全的重要指标之一)。

(4) 灾难控制和恢复。

(5) 非法人为干预(内部攻击)。

(6) 设备(特别是移动设备)的丢失。

2. 处理层的安全需求

针对处理层面临的安全问题，由此对处理层提出以下安全需求：

(1) 物联网时代需要处理的信息是海量的，需要处理的平台也是分布式的。当不同性质的数据通过一个处理平台处理时，该平台需要多个功能各异的处理平台协同处理。但是，首先应该知道将哪些数据分配到哪个处理平台，因此数据类别分类是必须的。同时，安全的要求使得许多信息都是以加密形式存在的，因此如何快速有效地处理海量加密数据是智能处理阶段遇到的一个重大挑战。

(2) 计算技术的智能处理过程与人类的智力还是有本质的区别，但计算机的智能判断在速度上是人类智力判断所无法比拟的，由此，期望物联网环境的智能处理在智能水平上不断提高，而且不能用人的智力去代替。也就是说，只要智能处理过程存在，就可能让攻击者有机会躲过智能处理过程的识别和过滤，从而达到攻击目的。在这种情况下，智能与低能相当。因此，物联网的传输层需要高智能的处理机制。

(3) 如果智能水平很高，那么可以有效识别并自动处理恶意数据和指令。但再好的智能也存在失误的情况，特别在物联网环境中，即使失误概率非常小，因为自动处理过程的数据量非常庞大，因此失误的情况还是很多。

(4) 在处理发生失误而使攻击者攻击成功后，如何将攻击所造成的损失降低到最低程度，并尽快从灾难中恢复到正常工作状态，是物联网智能处理层的另一重要问题，也是一个重大挑战。

(5) 智能处理层虽然使用智能的自动处理手段，但还是允许人为干预，而且是必须的。人为干预可能发生在智能处理过程无法做出正确判断的时候，也可能发生在智能处理过程有关键中间结果或最终结果的时候，还可能发生在其他任何原因而需要人为干预的时候。人为干预的目的是让处理层更好地工作，但也有例外，那就是实施人为干预的人试图实施恶意行为时。来自人的恶意行为具有很大的不可预测性，防范措施除了技术辅助手段外，更多地需要依靠管理手段。因此，物联网处理层的信息保障还需要科学管理手段。

(6) 智能处理平台的大小不同，大的可以是高性能工作站，小的可以是移动设备，如手机等。工作站的威胁是内部人员恶意操作，而移动设备的一个重大威胁是丢失。由于移动设备不仅是信息处理平台，而且其本身通常携带大量重要机密信息，因此，如何降低作为处理平台的移动设备丢失所造成的损失是重要的安全挑战之一。

3. 处理层的安全防护

为了满足物联网智能处理层的基本安全需求，需要以下安全防护措施：

(1) 可靠的认证机制和密钥管理方案。

(2) 高强度数据机密性和完整性服务。

(3) 可靠的密钥管理机制，包括 PKI 和对称密钥的有机结合机制。

(4) 可靠的高智能处理手段。

(5) 入侵检测和病毒检测。

(6) 恶意指令分析和预防，访问控制及灾难恢复机制。

(7) 保密日志跟踪和行为分析，恶意行为模型的建立。

(8) 密文查询、秘密数据挖掘、安全多方计算、安全云计算技术等。

(9) 移动设备文件(包括秘密文件)的可备份和恢复。

(10) 移动设备识别、定位和追踪机制。

5.3.4 应用层的安全需求和安全框架

应用层设计的是综合的或有个体特性的具体应用业务，它所涉及的某些安全问题通过前面几个逻辑层的安全解决方案可能仍然无法解决。在这些问题中，隐私保护就是典型的一种。无论感知层、传输层还是处理层，都不涉及隐私保护的问题，但它却是一些特殊应用场景的实际需求，即应用层的特殊安全需求。物联网的数据共享有多种情况，涉及不同权限的数据访问。此外，在应用层还涉及知识产权保护、计算机取证、计算机数据销毁等安全需求和相应技术。

1. 应用层的安全挑战

应用层面临的安全挑战主要有以下几个方面：

(1) 如何根据不同访问权限对同一数据库内容进行筛选。

(2) 如何提供用户隐私信息保护，同时又能正确认证。

(3) 如何解决信息泄露追踪问题。

(4) 如何进行计算机取证。

(5) 如何销毁计算机数据。

(6) 如何保护电子产品和软件的知识产权。

2. 应用层的安全需求

针对以上应用层面临的安全问题，应用层的安全需求分别有以下内容：

(1) 由于物联网需要根据不同应用需求对共享数据分配不同的访问权限，而且不同权限访问同一数据可能得到不同的结果。

【例 5-6】 道路交通监控视频数据在用于城市规划时，只需要很低的分辨率即可，因为城市规划需要的是交通堵塞的大概情况；当用于交通管制时就需要分辨率高一些，因为需要知道交通实际情况，以便能及时发现哪里发生了交通事故，以及交通事故的基本情况等；当用于公安侦查时可能需要更清晰的图像，以便能准确识别汽车牌照等信息。因此，如何以安全方式处理信息是应用中的一项挑战。

(2) 随着个人和商业信息的网络化，越来越多的信息被认为是用户隐私信息。需要隐私保护的应用至少包括以下几种：

① 移动用户既需要知道(或被合法知道)其位置信息，又不愿意非法用户获取该信息。

② 用户既需要证明自己合法使用某种业务，又不想让他人知道自己在使用某种业务，如在线游戏。

③ 病人在急救时需要及时获得该病人的电子病历信息，但又要保护该病历信息不被非法获取(包括病历数据管理员)。事实上，电子病历数据库的管理人员可能有机会获得电

子病历的内容，但隐私保护采用某种管理和技术手段，使病历内容与病人身份信息在电子病历数据库中无关联；

④ 许多业务需要匿名性，如网络投票。

(3) 很多情况下，用户信息是认证过程的必须信息，如何对这些信息提供隐私保护，是一个具有挑战性的问题，但又是必须要解决的问题。例如，医疗病历的管理系统需要病人的相关信息来获取正确的病历数据，但又要避免该病历数据跟病人的身份信息相关联。在应用过程中，主治医生知道病人的病历数据，这种情况下对隐私信息的保护具有一定困难性，但可以通过密码技术手段掌握医生泄露病人病历信息的证据。

(4) 在使用互联网的商业活动中，特别是在物联网环境的商业活动中，无论采取了什么技术措施，都难免恶意行为的发生。如果能根据恶意行为所造成后果的严重程度给予相应的惩罚，那么就可以减少恶意行为的发生。技术上，这需要搜集相关证据。因此，计算机取证就显得非常重要，当然这有一定的技术难度，主要是因为计算机平台种类太多，包括多种计算机操作系统、虚拟操作系统、移动设备操作系统等。

(5) 与计算机取证相对应的是数据销毁。数据销毁的目的是销毁那些在密码算法或密码协议实施过程中所产生的临时中间变量，一旦密码算法或密码协议实施完毕，这些中间变量将不再有用。但这些中间变量如果落入攻击者手里，可能为攻击者提供重要的参数，从而增大成功攻击的可能性。因此，这些临时中间变量需要及时安全地从计算机内存和存储单元中删除。

计算机数据销毁技术不可避免地会为计算机犯罪提供证据销毁工具，从而增大计算机取证的难度。因此，如何处理好计算机取证和计算机数据销毁这对矛盾，是一项具有挑战性的技术难题，也是物联网应用中需要解决的问题。

(6) 物联网的主要市场将是商业应用，在商业应用中存在大量需要保护的知识产权产品，包括电子产品和软件等。在物联网的应用中，对电子产品的知识产权保护将会提高到一个新的高度，对应的技术要求也是一项新的挑战。

3. 应用层的安全防护

基于物联网应用层的安全挑战和安全需求，需要以下的安全防护机制：

(1) 有效的数据库访问控制和内容筛选机制。

(2) 不同场景的隐私信息保护技术。

(3) 信息泄露追踪机制。

(4) 有效的计算机取证技术。

(5) 安全的计算机数据销毁技术。

(6) 安全的电子产品和软件的知识产权保护技术。

针对这些安全架构，需要发展相关的密码技术，包括访问控制、匿名签名、匿名认证、密文验证(包括同态加密)、门限密码、数字水印和指纹技术等。

5.4 影响物联网信息安全的非技术因素

物联网的信息安全问题将不仅仅是技术问题，还会涉及许多非技术因素。例如，以下几方面的因素很难通过技术手段来实现：

(1) 教育。让用户意识到信息安全的重要性，以及如何正确使用物联网服务，以减少机密信息的泄露机会。

(2) 管理。严谨的科学管理方法将使信息安全隐患降低到最小，特别应注意信息安全管理。

(3) 信息安全管理。找到信息系统安全方面最薄弱环节并进行加强，以提高系统的整体安全程度，包括资源管理、物理安全管理、人力安全管理等。

(4) 口令管理。许多系统的安全隐患来自账户口令的管理。

因此，在物联网的设计和使用过程中，除了需要加强技术手段提高信息安全的保护力度外，还应注重对信息安全有影响的非技术因素，从整体上降低信息被非法获取和使用的几率。

5.5 安全的物联网平台标准

经过发展演变，计算机和智能手机现已包含了拥有内置安全措施的复杂操作系统。不过，通常的物联网设备，比如厨房家电、婴儿监控器、健身追踪器，在设计过程中并没有采用计算机级别的操作系统，也不具有相应的安全特性。那么，谁应当负责这些联网产品所需的端对端安全呢？答案是让联网设备制造商对优质的物联网平台加以利用。

一个完整的平台解决方案能够让物联网设备在设备端、云端以及软件层面一直保持其可用性和安全性。以下是物联网平台应当遵守的一些重要的安全原则：

(1) 提供AAA安全。AAA安全指的是认证(Authentication)、授权(Authorization)和审计(Accounting)，能够实现移动和动态安全。它将对用户身份进行认证，通常会根据用户名和密码对用户的身份进行认证；对认证用户访问网络资源进行授权；经过授权认证的用户需要访问网络资源时，会对过程中的活动行为进行审计。

(2) 对丢失或失窃设备进行管理。管理包括远程擦除设备内容或者是禁止设备联网。

(3) 对所有用户身份认证信息进行加密。加密有助于对传输中的数据进行保护，不论是通过网络、移动电话、无线麦克风、无线对讲机还是通过蓝牙设备进行传输。

(4) 使用二元认证。这样可进行双重保护，黑客在攻击时必须突破两层防线。

(5) 对静态数据、传输中的数据以及云端数据提供安全保护。传输中的数据安全取决于传输方法。确保静态数据以及传输中的数据安全通常需要涉及基于HTTPS和UDP的服务，从而确保每个数据包都采用AES 128位加密法进行了子加密。备份数据也要进行加密。为了确保经过云端的数据安全，可能需要使用在AWS虚拟私有云(VPC)环境中部署的服务，从而为服务提供商分配一个私有子网并限制所有入站访问。

联网设备制造商需要物联网平台服务商提供以下几点支持：

(1) 分析用户数据的潜在情景。终端用户应当对数据拥有多少隐私控制，比如他们什么时候离开家，什么时候回家？维护或服务人员应当有权访问哪些数据？哪些不同类型的用户可能希望与同一部设备进行互动，用什么方式进行互动？

(2) 思考客户将如何获得设备的所有权。当所有权转移时，原始所有者的数据将如何处理？这一理念不仅适用于非经常性转移，比如购买并入住新房，也适用于房客每天开房退房的酒店等场景。

（3）在首次使用物联网平台时对所提供的缺省凭证进行处理。诸如无线接入点和打印机等很多设备都拥有已知的管理员ID和密码。设备可能会为管理员提供一个内置的网络服务器，让他们能够对设备进行远程连接、登陆以及管理。这些缺省凭证构成了能够被攻击者利用的一些潜在安全隐患。

（4）在保护用户隐私，以及应对现实中各类型的物联网设备时，基于角色的访问控制是必不可少的。凭借基于角色的访问，可以对安全性进行调整，从而应对几乎所有类型的情景或使用情况。

5.6　知识拓展——利用生物识别技术加强信息安全

1. 人脸识别技术

1）人脸识别简介

人脸识别是基于人的脸部特征信息进行身份识别的一种生物识别技术，是用摄像机或摄像头采集含有人脸的图像或视频流，并自动在图像中检测和跟踪人脸，进而对检测到的人脸进行脸部识别的一系列相关技术，通常也叫作人像识别、面部识别。

人脸识别系统集成人工智能、机器识别、机器学习、模型理论、专家系统、视频图像处理等多种专业技术，同时结合中间值处理的理论与实现，是生物特征识别的最新应用，其核心技术的实现，展现了弱人工智能向强人工智能的转化。

2）人脸识别的特点

人脸与人体的其他生物特征(指纹、虹膜等)一样与生俱来，它的唯一性和不易被复制的良好特性为身份鉴别提供了必要的前提，与其他类型的生物识别相比，人脸识别具有以下三个主要特点：

（1）非强制性。用户不需要专门配合人脸采集设备，几乎可以在无意识的状态下就获取人脸图像。

（2）非接触性。用户不需要和设备直接接触就能获取人脸图像。

（3）并发性。在实际应用场景下可以进行多个人脸的分拣、判断及识别。

除此之外，人脸识别还具有操作简单、结果直观、隐蔽性好等特点。

3）人脸识别技术的应用

人脸识别产品已广泛应用于金融、司法、军队、公安、边检、政府、航天、电力、工厂、教育、医疗等。随着技术的进一步成熟和社会认同度的提高，人脸识别将应用于更多的领域。

2. 比指纹识别更强大的脑波密码

因为人都有隐私，为了安全，我们需要密码。

即便是“123456”“654321”这样的简单密码，也需要我们记忆。那么，指纹解锁怎么样？如果用户是个手滑党，有时想要解锁一下手机也是很痛苦的。

现在出现了虹膜识别或者人脸识别的技术，不过还处于发展阶段。面部识别理论上听起来很赞，但实际应用中却有一些问题。它需要相当高端的设备，比如搭配了很好的摄像头的计算机。与此同时，面部识别很容易被欺骗，打印一张合适的脸部照片就可以蒙混过关，再不行也能通过3D打印伪造人脸。

现在宾厄姆顿大学构建了一个能够通过扫描大脑认证身份的生物特征识别系统。测试者戴着EEG帽收集脑波信号，可以看到如图5-2所示的信号波动图。

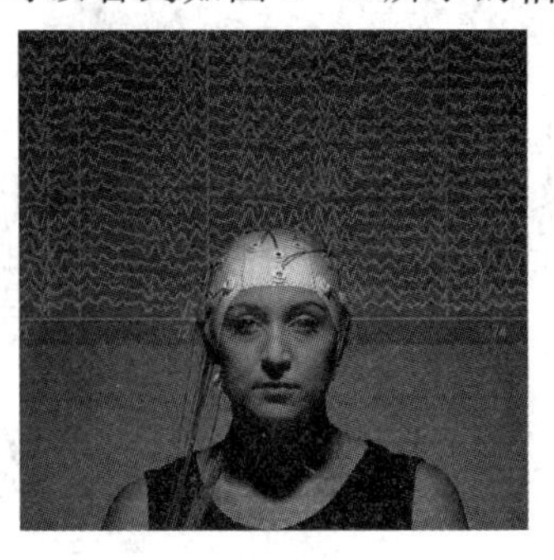

图5-2 收集脑波信号

这一验证过程需要用到一个脑电图(EEG)帽和一系列大约500张图片，其中包括文字、名人的脸和普通的照片。其中每一张图片都只在屏幕上停留半秒钟时间。脑电图检测用户看到这些图片时的反应，然后将收集到的信号和已经记录的反应进行比对。如果屏幕上出现了一只蜜蜂，那么对蜂蜇强烈过敏的人可能会和以养蜂为生的人有不同的反应。随着图片数量和反应的增加，伪造认证的成功率也随之下降。

早期的主动识别测试中，机器可以以82%～97%的精度从32个受试者中确定某个特定的人，而现在的机器已经能够100%准确地从30个测试者中找出特定的人。

如果这一技术试验成功，就能够为越来越多的人提供服务，这可能就将成为安全系统的最佳选择。

脑波密码与指纹密码或我们现在常用的字符密码不同，安全程度自然也不在同一个级别上。

习 题 5

1. 影响物联网安全的因素有哪些？举例说明。
2. 物联网安全可以分为哪几个层次？
3. 举例说明物联网感知层存在哪些安全问题和安全需求。
4. 举例说明物联网传输层存在哪些安全问题和安全需求。
5. 举例说明物联网处理层存在哪些安全问题和安全需求。
6. 举例说明物联网应用层存在哪些安全问题和安全需求。
7. 物联网的安全与隐私保护主要有什么特点？

第 6 章

物联网典型应用领域

物联网有许多广泛的用途，遍及智能交通、环境保护、政府工作、公共安全、平安家居、智能消防、工业监测、老人护理、个人健康、花卉栽培、水系监测、食品溯源、敌情侦查和情报搜集等多个领域。

国际电信联盟于2005年的一份报告曾描绘物联网时代的图景：当司机出现操作失误时汽车会自动报警；公文包会提醒主人忘带了什么东西；衣服会“告诉”洗衣机对颜色和水温的要求等等。又如，物流公司应用了物联网系统的货车，当装载超重时，汽车会自动告诉你超载了，并且超载多少，但如果空间还有剩余，则会告诉你轻重货怎样搭配；当搬运人员卸货时，一只货物包装可能会大叫“你扔疼我了”，或者说“亲爱的，请你不要太野蛮，可以吗？”；当司机在和别人扯闲话，货车会装作老板的声音怒吼“该发车了！”

物联网把新一代IT技术充分运用在各行各业之中，具体地说，就是把感应器嵌入或装备到电网、铁路、桥梁、隧道、公路、建筑、供水系统、大坝、油气管道等各种物体中，然后将物联网与现有的互联网整合起来，实现人类社会与物理系统的整合。在这个整合的网络中，存在能力超级强大的中心计算机群，能够对整合网络内的人员、机器、设备和基础设施进行实时管理和控制，在此基础上，人类可以以更加精细和动态的方式管理生产和生活，达到智慧状态，提高资源利用率和生产力水平，改善人与自然间的关系。

毫无疑问，如果物联网时代来临，人们的日常生活将发生翻天覆地的变化。然而，暂且不谈隐私权和辐射等问题，单是把所有物品都植入识别芯片这一点现在看来还不太现实。人们正走向物联网时代，但这个过程可能需要很长的时间。

物联网使物品和服务功能都发生了质的飞跃，这些新的功能将给使用者带来进一步的效率、便利和安全，由此形成基于这些功能的新兴产业。

本章将介绍物联网的典型应用领域，主要内容包括：

（1）智能家居的应用发展及应用实例。

（2）智能农业的应用发展及应用实例。

（3）智能环保的应用发展及应用实例。

（4）智能物流的应用发展及应用实例。

（5）智能医疗的应用发展及应用实例。

(6) 智能交通的应用发展及应用实例。

(7) 智能工业的应用发展及应用实例。

6.1 智能家居的应用

智能家居是利用先进的计算机技术、网络通信技术、综合布线技术、医疗电子技术依照人体工程学原理，融合个性需求，将与家居生活有关的各个子系统(例如安防、灯光控制、窗帘控制、煤气阀控制、信息家电、场景联动、地板采暖、健康保健、卫生防疫、安防保安等)有机地结合在一起，通过网络化综合智能控制和管理，实现“以人为本”的全新家居生活体验。

6.1.1 智能家居概述

1. 智能家居的概念

智能家居是人们的一种居住环境，其以住宅为平台安装有智能家居系统，实现家庭生活更加安全、节能、智能、便利和舒适。以住宅为平台，利用综合布线技术、网络通信技术、智能家居系统设计方案安全防范技术、自动控制技术、音视频技术将与家居生活有关的设施集成，构建高效的住宅设施与家庭日程事务的管理系统，提升家居安全性、便利性、舒适性、艺术性，并实现环保节能的居住环境。

智能家居又称智能住宅，在国外常用 Smart Home 表示。与智能家居含义近似的有家庭自动化(Home Automation)、电子家庭(Electronic Home、E-home)、数字家园(Digital Family)、家庭网络(Home Net/Networks for Home)、网络家居(Network Home)、智能家庭/建筑(Intelligent Home/Building)，在我国香港和台湾等地区，还有数码家庭、数码家居等。

智能家居系统让您轻松享受生活。出门在外，您可以通过电话、电脑来远程遥控您的家居各智能系统。例如，在回家的路上提前打开家中的空调和热水器；到家开门时，借助门磁或红外传感器，系统会自动打开过道灯，同时打开电子门锁，安防撤防，开启家中的照明灯具和窗帘迎接您的归来；回到家里，使用遥控器可以方便地控制房间内各种电器设备，可以通过智能化照明系统选择预设的灯光场景，读书时营造书房舒适的安静；卧室里营造浪漫的灯光氛围……主人都可以安坐在沙发上从容操作，一个控制器就可以遥控家里的一切，例如，拉窗帘，给浴池放水并自动加热调节水温，调整窗帘、灯光、音响的状态；厨房配有可视电话，您可以一边做饭，一边接打电话或查看门口的来访者；在公司上班时，家里的情况还可以显示在办公室的电脑或手机上，随时查看；门口机具有拍照留影功能，家中无人时如果有来访者，系统会拍下照片供您回来查询。

如图 6-1 所示为智能家居使用的一个基本场景。

图6-1　智能家居使用场景

2. 智能家居的特性

1）随意照明

控制随意照明系统，按几下按钮就能调节所有房间的照明，各种梦幻灯光，可以随心创造。智能照明系统具有软启功能，能使灯光渐亮渐暗；灯光调光可实现调亮调暗功能，让你和家人分享温馨与浪漫，同时具有节能和环保的效果；全开全关功能可轻松实现灯和电器的一键全关和一键全开功能，并具有亮度记忆功能。

2）简单安装

智能家居系统可以实现简单地安装，而不必破坏隔墙，不必购买新的电气设备，系统完全可与家中现有的电气设备(如灯具、电话和家电等)进行连接。各种电器及其他智能子系统既可在家操控，也能完全满足远程控制。

3）可扩展性

智能家居系统是可以扩展的系统，最初，智能家居系统可以只与照明设备或常用的电器设备连接，将来也可以与其他设备连接，以适应新的智能生活需要。

即便家居已装修也可轻松升级为智能家居。无线控制的智能家居系统可以不破坏原有装修，只要在一些插座等处安装相应的模块即可实现智能控制，更不会对原来房屋墙面造成破坏。

3. 智能家居的设计原则

智能家居是融合了自动化控制系统、计算机网络系统和网络通信技术于一体的网络化、智能化的家居控制系统。衡量一个住宅智能化系统的成功与否，并非仅仅取决于智能化系统的多少、系统的先进性或集成度，而是取决于系统的设计和配置是否经济合理以及系统能否成功运行，系统的使用、管理和维护是否方便，系统或产品的技术是否成熟适用。换句话说，就是如何以最少的投入以及最简便的实现途径来换取最大的功效，实现便捷高质量的生活。图6-2所示为智能家居设计使用实例。

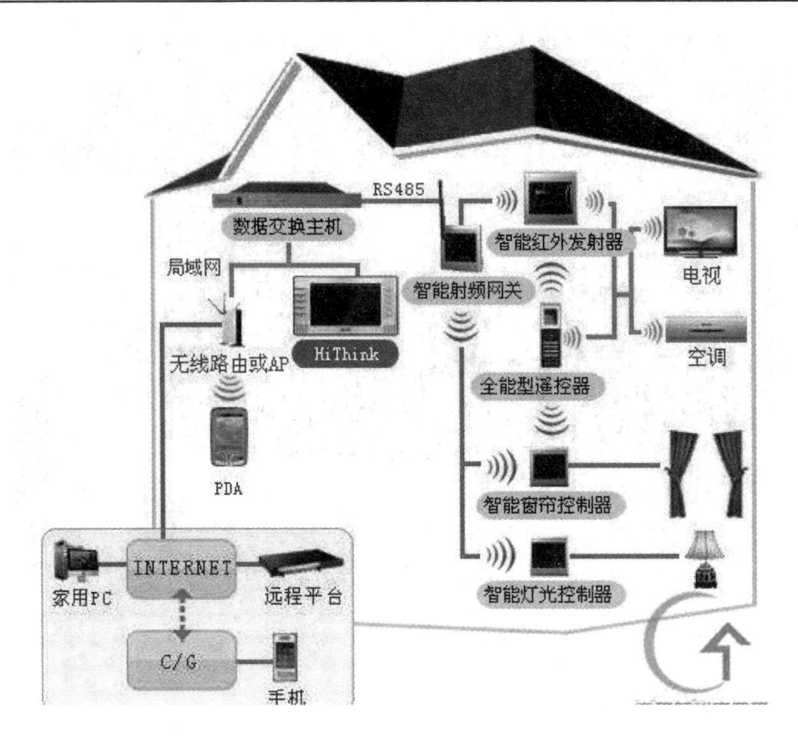

图 6-2　智能家居设计使用实例

为了实现上述目标，智能家居系统设计时要遵循以下原则：

1）实用性

智能家居最基本的目标是为人们提供一个舒适、安全、方便和高效的生活环境。对智能家居产品来说，最重要的是以实用为核心，摒弃掉那些华而不实，只能充作摆设的功能，产品以实用性、易用性和人性化为主。

在设计智能家居系统时，应根据用户对智能家居功能的需求，整合以下最实用最基本的家居控制功能：智能家电控制、智能灯光控制、电动窗帘控制、防盗报警、门禁对讲、煤气泄漏等，同时还可以拓展诸如三表抄送、视频点播等服务增值功能。

2）便利性

对个性化智能家居的控制方式很多，比如：本地控制、遥控控制、集中控制、手机远程控制、感应控制、网络控制、定时控制等，其本意是让人们摆脱烦琐的事务，提高效率。如果操作过程和程序设置过于烦琐，容易让用户产生排斥心理。所以在对设计智能家居时一定要充分考虑到用户体验，注重操作的便利性和直观性，最好能采用图形图像化的控制界面，让操作所见即所得。

3）可靠性

整个建筑的各个智能化子系统应能 24 小时运转，系统的安全性、可靠性和容错能力必须予以高度重视。对各个子系统，在电源、系统备份等方面采取相应的容错措施，保证系统正常安全使用、质量性能良好，具备应付各种复杂环境变化的能力。

4）标准性

智能家居系统方案的设计应依照国家和地区的有关标准进行，确保系统的扩充性和扩展性。在系统传输上采用标准的 TCP/IP 协议网络技术，保证不同厂商之间系统可以兼容与互联。系统的前端设备是多功能的、开放的、可扩展的设备。例如，系统主机、终端与模块采用标准化接口设计，为家居智能系统外部厂商提供集成的平台，而且其功能可以扩展，当需要增加功能时，不必再开挖管网，简单可靠、方便节约。设计选用的系统和产品应能够使本系统与未来不断发展的第三方受控设备进行互通互连。

5）方便性

布线安装是否简单直接关系到成本、可扩展性、可维护性的问题，一定要选择布线简单的系统。施工时可与小区宽带一起布线，这样简单、容易；设备方面以容易学习掌握、操作和维护简便为选取原则。

系统在工程安装调试中的方便设计也非常重要。家庭智能化有一个显著的特点，就是安装、调试与维护的工作量非常大，需要大量的人力物力投入，成为制约行业发展的瓶颈。针对这个问题，系统在设计时，应考虑安装与维护的方便性，比如系统可以通过 Internet 远程调试与维护。通过网络，不仅使住户能够实现家庭智能化系统的控制，还允许工程人员在远程检查系统的工作状况，对系统出现的故障进行诊断。这样，系统设置与版本更新可以在异地进行，从而大大方便了系统的应用与维护，提高响应速度，降低维护成本。

6）数据安全性

在智能家居的逐步扩展中，会有越来越多的设备连入系统，不可避免地会产生更多的运行数据，如空调的温度和时钟数据、室内窗户的开关状态数据、煤气电表数据等。这些数据与个人家庭的隐私形成前所未有的关联程度，如果导致数据保护不慎，不但会导致个人习惯等极其隐私的数据泄漏，在关系家庭安全的数据，如窗户状态等数据泄漏会直接危害家庭安全。同时，智能家居系统并不是孤立于世界的，还要对进入系统的数据进行审查，防止恶意破坏家庭系统，甚至破坏联网的家电和设备。尤其在当今大数据时代，一定要提高家庭大数据的安全性。

4. 智能家居的功能

1）智能家居的主要子系统

智能家居系统包含的主要子系统有：智能家居（中央）控制管理系统、家居照明控制系统、家庭安防系统、家居布线系统、家庭网络系统、背景音乐系统、家庭影院与多媒体系统、家庭环境控制系统等八大系统，如图 6-3 所示。

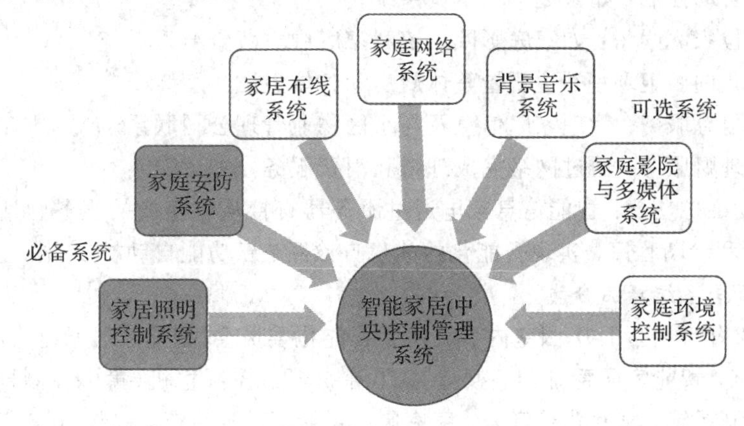

图 6-3 智能家居的主要子系统

其中，智能家居（中央）控制管理系统（包括数据安全管理系统）、家居照明控制系统、家庭安防系统是必备系统；家居布线系统、家庭网络系统、背景音乐系统、家庭影院与多媒体系统、家庭环境控制系统为可选系统。

在智能家居环境的认定上，只有完整地安装了所有的必备系统，并且至少选装了一种可选系统的智能家居才能称为智能家居。图 6-4 所示为某智能家居设计基本结构图。

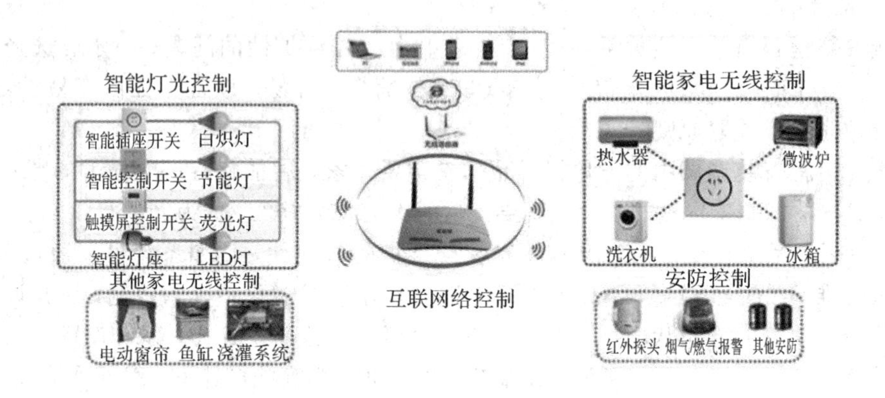

图 6-4　某智能家居设计基本结构图

2) 智能家居实现的功能

智能家居物联网能实现的功能和提供的服务如下：

(1) 在线的网络服务：与互联网随时相连，为在家办公提供方便。

(2) 安全防范：智能安防可以实时监控非法闯入、火灾、煤气泄漏、紧急呼救的发生。一旦出现警情，系统会自动向中心发出报警信息，同时启动相关电器进入应急联动状态，从而实现主动防范。

(3) 智能控制和远程控制：如对灯光照明进行场景设置和远程控制、电器的自动控制和远程控制等。

(4) 交互式智能控制：通过语音识别技术实现智能家电的声控功能；通过各种主动式传感器(如温度、声音、动作等)实现智能家居的动作响应。

(5) 环境自动控制：如家庭中央空调系统。

(6) 全方位家庭娱乐：如家庭影院系统和家庭中央背景音乐系统。

(7) 现代化的厨卫环境：主要指整体厨房和整体卫浴。

(8) 家庭信息服务：管理家庭信息及与小区物业管理公司联系。

(9) 家庭理财服务：通过网络完成理财和消费服务。

(10) 自动维护功能：智能信息家电通过服务器直接从制造商的服务网站上自动下载、更新驱动程序和诊断程序，实现智能化的故障自诊断、新功能自动扩展。

3) 智能家居系统产品分类

根据 2012 年 4 月 5 日中国室内装饰协会智能化委员会《智能家居系统产品分类指导手册》的分类依据，智能家居系统产品共分为 20 个分类：控制主机(集中控制器)、智能照明系统、电器控制系统、家庭背景音乐、家庭影院系统、对讲系统、视频监控、防盗报警、电锁门禁、智能遮阳(电动窗帘)、暖通空调系统、太阳能与节能设备、自动抄表、智能家居软件、家居布线系统、家庭网络、厨卫电视系统、运动与健康监测、花草自动浇灌、宠物照看与动物管制。

5. 智能家居布线方式

智能家居技术主要指的是通信或控制协议，主要涉及硬件接口和软件协议两部分，市场上主要分为无线与有线技术。

1) 有线方式

(1) RS485(智能仪表)。

(2) IEEE 802.3(Ethernet)。

(3) EIB/KNX。

(4) LonWorks(现场总线)。

(5) X-10(电力线载波技术)。

(6) PLC-BUS。

(7) CresNet 总线、AXLink 总线等 Net 或 Link。

除了 X-10、PLC-BUS 外，几乎没有专门针对智能家居行业制定的通信技术；而有趣的是 X-10 电力线载波技术，早在 20 世纪 70 年代就研制成功开始应用于家居自动化领域了，在 2000 年左右就被引入国内并开始推广，但是市场局面一直难以打开。难以广泛推广的主要原因除了设备成本与人们需求不匹配之外，还在于技术本身的种种问题。

为什么电力线载波技术曾经被很多人寄予厚望？原因是该技术让我们在部署智能家居系统时可以免于另外布线。单独布线实施复杂、维护困难、成本只升不降，如果有个完美的技术方案可以将家里的电力线都能省去的话，将会被广泛采用。另外，还有电力线载波技术本身的问题，最主要出现在稳定性上，因为电力网络环境实在太糟糕，尤其是国内的电网，如果要实现足够稳定地在电力线上通信，需要花费的代价太大，尽管后来 PLC-BUS 提高了一定的稳定性，但是仍旧难以达到稳定持续的通信质量，况且电网环境变化多端，后期维护有点捉襟见肘。除此之外，电力线通信还涉及对公共电网的二次污染以及信息安全性的问题等。

所以虽然电力线载波技术产生得非常早，但是人们还是不停地从其他领域寻找合适的有线技术开发智能家居产品，甚至自创私有技术协议进行产品开发。

2) 无线方式

(1) 射频(RF)技术。

(2) 蓝牙(Bluetooth)。

(3) Wi-Fi。

(4) Zigbee。

(5) Z-Wave。

(6) Enocean。

无线技术的出现满足了人们对自由的向往，但是无线技术与有线技术的较量一直在进行着，除了电力线载波之外，所有的有线技术都在强调它们基于专用通信线缆的系统的稳定。但人们从最普遍的 RF433/315MHz 等点对点技术开始，就在寻找一个稳定且廉价的无线智能家居技术方案，原本智能家居系统最为重视的是稳定性、灵活性与安全性，看起来 Zigbee 是应运而生的，蓝牙(Bluetooth)也在融入智能家居行业；Wi-Fi 作为低成本、最易与互联网连接的智能家居技术解决方案也广受欢迎。

6. 智能家居应用中的主流技术

智能家居领域由于其多样性和个性化的特点，也导致了技术路线和标准众多，没有统一通行技术标准体系的现状，从技术应用角度来看主要有三类主流技术。

1) 总线技术类

总线技术的主要特点是所有设备通信与控制都集中在一条总线上，是一种全分布式智能控制网络技术，其产品模块具有双向通信能力，以及互操作性和互换性，其控制部件都可以编程。典型的总线技术采用双绞线总线结构，各网络节点可以从总线上获得供电，亦通过同一总线实现节点间无极性、无拓扑逻辑限制的互连和通信。

总线技术类产品比较适合于楼宇智能化以及小区智能化等大区域范围的控制，但一般设置安装比较复杂，造价较高，工期较长，只适用新装修用户。

2) 无线通信技术类

无线通信技术众多，已经成功应用在智能家居领域的无线通信技术方案主要包括：射频(RF)技术、VESP协议、IrDA红外线技术、HomeRF协议、Zigbee标准、Z-Wave标准、Z-world标准、X2D技术等。

无线技术方案的主要优势在于无需重新布线，安装方便灵活，而且根据需求可以随时扩展或改装，可以适用于新装修用户和已装用户。

3) 电力线载波通信技术

电力线载波通信技术充分利用现有的电网，两端加以调制解调器，直接以50 Hz交流电为载波，再以数百千赫兹的脉冲为调制信号，进行信号的传输与控制。

6.1.2 智能家居系统应用案例

如果说建筑是凝固的音乐，那么完美的家庭智能化自动控制系统则是这首乐曲上绝妙的音符。下面以某私家别墅为例，介绍智能家居的应用方案。

1. 功能需求分析

在科技发达的今天，物联网智能家居不单纯是实现室内基本安防、照明、采暖的工具，而且是建筑装饰的一种实用艺术品，是自动化技术与建筑艺术的统一体。完善的自控系统集装饰、照明、安防及节能于一身，充分利用科学与艺术的搭配、光与影的组合以及安防与空调的自动控制来创造各种舒适、优雅的环境，以加强室内空间效果的气氛。

在选择一个系统时，要主要考虑系统的稳定性、系统的安全性、功能的实用性、后期的维护和扩展、外观的高度艺术和操作的人性化。本设计本着以上原则，同时紧密结合了本案经典、高档、高诉求的定位要求，选用某公司的智能家居系统。

1) 智能系统设计范围

本设计包含的系统为：智能门锁、安防、可视对讲、厨房对讲电视、灯光、空调、电动窗帘(百叶窗、气窗)、背景音乐、环境监测(亮度、温湿度、CO_2浓度)、视频监视、集中控制和远程Web控制等，并且这些系统都不是独立的，是与其他系统相互联系，融合为一个统一的整体，并相互响应，做到真正意义上的智能。

2) 智能系统设计的原则

用户需要操作方便、功能实用、外观美观大方的智能家居系统。系统要有吸引来宾的外观和功能，能体现用户的生活品位，同时要化繁为简、高度人性、注重健康、娱乐生活、保护私密。

2. 设计方案

以下我们以一个典型的房型，说明本智能家居系统的功能。包含下面区域：

(1) 主楼一层：大门、玄关、客厅、餐厅、视听室、洗手间、楼梯。

(2) 主楼二层：会谈室(一)、会谈室(二)、多功能厅/台球室、洗手间/淋浴、阳台、楼梯。

(3) 主楼三层：主卧、主卧浴室、次卧、次卧洗手间、保姆房、储藏室、楼梯。

(4) 副楼一层：车库、厨房、洗手间、楼梯。

(5) 副楼二层：红酒室、雪茄室、楼梯。

(6) 庭院。

系统功能描述如下。

1) 主楼一层

(1) 大门。

设备设置：指纹门锁、门口设置可视对讲门口机、夜视防水摄像机。

功能描述：

① 指纹门锁登记并辨识主人的指纹。

② 可视对讲门口机实现访客和主人的对讲，并有留言和保存图像功能。

③ 大门处另外设置具有夜视功能的彩色摄像机，以方便主人可以通过电视、触摸屏、Internet 随时观察大门处的影像，并保存记录 20 天。

(2) 玄关。

设备设置：吸顶式无线亮度感应器、吸顶式红外感应器、可视对讲室内机、布/撤防键盘、在家/离家触控面板。

功能描述：

① 主人在大门口，按下智能门锁的指纹辨识器，大门打开；在玄关灯照度不够亮时，通过联动把玄关处的灯光打开；经过玄关后，灯光自动熄灭。

② 出门经过玄观，如果光线不够亮，玄关处的灯光自动打开；经过玄关后，灯光自动熄灭。

③ 进门后进行安防系统撤防；出门时安防系统布防。

④ 安防系统报警，布防 LCD 屏幕上显示报警区域。

⑤ 触控面板“在家模式”，灯光受控制；“离家模式”，关闭所有的灯光，各房间的空调自动设定到节能模式或关闭。

⑥ 可视对讲室内机，完成与访客对讲，开门功能。

⑦ 智能门锁和客厅的背景音乐联动，经过指纹辨识开门后，主人预先设定好的音乐轻轻奏起，考虑到客厅可能有人使用，不做灯光的场景的联动。

(3) 客厅/餐厅。

设备设置：场景面板、背景音乐面板、无线彩色触摸屏、RF 无线遥控器、CO_2 传感器、吸顶式无线温湿度感应器、紧急按钮。

功能描述：

① 用两只触控开关取代普通的多个开关，客厅设计场景有：会客、弹琴、休闲、电影、

明亮、全关等；餐厅设置场景有：备餐、用餐、酒会、生日、烛光、全关等。不同场合，弹指之间，灯光瞬息变换，细微处彰显气派和尊贵。

② 通过 LCD 背景音乐面板，随时选定不同的音乐，并可调节音量的大小。

③ 通过无线彩色触摸屏，以平面图方式，浏览别墅中的各个系统；控制各个区域的灯光；查看视频监控；调节各个房间的空调温度；设定背景音乐。

④ CO_2 传感器、吸顶式无线温湿度感应器协同工作，联动空调系统，自动调节客厅/餐厅的空气环境。

⑤ 灯光和窗帘同样可以通过 RF 遥控器轻松操作。

⑥ 如果发生危险，可以触动紧急按钮报警。报警时，触摸屏显示报警区域，拨打指定的电话，并发送报警信息到指定的 E-mail，输入密码，可以消除报警。

⑦ 电动百叶窗的角度可以通过遥控器、触摸屏控制，也可以定时控制：如每到晚上就自动关上，天亮时自动打开。在冬天，可以根据本地经纬度，判断日出日落的时间，让百叶的角度随着阳光而转动。

(4) 视听室。

设备设置：场景面板、背景音乐面板、大屏幕彩电、RF 无线遥控器。

功能描述：

① 用 1 只触控开关和 RF 遥控器取代普通的多个开关，客厅设计灯光场景有：准备、放映、听歌、暗淡、明亮、全关。

② 通过 LCD 背景音乐面板，随时选定不同的音乐，并可调节音量的大小。

③ 大屏幕彩电不但可以欣赏有线电视、卫星频道，也可以随时切换到视频监控画面，看看大门和庭院的动静，连接上电脑鼠标，通过大屏幕彩电，也可以控制别墅的灯光和空调。

(5) 洗手间。

设备设置：双联大翘板复位式开关、吸顶式红外感应器。

功能描述：

① 进入洗手间，灯光自动缓缓亮起，这样即便在黑暗时，客人也不需要寻找开关。使用时，也可以通过普通的双联大翘板面板开灯关灯。

② 打开洗手间灯光后，红外感应器开始工作。如果无人活动，一段时间后，系统自动把灯光关掉，以防止忘记关灯。

(6) 楼梯。

设备设置：壁挂式红外感应器、亮度感应器。

功能描述：红外感应器、亮度感应器协同工作，有人经过楼梯时，如果环境亮度不够，楼梯处的灯光自动缓缓亮起，人经过后自动熄灭。

2) 主楼二层

(1) 会谈室(一)/(二)。

设备设置：场景面板、背景音乐面板。

功能描述：

① 用 1 只触控开关取代普通的多个开关，会谈室设计出如下场景：会客、喝茶、看书、明亮、全关。

② 通过 LCD 背景音乐面板，随时选定不同的音乐，并可调节音量的大小。

(2) 多功能厅/台球室。

设备设置：多联大翘板复位式开关、背景音乐面板。

功能描述：

① 此区域的灯光使用情况因为比较单一，不再做场景控制，使用一般的多联大翘板复位式开关控制灯光。

② 通过 LCD 背景音乐面板，随时选定不同的音乐，并可调节音量的大小。

(3) 洗手间/淋浴。

设备设置：双联大翘板复位式开关、吸顶式红外感应器。

功能描述：

① 进入洗手间，灯光自动缓缓亮起，这样即便在黑暗时，客人也不需要寻找开关了。使用时，也可以通过普通的双联大翘板面板开灯关灯。

② 打开洗手间灯光后，红外感应器开始工作。如果无人活动，一段时间后，系统自动把灯光关掉，以防止忘记关灯。

(4) 阳台。

设备设置：双联大翘板复位式开关。

功能描述：阳台的灯光比较简单，通过普通的双联大翘板复位式开关，控制阳台的两路灯光。同时，开关连接到灯光控制系统中，可以通过灯光系统进行控制。

(5) 楼梯。

设备设置：壁挂式红外感应器、亮度感应器。

功能描述：红外感应器、亮度感应器协同工作，有人经过楼梯时，如果环境亮度不够，楼梯处的灯光自动缓缓亮起，人经过后自动熄灭。

3) 主楼三层

(1) 主卧。

设备设置：场景面板、背景音乐面板、单联大翘板复位式开关、液晶电视、紧急按钮。

功能描述：

① 在卧室内侧门口设置 1 只单联复位开关，按下此开关，卧室灯光达到基本亮度。再次按下，关闭卧室灯光。

② 床头设置场景开关，设计场景有：休闲、温馨、看书、休息、起夜、全关。按下“起夜”模式，卧室的小夜灯缓缓点亮，而不会打扰伴侣休息，同时通向卫生间的走廊灯光已经亮起。在主人经过后，灯光自动熄灭。

③ 床头设置背景音乐面板，随时选定不同的音乐，并可调节音量的大小。定时功能，一段轻音乐，让主人在早上按时起来。

④ 空调可通过触摸屏集中控制，设定启停、温度、风速、模式。

⑤ 液晶电视不但可以欣赏有线电视、卫星频道，也可以随时切换到视频监控画面，查看大门和庭院的动静，连接上电脑鼠标，通过大屏幕彩电，也可以控制别墅的灯光和空调。

⑥ 如果发生危险的事情，可以触动紧急按钮报警。

(2) 主卧洗手间/浴室。

设备设置：多联大翘板复位式开关、吸顶式红外感应器。

功能描述：

① 进入洗手间，灯光自动缓缓亮起，这样即便在黑暗时，也不需要寻找开关。使用时，也可以通过普通的双联大翘板面板开灯关灯。

② 打开洗手间灯光后，红外感应器开始工作。如果无人活动，一段时间后系统自动把灯光关掉，以防止忘记关灯。

③ 通过卧室的背景音乐面板，选定洗澡时要听的音乐，主人边沐浴边欣赏音乐。

④ 通过客厅的触摸屏或 Internet 都可以控制浴缸自动放水。

(3) 次卧。

设备设置：场景面板、背景音乐面板、单联大翘板复位式开关。

功能描述：

① 在卧室内侧门口设置 1 只单联复位开关，按下此开关，卧室灯光达到基本亮度。再次按下，关闭卧室灯光。

② 床头设置场景开关，设计如下场景：休闲、温馨、看书、休息、起夜、全关。按下“起夜”模式，卧室的小夜灯缓缓点亮，而不会打扰伴侣休息，同时通向卫生间的走廊灯光也已经亮起。在主人经过后，灯光自动熄灭。

③ 床头设置背景音乐面板，随时选定不同的音乐，并可调节音量的大小。定时功能，一段轻音乐，让主人在早上按时起来。

④ 空调可通过触摸屏集中控制，设定启停、温度、风速、模式。

(4) 次卧洗手间。

设备设置：多联大翘板复位式开关、吸顶式红外感应器。

功能描述：

① 进入洗手间，灯光自动缓缓亮起，这样，即便在黑暗时，也不需要寻找开关。使用时，也可以通过普通的双联大翘板面板开灯关灯。

② 打开洗手间灯光后，红外感应器开始工作。如果无人活动，一段时间后系统自动把灯光关掉，以防止忘记关灯。

(5) 保姆房。

设备设置：多联大翘板复位式开关。

功能描述：保姆房的灯光比较简单，通过普通的双联大翘板复位式开关，控制保姆房的两路灯光。同时，开关连接到灯光控制系统中，可以通过灯光系统进行控制。

(6) 储藏室。

设备设置：双联大翘板复位式开关、吸顶式红外感应器。

功能描述：储藏间的灯光比较简单，通过普通的单联大翘板复位式开关，控制储藏间的两路灯光。同时，开关连接到灯光控制系统中，可以通过灯光系统进行控制。

(7) 楼梯。

设备设置：壁挂式红外感应器、亮度感应器。

功能描述：红外感应器、亮度感应器协同工作，有人经过楼梯时，如果环境亮度不够，楼梯处的灯光自动缓缓亮起，人经过后自动熄灭。

4) 副楼一层

(1) 车库。

设备设置：双联大翘板复位式开关、网络摄像机、吸顶式红外感应器。

功能描述：

① 车库的灯光比较简单，通过普通的双联大翘板复位式开关，控制车库的两路灯光。同时，开关连接到灯光控制系统中，可以通过灯光系统进行控制。

② 通过触摸屏的视频可以监视车库的情况。

③ 红外感应有人，自动打开车库的灯光。

(2) 厨房。

设备设置：多联大翘板复位式开关、厨房可视对讲子机/厨房电视、CO 传感器、烟感。

功能描述：

① 厨房的灯光比较简单，通过普通的 3 联大翘板复位式开关，控制厨房的灯光。同时，开关连接到灯光控制系统中，可以通过灯光系统进行控制。

② 厨房电视，主人做饭时也可以看电视；客人来了，厨房电视可以做可视对讲。

③ 厨房的空调可通过触摸屏集中控制，设定启停、温度、风速、模式。如在不用厨房时，查看厨房的空调是不是忘了关了。睡觉前，在触摸屏上按下“深夜模式”，自动关闭厨房的空调。

④ 在 CO 浓度超标时，自动切断煤气阀，发出报警。

⑤ 在烟雾浓度超标时，发出报警。

⑥ 所有报警和灯光系统联动，报警发生时，整个别墅灯光通明，提醒主人。

(3) 洗手间。

设备设置：多联大翘板复位式开关、吸顶式红外感应器。

功能描述：

① 进入洗手间，灯光自动缓缓亮起，这样，即便在黑暗时，客人也不需要寻找开关了。使用时，也可以通过普通的双联大翘板面板开灯关灯。

② 打开洗手间灯光后，红外感应器开始工作。如果无人活动，一段时间后，系统自动把灯光关掉，以防止忘记关灯。

5) 副楼二层

(1) 红酒室/雪茄室。

设备设置：场景面板、背景音乐面板。

功能描述：

① 用 1 只触控开关取代普通的多个开关，红酒室设计场景：平时、品酒、全关；雪茄室设计场景：平时、品烟、全关。

② 通过 LCD 背景音乐面板，随时选定不同的音乐，并可调节音量的大小。

(2) 楼梯。

设备设置：壁挂式红外感应器、亮度感应器。

功能描述：红外感应器、亮度感应器协同工作，有人经过楼梯时，如果环境亮度不够，楼梯处的灯光自动缓缓亮起，人经过后自动熄灭。

6) 庭院

设备设置：夜视防水摄像机、无线亮度感应器、背景音乐立体声音柱、围墙安防。

功能描述:

① 亮度感应器感应庭院自然光，并根据时间，每天18点以后自动开启庭院照明。

② 夜视防水摄像机把庭院的视像传送到网络服务器，以方便主人可以通过电视、触摸屏、Internet随时观察庭院的影像，并保存记录20天。

③ 围墙四周安装安防系统，在有人翻墙时报警。

④ 在花园内活动时，如举行露天Party，观花赏月，可以播放背景音乐。

7) 远程控制

设备设置：智能系统服务器。

功能描述：通过Internet，主人在办公室或旅游地，可以随时看到别墅内的各种活动，甚至可以打开灯光、空调、音乐。

3. 使用效果

1) 智能灯光控制

实现对全宅灯光的智能管理，可以用遥控等多种智能控制方式实现对全宅灯光的遥控开关、调光、全开全关及会客、影院等多种一键式灯光场景效果的实现；并可用定时控制、电话远程控制、电脑本地及互联网远程控制等多种控制方式实现功能，从而实现智能照明的节能、环保、舒适、方便的功能。

优点:

(1) 控制：就地控制、多点控制、遥控控制、区域控制等。

(2) 安全：通过弱电控制强电方式，控制回路与负载回路分离。

(3) 简单：智能灯光控制系统采用模块化结构设计，简单灵活、安装方便。

(4) 灵活：根据环境及用户需求的变化，只需做软件修改设置就可以实现灯光布局的改变和功能扩充。

2) 智能电器控制

电器控制采用弱电控制强电方式，既安全又节能，可以用遥控、定时等多种智能控制方式实现对家里插座、空调、地暖、投影机等进行智能控制，在外出时断开插排通电，避免电器发热引发安全隐患；对空调地暖进行定时或者远程控制，让用户到家后马上享受舒适的温度和新鲜的空气。

优点:

(1) 方便：就地控制、场景控制、遥控控制、电脑远程控制、手机控制等。

(2) 控制：通过红外或者协议信号控制方式，安全方便不干扰。

(3) 健康：通过智能检测器，可以对家里的温度、湿度、亮度进行检测，并驱动电器设备自动工作。

(4) 安全：系统可以根据生活节奏自动开启或关闭电路，避免浪费和电器老化引起的火灾。

3) 安防监控系统

安防系统采用监控录像和防闯入报警两种模式，可以实时监控非法闯入、火灾、煤气泄漏、紧急呼救的发生。一旦出现警情，系统会自动向中心发出报警信息，同时启动相关电器进入应急联动状态，从而实现主动防范。

优点：

(1) 安全：可以对陌生人入侵、煤气泄漏、火灾等情况及时发现并通知主人。

(2) 简单：操作简单，可以通过遥控器或者门口控制器进行布防或者撤防。

(3) 实用：可以依靠安装在室外的摄像机有效地阻止小偷进一步行动，也可以在事后取证给警方提供有利证据。

4) 智能背景音乐

可以在家庭任何一个空间里，比如花园、客厅、卧室、酒吧、厨房或卫生间，将 MP4、FM、电脑等多种音源进行系统组合，让每个房间都能听到美妙的背景音乐，音乐系统既可以美化空间，又起到很好的装饰作用。

优点：

(1) 独特：与传统音乐不同，专业针对家庭进行设计。

(2) 效果：采用高保真双声道立体声喇叭，音质效果非常好。

(3) 简单：控制器人性化设计，操作简单，无论老人小孩都会操作。

(4) 方便：人性化、主机隐蔽安装，只需通过每个房间的控制器或者遥控器就可以控制。

5) 智能视频共享

视频共享系统将数字电视机顶盒、录像机、卫星接收机等视频设备集中安装于隐蔽的地方，可以让客厅、餐厅、卧室等多个房间的电视机共享家庭影音库，并可以通过遥控器选择自己喜欢的视频进行观看，既可以让电视机共享音视频设备，又不需要重复购买设备和布线，既节省了资金又节约了空间。

优点：

(1) 简单：布线简单，一根线可以传输多种视频信号，操作更方便。

(2) 实用：无论主机在哪里，一个遥控器就可以对所有视频主机进行控制。

(3) 安全：采用弱电布线，网线传输信号。

6) 其他功能

(1) 遥控控制。可以使用遥控器来控制家中灯光、热水器、电动窗帘、饮水机、空调等设备的开启和关闭；通过遥控器的显示屏可以查看各房间灯光电器的开启关闭状态；同时还可以控制家中的红外电器(如电视、音响等红外电器设备)。

(2) 定时控制。可以提前设定某些产品的自动开启关闭时间，如：电热水器每天 20：30自动开启加热，23：30 自动断电关闭，保证在享受热水洗浴的同时，也带来省电、舒适和时尚。当然电动窗帘的自动开启关闭时间更不在话下。

(3) 全宅手机控制。全屋的灯光电器都能使用手机对其进行远程的控制。只要手机能够连接网络，就能使用随身的手机通过网络远程控制家里的灯光、电器还有其他的用电设备。

6.2　智慧农业的应用

农业是我国国民经济的命脉。我国经济的迅速发展和人民生活水平的提高，对农业的劳动生产率提出了越来越高的要求。精确地获取农田土壤信息以及它们的地理分布信息，有助于有针对性和精确地投放农业生产资料，提升我国农田管理水平和农业生产效能，促进农业的现代化精准管理、推进耕地资源的合理高效利用。

6.2.1 智慧农业概述

我国是一个农业大国，又是一个自然灾害多发的国家，农作物种植在全国范围内都非常广泛，农作物病虫害防治工作的好坏、及时与否对于农作物的产量、质量影响至关重要。农作物出现病虫害时能够及时诊断对于农业生产具有重要的指导意义，而农业专家又相对匮乏，不能够做到在灾害发生时及时出现在现场，因此农作物无线远程监控产品在农业领域就有了用武之地。

农业信息化、智慧化是国民经济和社会信息化的重要组成部分，是农业发展的必然阶段，是新时期农业和农村发展的一项重要任务，是关乎国民生计的大事。以农业信息化带动农业现代化，对于促进国民经济和社会持续、协调发展具有重大意义。进一步加强农业信息化建设，通过信息技术改造传统农业、装备现代农业，通过信息服务实现小农户生产与大市场的对接，已经成为农业发展的一项重要任务。

1. 智慧农业的概念

智慧农业就是将物联网技术运用到传统农业中去，运用传感器和软件通过移动平台或者电脑平台对农业生产进行控制，使传统农业更具有“智慧”。

智慧农业是农业生产的高级阶段，是集新兴的互联网、移动互联网、云计算和物联网技术为一体，依托部署在农业生产现场的各种传感节点(环境温湿度、土壤水分、二氧化碳、图像等)和无线通信网络实现农业生产环境的智能感知、智能预警、智能决策、智能分析，为农业生产提供精准化种植、可视化管理、智能化决策。其应用场景如图 6-5 所示。

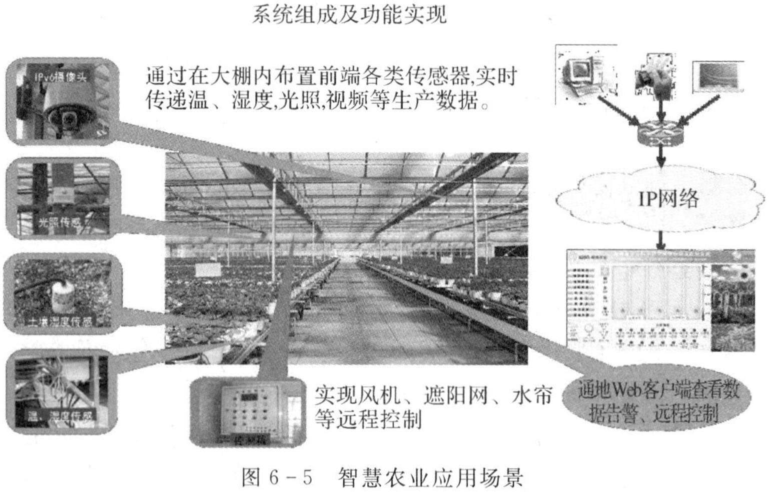

系统组成及功能实现

图 6-5 智慧农业应用场景

智慧农业是云计算、传感网、3S(遥感技术、地理信息系统、全球定位系统)等多种信息技术在农业中综合、全面的应用，最终实现更完备的信息化基础支撑、更透彻的农业信息感知、更集中的数据资源、更广泛的互联互通、更深入的智能控制、更贴心的公众服务。

智慧农业与现代生物技术、种植技术等高新技术融合于一体，对建设世界水平农业具有重要意义。

2. 智慧农业的作用

(1) 智慧农业能够有效改善农业生态环境。将农田、畜牧养殖场、水产养殖基地等生产单位和周边的生态环境视为整体，并通过对其物质交换和能量循环关系进行系统、精密运算，保障农业生产的生态环境在可承受范围内。例如，定量施肥不会造成土壤板结，经处理排放的畜禽粪便不会造成水和大气污染，反而能培肥地力等。

(2) 智慧农业能够显著提高农业生产经营效率。基于精准的农业传感器进行实时监测，利用云计算、数据挖掘等技术进行多层次分析，并将分析指令与各种控制设备进行联动完成农业生产、管理。这种智能机械代替人的农业劳作，不仅解决了农业劳动力日益紧缺的问题，而且实现了农业生产高度规模化、集约化、工厂化，提高了农业生产对自然环境风险的应对能力，使弱势的传统农业成为具有高效率的现代产业。

(3) 智慧农业能够彻底转变农业生产者、消费者观念和组织体系结构。完善的农业科技和电子商务网络服务体系，使农业相关人员足不出户就能够远程学习农业知识，获取各种科技和农产品供求信息；专家系统和信息化终端成为农业生产者的大脑，指导农业生产经营，改变了单纯依靠经验进行农业生产经营的模式，彻底转变了农业生产者和消费者对传统农业落后、科技含量低的观念。另外，智慧农业阶段，农业生产经营规模越来越大，生产效益越来越高，迫使小农生产被市场淘汰，必将催生以大规模农业协会为主体的农业组织体系。

3. 智慧农业的三层架构

1) 感知层

感知层的主要任务是将大范围内的现实世界农业生产等的各种物理量通过各种手段，实时并自动化地转化为虚拟世界可处理的数字化信息或者数据。对各种信息进行标记，并通过传感等手段，将这些标记的信息和现实世界的物理信息进行采集，将其转化为可供处理的数字化信息。

信息采集层涉及的技术有：二维码标签和识读器、RFID 标签和读写器、摄像头、GPS、传感器、终端、传感器网络等。

2) 传输层

传输层的主要任务是将感知层采集到的农业信息，通过各种网络技术进行汇总，将大范围内的农业信息整合到一起，以供处理。传输层是智慧农业云平台的神经中枢和大脑。

传输层包括通信与互联网的融合网络、网络管理中心、信息中心和智能处理中心等。信息汇总涉及的技术有：有线网络，无线网络等。

3) 应用层

应用层的主要任务是将汇总来的信息进行分析和处理，从而对现实世界的实时情况形成数字化的认知。应用层是智慧农业的“社会分工”与农业行业需求结合，实现广泛智能化。

4. 智慧农业常用技术

智慧农业是物联网技术在现代农业领域的应用，按其功能分为：监控功能系统、监测功能系统、实时图像与视频监控系统。

1) 监控功能系统

监控功能系统根据无线网络获取植物生长环境信息，例如，监测土壤水分、土壤温度、空气温度、空气湿度、光照强度、植物养分含量等参数。其他参数也可以选配，如土壤中的pH值、电导率等等。监控功能系统负责接收这些无线传感汇聚节点发来的数据，存储、显示和数据管理，实现所有基地测试点信息的获取、管理、动态显示和分析处理，并以直观的图表和曲线方式显示给用户，并且根据以上各类信息的反馈对农业园区进行自动灌溉、自动降温、自动卷模、自动进行液体肥料施肥、自动喷药等自动控制。如图6-6所示。

图6-6 智慧农业监控功能系统

2）监测功能系统

监测功能系统在农业园区内实现自动信息检测与控制，通过配备无线传感节点、太阳能供电系统、信息采集和信息路由设备来配备无线传感传输系统。每个基点配置无线传感节点，每个无线传感节点可监测土壤水分、土壤温度、空气温度、空气湿度、光照强度、植物养分含量等参数。根据种植作物的需求提供各种声光报警信息和短信报警信息。如图6-7所示。

图6-7 智慧农业监测功能系统

3）实时图像与视频监控系统

农业物联网的基本概念是实现农业上作物与环境、土壤及肥力间的物物相联的关系网络，通过多维信息与多层次处理实现农作物的最佳生长环境调理及施肥管理。但是，作为管理农业生产的人员而言，仅仅数值化的物物相联并不能完全营造作物最佳生长条件。

视频与图像监控为物与物之间的关联提供了更直观的表达方式。比如，哪块地缺水了，在物联网单层数据上看仅仅能看到水分数据偏低。应该灌溉到什么程度也不能死搬硬套地仅仅根据这一个数据来做决策。因为农业生产环境的不均匀性，决定了农业信息获取上的先天性弊端，而很难从单纯的技术手段上进行突破。

视频监控的引用，直观地反映了农作物生产的实时状态，引入视频图像与图像处理，如图6-8所示，既可直观反映一些作物的生长长势，也可以侧面反映出作物生长的整体状态及营养水平，可以从整体上给农户提供更加科学的种植决策理论依据。

图6-8　智慧农业实时图像与视频监控系统

5. 智慧农业常用的传感器

农业生产使用的传感器种类繁多，根据作物的不同，包括空气温度、空气湿度、土壤温度、土壤湿度、土壤pH值、光照(强度、时间)、风力、二氧化碳浓度(也可测其他气体浓度)、溶解氧含量、叶面水分等200多种传感器，其中温度、湿度、光照、二氧化碳浓度是最主要的农业用传感器。

6. 智慧农业的主要组成

智慧农业技术主要包括以下部分：

(1) 环境监测系统：空气、土壤温湿度、光照、CO_2空气传感器。

(2) 通信控制系统：无线网关、中继、路由器。

(3) 设备控制系统：浇灌系统；通风，遮阳；加湿；无线智能插座。

(4) 视频监控：手持终端、进程大屏幕，如智能终端，平板，电脑。

(5) 应用管理平台：智能感知、智能预警、智能决策、智能分析、专家指导。

7. 应用领域

1) 农业生产环境监控

通过布设于农田、温室、园林等目标区域的大量传感节点，实时地收集温度、湿度、光照、气体浓度以及土壤水分、电导率等信息并汇总到中控系统。农业生产人员可通过监测数据对环境进行分析，从而有针对性地投放农业生产资料，并根据需要调动各种执行设备，进行调温、调光、换气等动作，实现对农业生长环境的智能控制。

2）农业生产过程管理

利用物联网信息技术改善生产系统的工作效率、提高投入资源的附加值、减少浪费及资源损耗，从而满足市场需求。同时实施标准化的生产过程与管理，达到提升农业生产竞争力的目标。

3）农产品安全与追溯管理

利用物联网信息技术对农产品安全进行全程监控管理，为企业农产品安全提升到新的高度，从而向消费者提供安全、可靠、高质量的农产品，包括物流运输管理、冷链物流管理、供应链可追溯管理、交易管理、政府监管和统计查询。

建设农产品溯源系统，通过对农产品的高效可靠识别和对生产、加工环境的监测，实现农产品追踪、清查功能，进行有效的全程质量监控，确保农产品安全。

物联网技术贯穿生产、加工、流通、消费各环节，实现全过程严格控制，使用户可以迅速了解食品的生产环境和过程，从而为食品供应链提供完全透明的展现，保证向社会提供优质的放心食品，增强用户对食品安全程度的信心，并且保障合法经营者的利益，提升可溯源农产品的品牌效应。如图 6-9 所示。

图 6-9　食品溯源

4）农业装备与设施管理

基于物联网技术的农业装备与设施管理的目标是利用物联网信息技术应用于农业装备与设施管理，提高投入资源的附加值、减少资源损耗。同时实施标准化农业装备与设施管理达到农业装备与设施管理目标，提升农业生产竞争力。

6.2.2　智慧农业大棚应用案例

1. 智慧农业大棚概述

近年来，温室大棚种植为提高人们的生活水平带来极大的便利，得到了迅速的推广和应用。种植环境中的温度、湿度、光照度、CO_2 浓度等环境因子对作物的生产有很大的影响，传统的人工控制方式难以达到科学合理种植的要求。

1）智能农业大棚的概念

智能农业大棚旨在通过物联网技术实现农业大棚内的环境实时感知、数据自动统计、设备远程控制、设备自动控制、自动报警、视频监控等功能，帮助大棚种植实现数字化和自动化，实现无人值守、高产量和可复制。

通过实时采集农业大棚内空气温度、湿度、光照、土壤温度、土壤水分等环境参数，根据农作物生长需要进行实时智能决策，并自动开启或者关闭指定的环境调节设备。通过该系统的部署实施，可以为农业生态信息自动监测、对设施进行自动控制和智能化管理提供科学依据和有效手段。

大棚监控及智能控制解决方案是通过可在大棚内灵活部署的各类无线传感器和网络传输设备，对农作物温室内的温度，湿度、光照、土壤温度、土壤含水量、CO_2 浓度等与农作物生长密切相关的环境参数进行实时采集，在数据服务器上对实时监测数据进行存储和智能分析与决策，并自动开启或者关闭指定设备(如远程控制浇灌、开关卷帘等)。

智慧农业大棚设备布设如图 6－10 所示。

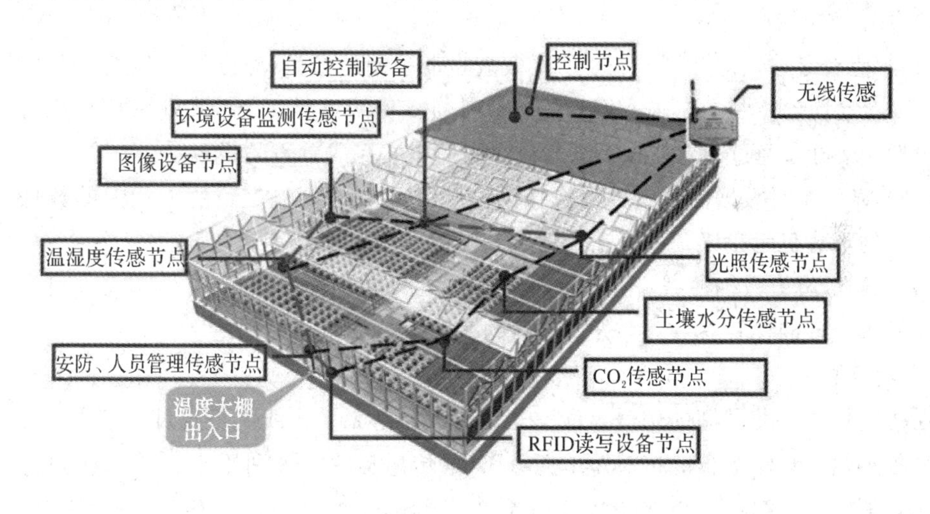

图 6－10　智慧农业大棚设备布设

2）智慧农业大棚的功能

智慧农业大棚应具备以下功能：

(1) 空气温湿度监测功能：系统可根据配置的温湿度无线传感器，实时监测大棚内部空气的温度和湿度。

(2) 土壤湿度监测功能：配有土壤湿度无线传感器，实时监测温室内部土壤的湿度。

(3) 光照度监测功能：采用光敏无线传感器来实现对温室内部光照情况的检测，实时性强。

(4) 安防监测功能：采用无线入侵探测器，启动后当温室里面有人出现时，探测器便向主控中心发送信号，同时启动光报警。

(5) 视频监测功能:通过部署 Wi-Fi 摄像头实时捕获大棚内部的画面,通过光载无线交换机传输给网关处理。用户既可以在控制中心的显示器上看到温室内部的实时画面,又可以通过 PC 机远程访问的方式来观看。

(6) 促进植物光合作用功能:植物光合作用需要光照和二氧化碳。当光照度达到系统设定值时,系统会自动开启风扇加强通风,为植物提供充足的二氧化碳。

(7) 空气加湿功能:如果温室内空气湿度小于设定值,系统会启动加湿器,达到设定值后便停止加湿。

(8) 土壤加湿功能:当土壤湿度低于设定值时,系统便启动喷淋装置来喷水,直到湿度达到设定值为止。

(9) 环境升温功能:当温室内温度低于设定值时,系统便启动加热器来升温,直到温度达到设定值为止。

(10) 局域网远程访问与控制功能:物联网通过网关加入局域网。用户可以使用 PC 机访问物联网数据,通过操作界面远程控制温室内的执行器件,维护系统稳定。

(11) GPRS/4G 网络访问功能:物联网通过无线网关接入 GPRS 或者 4G 网络。用户便可以用手机访问物联网数据,了解大棚内部环境的各项数据指标(温度、湿度、光照度和安防信息)。

(12) 控制参数设定及浏览:对所要实现自动控制的参数(温度、湿度、光照度等)进行设置,以满足自动控制的要求。用户既可以直接操作网关界面上的按钮来完成系统平衡参数的设置,又可以通过 PC 机或手机远程访问的方式完成参数的设置。

(13) 显示实时数据曲线:实时趋势数据曲线可将系统采集到的大棚内的数据以实时变化曲线的形式显示出来,便于观察系统某时间段内整体的检测状况。

(14) 显示历史数据曲线:可显示出大棚内各测量参数的日、月、年参数变化曲线,根据该曲线可合理的设置参数,可分析环境的变化对植物生长的影响。

2. 项目需求

在每个智能农业大棚内部署无线空气温湿度传感器、无线土壤温度传感器、无线土壤含水量传感器、无线光照度传感器、无线 CO_2 传感器等,分别用来监测大棚内空气温湿度、土壤温度、土壤水分、光照度、CO_2 浓度等环境参数。为了方便部署和调整位置,所有传感器均应采用电池供电、无线数据传输。大棚内仅需在少量固定位置提供交流 220 V 电(如:风机、水泵、加热器、电动卷帘)。

每个农业大棚园区部署 1 套采集传输设备(包含路由节点、长距离无线网关节点、Wi-Fi无线网关等),用来覆盖整个园区的所有农业大棚,传输园区内各农业大棚的传感器数据、设备控制指令数据等到 Internet 上与平台服务器交互。

在每个需要智能控制功能的大棚内安装智能控制设备(包含一体化控制器、扩展控制配电箱、电磁阀、电源转换适配设备等),用来接受控制指令、响应控制执行设备。实现对大棚内的电动卷帘、智能喷水、智能通风等行为的实现。

3. 设计方案

如图 6-11 所示为智慧农业大棚设计方案。

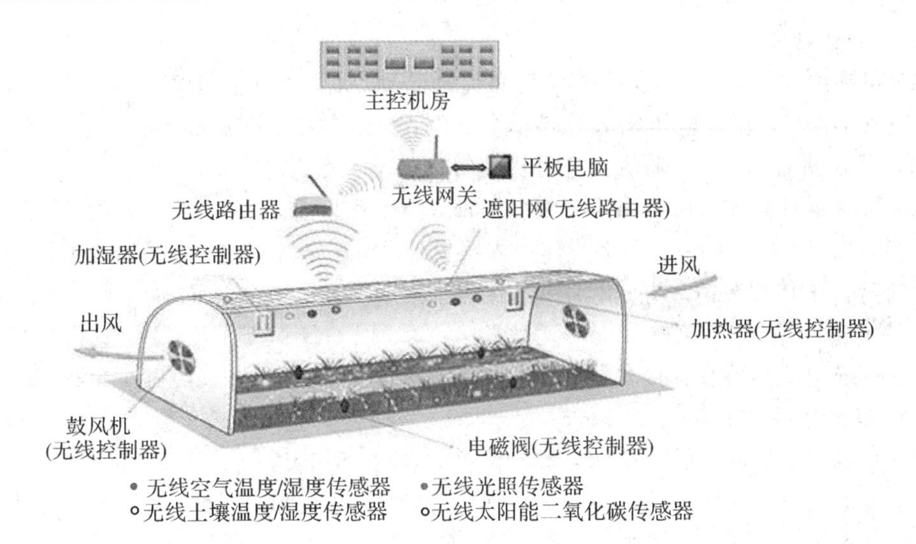

图 6－11　智慧农业大棚设计方案

主要子系统功能如下：

1）智能报警系统

（1）系统可以灵活的设置各个温室不同环境参数的上下阈值。一旦超出阈值，系统可以根据配置，通过手机短信、系统消息等方式提醒相应管理者。

（2）报警提醒内容可根据模板灵活设置，根据不同客户需求可以设置不同的提醒内容，最大限度满足客户个性化需求。

（3）可以根据报警记录查看关联的温室设备，更加及时、快速远程控制温室设备，高效处理温室环境问题。

（4）可及时发现不正常状态设备，通过短信或系统消息及时提醒管理者，保证系统稳定运行。

2）远程自动控制

（1）系统通过先进的远程工业自动化控制技术，让用户足不出户远程控制温室设备。

（2）可以自定义规则，让整个温室设备随环境参数变化自动控制，比如当土壤湿度过低时，温室灌溉系统自动开始浇水。

（3）提供手机客户端，客户可以通过手机在任意地点远程控制温室的所有设备。

3）历史数据分析

（1）系统可以通过不同条件组合查询和对比历史环境数据。

（2）支持列表和图表两种不同方式查看，用户可以更直观看到历史数据曲线。

（3）与农业生产数据建立统一的数据模型，系统通过数据挖掘等技术可以分析更适合农作物生长、最能提高农作物产量的环境参数，辅助决策。

4）手机客户端

（1）用户可以通过温室智能监控系统手机客户端，随时随地查看自己负责温室的环境参数。

（2）可以使用手机端及时接受、查看温室环境报警信息。

（3）通过手机端，用户可以远程控制温室环境设备，如灌溉系统、风机、顶窗等。

4. 系统达到效果

(1) 可在线实时24小时连续的采集和记录监测点位的温度、湿度、风速、二氧化碳、光照、空气洁净度、供电电压电流等各项参数情况，以数字、图形和图像等多种方式实时显示和记录存储监测信息，监测点位可扩充多达上千个点。

(2) 可设定各监控点位的温湿度报警限值，当出现被监控点位数据异常时可自动发出报警信号，报警方式包括：现场多媒体声光报警、网络客户端报警、电话语音报警、手机短信息报警等。上传报警信息并进行本地及远程监测，系统可在不同的时刻通知不同的值班人员。

(3) 系统设计时预留有接口，可随时增减硬软件设备，系统只要做少量的改动即可，可以在很短的时间内完成。

(4) 数据集中器端提供具有信号输出协议的端口，可接通信设备进行无线传输。

(5) 温湿度监控软件采用中文图形界面，实时显示、记录各监测点的温湿度值和曲线变化，统计温湿度数据的历史数据、最大值、最小值及平均值，累积数据，报警画面。

(6) 监控主机端利用监控软件可随时打印每时刻的温湿度数据及运行报告。

(7) 强大的数据处理与通信能力，采用计算机网络通信技术，局域网内的任何一台电脑都可以访问监控电脑，在线查看监控点位的温湿度变化情况，实现远程监测。

(8) 系统可扩充多种记录数据分析处理软件，能进行绘制棒图、饼图，进行曲线拟合等处理，可按Text格式输出，也能进入Excel电子表格等Office软件进行数据处理。

(9) 控制软件的编制采用软件工程管理，开放性与可扩充性极强，由于采用硬件功能软件化的系统设计思想及系统硬件的模块化、通信网络化设计，系统可根据需要升级软件功能与扩展硬件种类。

6.3 智慧环保的应用

目前，环境形势十分严峻，环保部门存在人员缺乏、监管能力不足等问题，利用现代科学技术提高环境监管能力迫在眉睫。随着环境信息化与环境管理业务结合的日益紧密，其应用深度不断增加，应用范围不断扩大，迫切需要综合运用数据挖掘、模型技术、人工智能等先进技术实现智慧环保。

智慧环保是借助物联网技术，把感应器和装备嵌入到各种环境监控对象(物体)中，通过超级计算机和云计算将环保领域物联网整合起来，从而实现信息技术与环境业务的整合，以更加精细和动态的方式实现环境管理和决策的智慧。

6.3.1 智慧环保概述

2009年初，IBM提出了“智慧地球”的概念，美国总统奥巴马将“智慧地球”上升为国家战略。“智慧地球”的核心是以一种更智慧的方法，通过利用新一代信息技术来改变政府、企业和人们相互交互的方式，以便提高交互的明确性、效率、灵活性和响应速度，实现信息基础架构与基础设施的完美结合。

随着“智慧地球”概念的提出，在环保领域中如何充分利用各种信息通信技术，感知、分析、整合各类环保信息，对各种需求做出智能的响应，使决策更加切合环境发展的需要，由此“智慧环保”概念应运而生。

1. 智慧环保的基本概念

智慧环保是借助物联网技术，把感应器和装备嵌入到各种环境监控对象(物体)中，通过超级计算机和云计算将环保领域物联网整合起来，实现人类社会与环境业务系统的整合，以更加精细和动态的方式实现环境管理和决策的“智慧”。

自智慧环保的概念形成以来，多个国家和城市逐步开始推进智慧环保的建设，并取得了一定的成效，其建设内容各具特色。其中典型的智慧环保应用包括哈佛大学的“城市感官(City Sense)”计划、美国密歇根州的“回收奖励(Rewards for Recycling)”项目、美国大鸭岛生态环境监测系统、塞尔维亚河川水质污染管理与预警系统。近年来，国内环保信息化受到政府和环境保护部门的重视，环境保护事业进入新的发展阶段，其中无锡、重庆、广州等城市智慧环保的建设，已经凸显出信息技术在环保领域的重大作用和意义。

2. 智慧环保工作原理

智慧环保平台由数据采集硬件和数据中心软件系统两部分组成。数据采集硬件负责采集现场的各种环境数据并将数据传输到数据中心，数据中心安装智慧环保软件系统，软件系统负责对数据进行存储、分析、汇总、展现和报警。

智慧环保平台可以采集的环境数据包括空气温湿度、土壤温湿度、CO_2 浓度、光照强度、水中温度、水中的氨氮、溶解氧浓度和 pH 值等。

数据传输方式采用无线方式，各个采集器之间以及采集器和路由之间采用无线 ZigBee 技术自由组网，路由和数据中心服务器之间采用 GPRS 或者 4G 通信技术进行通信。当环境数据超出系统设置的阈值时，系统会产生报警，通过声光报警器、手机短信和弹出窗口等形式通知相关人员，同时启动或者关闭相关设备调节现场环境指标。

3. 总体架构

智慧环保总体架构包括感知层、网络层、信息处理层和应用层，如图 6－12 所示。

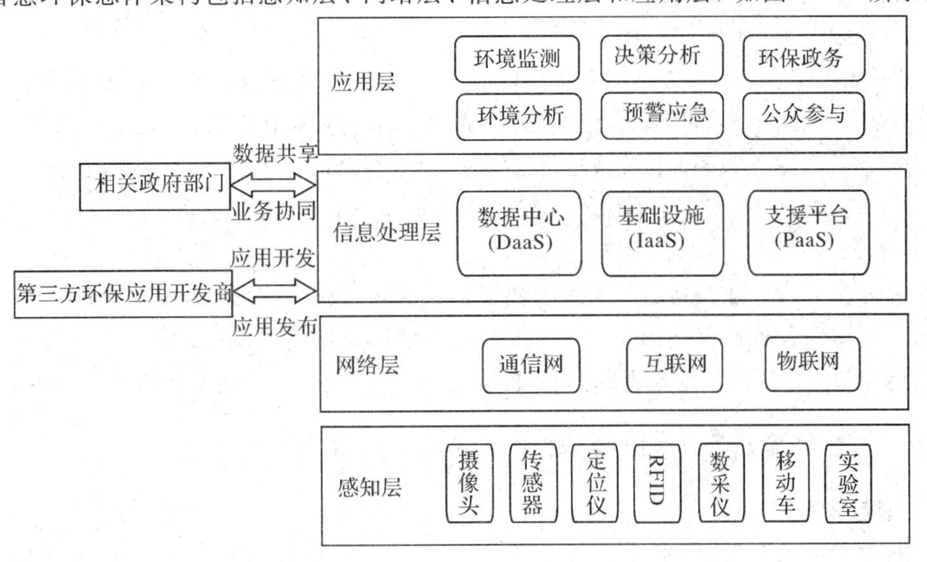

图 6－12　智慧环保总体架构图

1）感知层

感知层利用任何可以随时随地感知、测量、捕获和传递信息的设备、系统或流程，获取各种环保数据(信息)，实现对外部环境因素的“更透彻、更全面的感知”。

2）网络层

网络层利用物联网、通信网、互联网，结合4G、卫星通信等技术，将感知层获取的数据(信息)进行交互和共享，传送到信息处理层进行集中处理，实现“更全面的互联互通”。

3）信息处理层

信息处理层以云计算、虚拟化和高性能计算等技术手段，整合和分析环保及相关行业的不同地域、不同类型用户群的海量数据(信息)，实现海量存储、实时处理、深度挖掘和模型分析，实现“更深入的智能化”。

4）应用层

应用层基于云服务模式，建立面向对象的环保业务应用系统和信息服务门户，为第三方环保应用提供商提供统一的应用展示平台，为公众、企业、政府等受众提供环保信息服务和交互服务，从而实现“更智慧的服务”。

4. 智慧环保的作用

1）对政府

环境保护监测范围包含空气污染、水污染、固废污染、化学品污染、噪声污染、核辐射污染等。

智慧环保在支持环保部门提升业务能力中，可以在环境质量监测、污染源监控、环境应急管理、排污收费管理、污染投诉处理平台、环境信息发布门户网站、核与辐射管理等方面，为环保行政部门提供监管手段，提供第一手数据，提供行政处罚依据，有效提高环保部门的管理效率，提升环境保护效果，解决人员缺乏与监管任务繁重的矛盾，是利用科学技术提高管理水平典型应用，可以实现环保移动办公还可以提供移动执法、移动公文审批、移动查看污染源监控视频等功能。

2）对企业

企业利用物联网技术可以提高企业管理水平，对企业产生的废水、废气、废渣数量可准确掌握。例如，如果生产线各流程产生的三废排量过高，将影响去污设备(净化装置)的处理效果。当三废排量过高，去污设备无法完成净化工作时，企业将停止生产，这样可避免因超标排放或不合格排放所面临的环保部门天价罚单。同时，也承担起企业应有的社会责任。

3）对公众

智慧环保可以很好地满足公众对于环境状况的知情权，公众可通过环境信息门户网站了解当前环境的各种监测指标，公众可以通过环境污染举报与投诉处理平台，向环保部门提出投诉与举报，从而帮助环保部门更加有效地管理违规排污企业，保持环境良好。

6.3.2 智慧环保应用案例——太湖流域水环境监测

1. 项目背景

太湖位于长江三角洲，是中国五大淡水湖之一。“太湖天下秀”，太湖的美一直为人称道。但近年来，太湖蓝藻的治理始终是一件棘手的事情。每年夏季高温之时，太湖便面临着蓝藻暴发的威胁。2007年，太湖蓝藻大规模暴发，出现严重水危机，一时间造成多个城市没水喝。如图6-13所示。

图6-13　太湖蓝藻暴发

为什么会暴发蓝藻？简单地说，就是湖水营养过剩，水里的氮磷浓度超标，蓝藻过量繁殖，如果不抓紧打捞，死去的蓝藻厌氧发酵，就会产生有害物质。太湖周边的无锡、苏州居民们喝的都是太湖水，上千万居民的饮水安全面临威胁。

2010年由无锡市开始组织实施“感知中国”物联网产业应用示范工程——“感知太湖”。该示范项目是一套集防汛决策、水文监测、蓝藻治理、湖泛处置和水资源管理等诸多水利科技于一体的物联网决策指挥管理系统。从2013年投入使用后，针对以水环境为核心的多种环境监测对象，实现了环境监测监控的现代化和智能化、环保物联网技术的标准化和产业化，达到了“测得准、传得快、算得清、管得好”的智慧环保总体目标。

2. 系统架构

本项目的物联网应用采用的系统架构设计，如图6-14所示。该设计是典型的物联网应用系统架构设计，适用于面向水系河流、湿地保护和大气环境等监测。

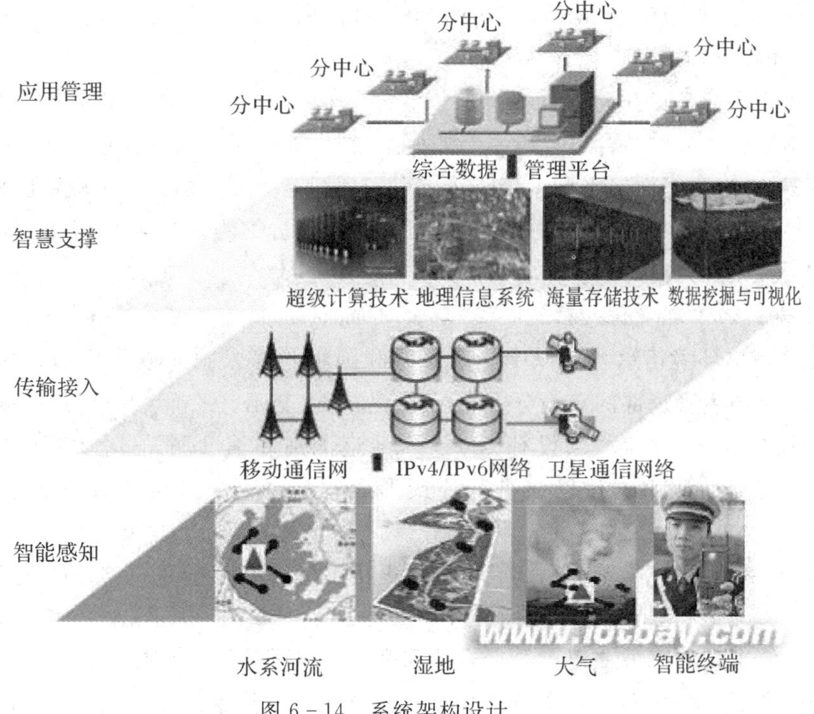

图6-14　系统架构设计

1) 感知层

感知层采用的主要设备是装备了相关传感器(或执行器)的各种类型的传感网节点和其他短距离组网设备(如路由节点设备、汇聚节点设备等)，其主要功能包括信息采集和信号处理等。

由于需要感知的地理范围和空间范围比较大，所含的信息量也较大，该层中的设备还需要通过自组织网络技术，以协同工作的方式，组成一个自组织的多跳网络进行数据传递。

感知层内传感器网络节点，分布在簇头节点周围数公里至数十公里的范围内，节点上带有多种参数的数据采集设备，进行水质参数采集，通过 ZigBee 或 WiFi 组网方式实现子网内的数据通信，将数据传输至簇头节点，由簇头节点通过高速网络接入设备将数据传输至网关及服务器设备。

2) 传输层

传输层采用的主要设备包括与各种异构通信网络接入的设备，例如，与因特网的接入网关、与移动通信网的接入网关等等。因为这些设备一般具有较强的硬件支撑能力，所以可以采用相对较复杂的软件协议设计。其功能涉及网络接入、管理、安全等，目前的接入设备多为将传感网和公用通信网、卫星网等连通。

3) 支撑层

支撑层主要的系统支撑设备包括大型计算机设备、海量网络存储设备等。这个层次上需要采用高性能的计算技术，对获取的海量信息进行实时的管理和控制、进行大规模的高速并行计算、智能信息处理、信息融合、数据挖掘、态势分析和预测计算、地理系统计算以及海量数据存储等，并为上层应用提供一个良好的用户接口。

4) 应用层

应用层主要是各类用户界面显示设备以及其他管理设备等。这里需要集成整合各种各样的用户应用需求，并结合行业应用专业模型(如水灾干旱预警、蓝藻水华预警、水质水文监测预警等)，构建起面向水利系统防汛抗旱指挥智能决策领域、水资源管理领域、水环境治理领域的实际应用的综合管理平台，并可按照业务分解为多个子业务中心。

3. 主要系统功能

1) 太湖流域水环境信息系统

太湖流域水环境信息系统以中华人民共和国水利部太湖流域管理局为水环境管理中心，各地区水环境管理部门布设分中心，建有望亭立交闸、张桥、江边闸、太浦闸、平湖大桥等遥测监控站，另外流域共设有 136 个水质巡测站和辅助测站，各管理中心、监控站、水质巡测站、辅助测站通过网络进行连接形成物联网，可对整个流域的水量水质进行监控。

在这个“物联网”中，系统的所有遥测数据由遥感设备及前置机实时收集后，前置机软件对数据进行解码、纠错、合理性检测，以开放式数据库的形式存储，供查询、统计、显示和打印，最终通过共享方式提供给后台主机进行数据分析和管理决策，这样就可以全面、快速、准确监测水环境和水体富营养化及污染状况，进行水环境信息的整编、统计、分析和评价。

2）太湖流域水环境信息共享平台

太湖流域水环境信息共享平台采用物联网传感技术理念，运用先进的虚拟实境、视频监控、通信组网等信息化技术，按照“高标准、全覆盖、最先进”的要求，建设太湖流域水环境信息集成共享平台。

平台建设覆盖流域内 282 家重点污染源、75 个水质自动站、53 个国家考核断面、21 个湖体监测点位和太湖蓝藻遥感预警监测，建成 52 个省、市、县和区域四级重点污染源监控中心，实现江苏省 742 家国、省控重点污染源自动监控设备与省厅监控中心 100%联网，实现涉太信息汇交共享，集成包括太湖流域水质自动监测、太湖蓝藻预警监控重点污染源监测等十多个方面的信息和系统，承担流域范围内所有相关水环境监测、监控、预警和应急等信息集中处理分析任务，同时实现流域水环境全方位一体化监控，在太湖流域水环境管理与决策中发挥了重要的支撑作用。

4. 应用效果

该系统在 2010 年夏季太湖蓝藻水华与湖泛的监测中发挥出了积极的作用。对蓝藻的防范监控及时有效，取代了之前每天依靠人工取水、实验室化验的老办法。之前，早上六点取到的水样到晚上六点才能拿到水质报告，而蓝藻爆发非常迅速，指标到达临界点，如果不及时处置，两个小时就会演变成大规模的暴发。之前，打捞蓝藻主要是靠有经验的工人肉眼判断。而本项目让打捞蓝藻的船与太湖水质监控情况连成一个网络。一旦有监测指标显示某处水域出现蓝藻聚集情况，系统会第一时间自动通知附近打捞点的船只。如果检测出藻情严重，超出附近打捞船只的作业能力，系统还会向周边船只发布命令，这样整个太湖上的打捞船只，便可以根据藻情合理配置，实现了对蓝藻治理的智能感知、调度和管理。如图 6 - 15 所示。

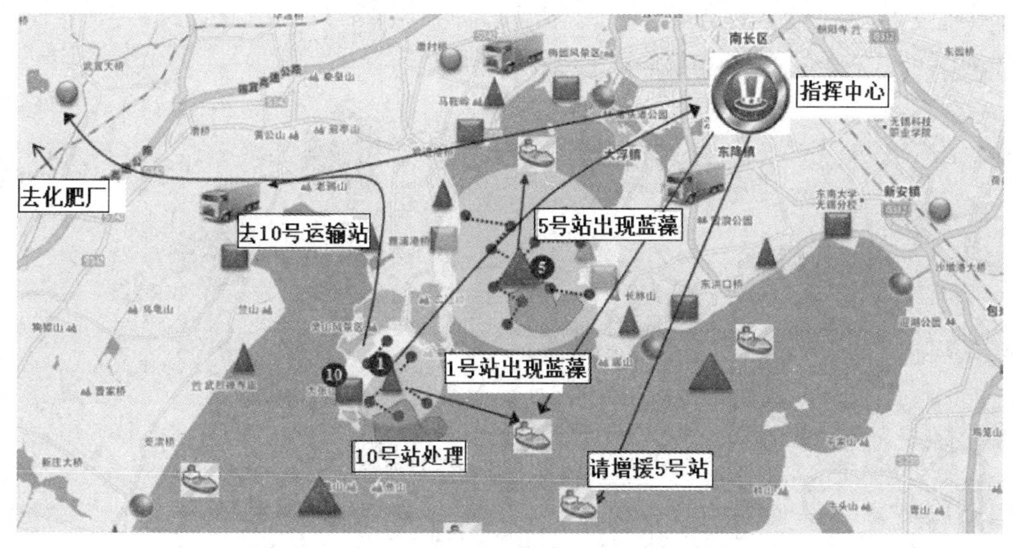

图 6 - 15　蓝藻感知和智能打捞车船调度示意图

本项目的污染源自动监控系统以物联网为平台，基于 GIS 实现对水污染源 24 小时不间断进行数据和视频监测，监测数据在地图上实时显示并实时传送和导入监控平台，便于及时掌握各污染源分布和污染物排放、报警情况以及基于 GIS 的统计分析，第一时间以短信方式自动将监测信息传送至相关人员。

6.4 智能物流的应用

传统物流运输中，运输的种类和风险、物流过程中的运输环节和动作方式以及物流企业的服务，都影响到物流运输的成本和质量。智能物流是利用集成智能化技术，使物流系统能模仿人的智能，具有思维、感知、学习、推理判断和自行解决物流中某些问题的能力。

6.4.1 智能物流概述

1. 智能物流的基本概念

随着物流的快速发展，物流过程越来越复杂，物流资源优化配置和管理的难度也随之提高，物资在流通过程各个环节的联合调度和管理更重要，也更复杂。我国传统物流企业的信息化管理水平还比较低，无法实现物流组织效率和管理方法的提升，阻碍了物流的发展。要实现物流行业长远发展，就要实现从物流企业到整个物流网络的信息化、智能化，因此，发展智能物流成为必然。

发展智能物流，物流企业一方面可以通过对物流资源进行信息化优化调度和有效配置，来降低物流成本；另一方面，物流过程中加强管理和提高物流效率，以改进物流服务质量。

智能物流是利用条形码、射频识别技术、传感器、全球定位系统等先进的物联网技术，通过信息处理和网络通信技术平台，广泛应用于物流业运输、仓储、配送、包装、装卸等基本活动环节，实现货物运输过程的自动化运作和高效率优化管理，提高物流行业的服务水平，降低成本，减少自然资源和社会资源消耗。

如图 6-16 所示为智能物流的一个应用示意图。

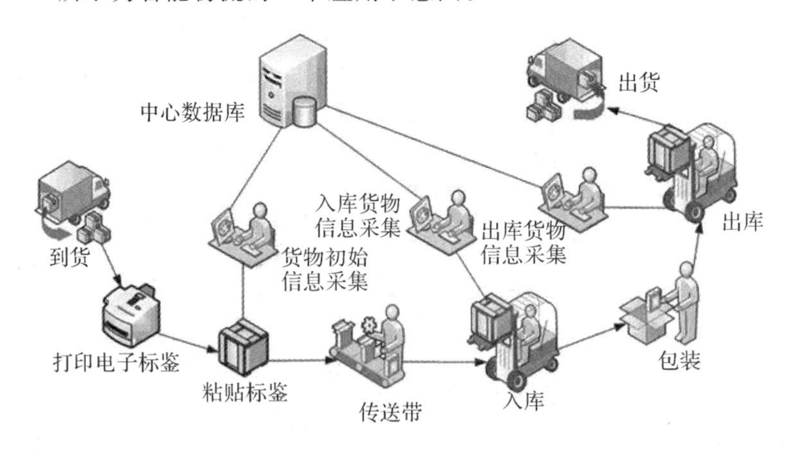

图 6-16 智能物流应用示意图

物联网将传统物流技术与智能化系统运作管理相结合提供了一个很好的平台，进而能够更好更快地实现智能物流的信息化、智能化、自动化、透明化、系统的运作模式。

智能物流在实施过程中强调物流过程数据智慧化、网络协同化和决策智慧化。智能物流在功能上要实现 6 个“正确”，即正确的货物、正确的数量、正确的地点、正确的质量、正确的时间、正确的价格。在技术上要实现：物品识别、地点跟踪、物品溯源、物品监控、实时响应。

2. 智能物流的发展方向

物流运输成本在经济全球化的影响下，竞争日益激烈。如何配置和利用资源，有效地降低制造成本是企业重点关注的问题。要实现这种战略，没有一个高度发达的、可靠快捷的物流系统是无法实现的。随着经济全球化的发展和网络经济的兴起，物流的功能不再是单纯为了降低成本，而是要提高客户服务质量来提高企业综合竞争力。当前，物流产业正逐步形成七个发展趋势，它们分别为信息化、智能化、环保化、企业全球化与国际化、服务优质化、产业协同化以及第三方物流。

1）信息化

信息网络技术的发展和不断普及，推动传统物流方式向物流信息化转变。物流信息化是现代物流的核心，是指信息技术在物流系统规划、物流经营管理、物流流程设计与控制和物流作业等物流活动中全面而深入的应用，并且成为物流企业和社会物流系统核心竞争能力的重要组成部分。

物流信息化一般表现为以下3方面：

(1) 公共物流信息平台的建立将成为国际物流发展的突破点。

公共物流信息平台(Public Logistic Information Platform，PLIP)是指为国际物流企业、国际物流需求企业和其他相关部门提供国际物流信息服务的公共的商业性平台。其本质是为国际物流生产提供信息化手段的支持和保障。公共物流信息平台的建立，能实现对客户的快速反应，能加强同合作单位的协作。

(2) 物流信息安全技术将日益被重视。

网络技术发展起来的物流信息技术，在享受网络飞速发展带来巨大好处的同时，也时刻面临安全危机，例如，网络黑客恶意攻击、病毒的肆虐、信息的泄密等等。应用安全防范技术，保障国际物流企业的物流信息系统平台安全、稳定地运行是国际物流企业长期面临的一项重大挑战。

(3) 信息网络将成为国际物流发展的最佳平台。

连接全球的互联网从科技领域进入商业领域后，得到了飞速的发展。网上信息流通的时间成本和交换成本空前降低。商务、政务及个人事务都可以把信息搭载在互联网上传送。互联网已经成为并将继续担负起全球信息交换的新平台。

2）智能化

国际物流的智能化已经成为电子商务下物流发展的一个方向。智能化是物流自动化、信息化的一种高层次应用，物流作业过程中大量的运筹和决策，例如，库存水平的确定、运输(搬运)路线的选择，自动导向车的运行轨迹和作业控制，自动分拣机的运行、物流配送中心经营管理的决策支持等问题，都可以借助专家系统、人工智能和机器人等相关技术加以解决。

除了智能化交通运输外，无人搬运车、机器人堆码、无人叉车、自动分类分拣系统、无纸化办公系统等现代物流技术，都大大提高了物流的机械化、自动化和智能化水平。同时，还出现了虚拟仓库、虚拟银行的供应链管理，这都必将把国际物流推向一个崭新的发展阶段。

3)环保化

改变原来经济发展与物流、消费生活与物流的单向作用关系,在抑制物流对环境造成危害的同时,形成一种促进经济和消费生活同时健康发展的物流系统,即向环保型、循环型物流转变。

绿色物流正在这一背景下成为全球经济可持续发展的一个重要组成部分。在我国,不少企业使用“绿色”运输工具,采用小型货车等低排放运输工具,降低运输车辆尾气排放量;采用绿色包装,使用可降解的包装材料,提高包装废弃物的回收再生利用率;开展绿色流通加工,以规模作业方式提高资源利用率,减少环境污染。物流绿色化作为一种可持续发展的观念正在得到普遍认同。

4)企业全球化与国际化

近些年,经济全球化以及我国对外开放不断扩大,更多的外国企业和国际资本“走进来”和国内物流企业“走出去”,推动国内物流产业融入全球经济。

在我国承诺国内涉及物流的大部分领域全面开放之后,USP、联邦快递、联合包裹、日本中央仓库等跨国企业不断通过独资形式或控股方式进入中国市场。外资物流企业已经形成以长三角、珠三角和环渤海地区等经济发达区域为基地,分别向东北和中西部扩展的态势。同时,伴随新一轮全球制造业向我国转移,我国正在成为名副其实的世界工厂,在与世界各国之间的物资、原材料、零部件和制成品的进出口运输上,无论是数量还是质量正在发生较大变化。这必然要求物流国际化,即物流设施国际化、物流技术国际化、物流服务国际化、货物运输国际化和流通加工国际化等,促进世界资源的优化配置和区域经济的协调发展。

5)服务优质化

消费多样化、生产柔性化、流通高效化时代使得社会和客户对现代物流服务提出更高的要求,对传统物流形式带来了新的挑战,进而使得物流发展出现服务优质化的发展趋势。

物流服务优质化应实现“5 Right”的服务,即把好的产品在规定的时间、规定的地点,以适当的数量、合适的价格提供给客户将成为物流企业优质服务的共同标准。物流服务优质化趋势代表了现代物流向服务经济发展的进一步延伸,表明物流服务的质量正在取代物流成本,成为客户选择物流服务的重要标准之一。

6)产业协同化

21世纪是一个物流全球化的时代,制造业和服务业逐步一体化,大规模生产、大量消费使得经济中的物流规模日趋庞大和复杂,传统的、分散的物流活动正逐步拓展,整个供应链向集约化、协同化的方向发展,成为物流领域的重要发展趋势之一。

从物流资源整合和一体化角度来看,物流产业重组、并购不再仅仅局限于企业层面上,而是转移到相互联系、分工协作的整个产业链条上,经过服务功能、行业资源及市场的一系列重新整合,形成以利益供应链管理为核心的、社会化的物流系统;从物流市场竞争角度看,随着全球贸易的发展,发达国家一些大型物流企业跨越国境展开连横合纵式的并购,大力拓展物流市场,争取更大的市场份额。物流行业已经从企业内部的竞争拓展为全球供应链之间的竞争;从物流技术角度看,信息技术把单个物流企业连成一个网络,形成一个环环相扣的供应链,使多个企业能在一个整体的管理下实现协作经营和协调运作。

7）第三方物流

随着物流技术的不断发展，第三方物流作为一个提高物资流通速度、节省仓储费用和资金在途费用的有效手段，已越来越引起人们的高度重视。

第三方物流是在物流渠道中由中间商提供的服务，中间商以合同的形式在一定期限内，提供企业所需的全部或部分物流服务。经过调查统计，全世界的第三方物流市场具有潜力大、渐进性和高增长率的特性。

3. 智能物流的作用

智能物流具有以下作用：

（1）降低物流成本，提高企业利润。

智能物流能大大降低制造业、物流业等各行业的成本，提高企业的利润，生产商、批发商、零售商三方通过智能物流相互协作、信息共享，物流企业便能更节省成本。其关键技术诸如物体标识及标识追踪、无线定位等新型信息技术的应用，能够有效实现物流的智能调度管理，整合物流核心业务流程，加强物流管理的合理化，降低物流消耗，从而降低物流成本，减少流通费用、增加利润。

（2）加速物流产业发展，成为物流业的信息技术支撑。

智能物流的建设，将加速当地物流产业的发展，集仓储、运输、配送、信息服务等多功能于一体，打破行业限制，协调部门利益，实现集约化高效经营，优化社会物流资源配置。同时，将物流企业整合在一起，将过去分散于多处的物流资源进行集中处理，发挥整体优势和规模优势，实现传统物流企业的现代化、专业化和互补性。此外，这些企业还可以共享基础设施、配套服务和信息，降低运营成本和费用支出，获得规模效益。

（3）为企业生产、采购和销售系统的智能融合打基础。

随着RFID技术与传感器网络的普及，物与物的互联互通，将给企业的物流系统、生产系统、采购系统与销售系统的智能融合打下基础，而网络的融合必将产生智慧生产与智慧供应链的融合，企业物流完全智慧地融入企业经营之中，打破工序、流程界限，打造智慧企业。

（4）使消费者节约成本，轻松、放心购物。

智能物流通过提供货物源头自助查询和跟踪等多种服务，尤其是对食品类货物的源头查询，能够让消费者买得放心、吃得放心，在增加消费者购买信心的同时促进消费，最终对整体市场产生良性影响。

（5）提高政府部门工作效率，助于政治体制改革。

智能物流可全方位、全程监管食品的生产、运输、销售，大大节省了相关政府部门的工作压力的同时，使监管更彻底更透明。通过计算机和网络的应用，政府部门的工作效率将大大提高，有助于我国政治体制的改革，精简政府机构，裁汰冗员，从而削减政府开支。

（6）促进当地经济进一步发展，提升综合竞争力。

智能物流集多种服务功能于一体，体现了现代经济运作特点的需求，即强调信息流与物质流快速、高效、通畅地运转，从而降低社会成本，提高生产效率，整合社会资源。

4. 物联网在物流各个环节的应用分析

物流是指物品从供应地向接收地的实体流动过程。传统的物流过程存在物流信息不对称、得不到及时的信息等弊端，难以实现及时的调节和协同。随着全球经济一体化进程的推进，调度、管理和平衡供应链的各环节(跨区、跨国)之间的资源变得日益迫切，以产品电子代码(EPC码)和RFID为核心的“物联网”，将在全球范围从根本上改变对产品生产、运输、仓储、销售各环节物品流动监控和动态协调的管理水平。

1）物流生产和运输领域

基于物联网的支持，电子标签承载的信息可以实时获取，从而清楚地了解到产品的具体位置，进行自动跟踪。

对制造商而言，原材料供应管理和产品销售管理是其管理的核心，物联网的应用使得产品的动态跟踪运送和信息的获取更加方便，对不合格的产品及时召回，降低产品退货率，不但提高了自己的服务水平，同时也提高了消费者对产品的信赖度。另外，制造商与消费者信息交流的增进使其对市场需求做出更快的响应，在市场信息的捕捉方面夺得先机，从而有计划地组织生产，调配内部员工和生产资料，降低甚至避免因牛鞭效应带来的投资风险。

对运输商而言，通过电子产品代码EPC自动获取数据，进行货物分类，降低取货、送货成本，并且，EPC电子标签中编码的唯一性和仿造的难度可以用来鉴别货物真伪。由于其读取范围较广，则可实现自动通关和运输路线的追踪，从而保证了产品在运输途中的安全。即使在运输途中出现问题，也可以准确地定位，做出及时的补救，使损失尽可能降到最低。这就大大提高了运输商送货的可靠性和效率，提高了服务质量。此外，运输商通过EPC可以提供新信息增值服务，从而提高收益率。

2）物流仓储领域

出入库产品信息的采集因为物联网技术的运用，而嵌入相应的数据库，经过数据处理，实现对产品的拣选、分类堆码和管理。若仓储空间设置相应的货物进出自动扫描纪录，则可防止货物的盗窃或因操作人员疏忽引起的物品流失，从而提高库存的安全管理水平。现今，它已经广泛使用于货物和库存的盘点及自动存取货物等方面。

3）销售管理领域

物联网系统具有快速的信息传递能力，能够及时获取缺货信息，并将其传递到卖场的仓库管理系统，经信息汇总传递给上一级分销商或制造商。及时准确的信息传递，有利于上游供应商合理安排生产计划，降低运营风险。在货物调配环节，RFID技术的支持大大提高了货物拣选、配送及分发的速度，还在此过程中实时监督货物流向，保障其准时准点到达，实现了销售环节的畅通。

对零售商而言，实施EPC保证了合理的货物仓储数量，从而提高订单供货率，降低脱销的可能性和库存积压的风险。由于自动结算速度的大幅提高，卖场就可以降低最小安全存货量，增加流动资金。由于可以实现单品识别，每个产品都具有特殊代表性，他们在货架上的具体位置、所处状态，可通过信息阅读随时传递至互联网，在信息处理之后反馈给管理人员，可以有效防盗，避免销售损失。

4）商品消费领域

物联网的出现使得个性化购买、排队等候时间缩短变为现实。消费者随时掌握所购买产品及其厂商的相关信息，对有质量问题的产品进行责任追溯。事实上，由于产品在生产之初直至消费者手中的整个过程都经由实时的质量和数量追踪并依据情况做出补救，到消费者手中的残次产品几乎为零。这样，即保证消费者购买到满意商品，还可以防止残次产品因得不到及时有效处理而对周围环境带来威胁。特别是有毒有害的危险品，随意丢弃将可能造成严重的环境污染，酿成巨大的损失。

5. 物联网在物流中应用的主要技术

物联网在物流中应用的主要技术可根据其体系架构划分为三大技术体系：感知技术体系、网络通信技术体系、智能技术体系。下面根据物联网在物流中的具体应用环境进行描述。

1）物流中的物联网感知技术

目前在物流行业常用的物联网感知技术主要有 RFID 技术、GPS/GIS 技术、传感器技术、视频识别技术、激光技术、红外技术、蓝牙技术以及视频技术等。

根据在物流中不同的应用范围及目的，应该针对性地采取不同的感知技术，具体分类如表 6－1 所示。

表 6－1　感知技术的应用分类

序号	应用范围及目的	感 知 技 术
1	对“物”进行识别、追溯	RFID 技术、条码技术等
2	对“物”进行分类、拣选、计数	RFID 技术、激光技术、红外技术、条码技术等
3	对“物”进行定位、追踪	GPS 卫星定位技术、GIS 地理信息系统技术、RFID 技术、车载视频技术等
4	对“物”进行监控	视频识别技术、RFID 技术、GPS 技术等
5	对物品，尤其是特殊物品的性能及状态进行感知与识别	传感器技术、RFID 技术与 GPS 技术等

下面以 RFID 技术为例，简单阐述它在物流领域的应用。

RFID 技术是物联网最基本和目前应用最广泛的技术。在物流领域，RFID 技术主要应用于仓库管理、配送中心管理、供应链管理、集装箱运输管理、停车场管理、货运车辆管理以及产品防伪等多个方面。

随着物联网发展力度的加大，RFID 技术在物流领域的应用无论是在广度上还是深度上都在进一步升级，主要体现在以下方面：

（1）RFID 技术在智能追溯方面的应用不断加深，特别是在医疗卫生、食品安全、动物疾病预防方面发展迅速。通过 RFID 技术建立智能追溯体系，实时监控药物、食品的信息以及动物的状态，以便控制其质量或健康状态。

（2）在供应链管理方面，通过 RFID 技术，可将信息锁定到具体的货物、托盘以及周转箱等，减缓供应链上下游之间的信息获取时间的滞后程度。但是，RFID 技术在供应链管理上的推广需要整个供应链的共同支持，需要循序渐进。

（3）在仓库管理方面，利用 RFID 可以提高货物出入库以及盘点的效率和准确性，加快信息化的步伐。同样，可以将 RFID 的应用延伸到企业的设备或者重要的工装夹具的管理，通过 RFID 系统的追踪和定位，减少企业资产的损失。

（4）在零售业方面，将 RFID 技术与电子银行等技术相结合，便可省去在收银台排队扫描商品和现金付账找零的环节，既方便了广大顾客，也为超市节约了相关的人力和管理成本。

总之，随着物流信息化趋势的加剧，作为物联网基础技术的 RFID 技术在物流领域的应用仍具有巨大的发展空间。

2) 物流中的物联网通信技术

物流领域常采用的网络技术是局域网技术、无线局域网技术、现场总线技术、互联网技术和无线通信技术等，以实现“物”的互联互通。

同样的，根据不同的应用范围，必须针对性地采取不同的技术，具体分类如表 6-2 所示。

表 6-2 通信与网络技术的应用分类

序号	应用范围	通信与网络技术
1	区域范围内的物流管理	局域网技术
2	不方便布线的地方	无线局域网技术
3	大范围的物流运输管理与调度	互联网技术、GPS 技术、GIS 地理信息系统技术相结合，组建货运车联网
4	以仓储为核心的物流中心信息系统	现场总线技术、无线局域网技术、局域网技术等
5	网络通信方面	无线移动通信技术、3G 技术、M2M 技术、直接连接网络通信技术等

下面以 WSN 技术为例，简单阐述其在物流领域的应用。

无线传感器网络(Wireless Sensor Networks，WSN)是由大量部署在作用区域内的、具有无线通信与计算能力的微小传感器节点，通过自组织方式构成的分布式网络。它能够协同地实时感知、采集和处理网络覆盖区域中监测对象的信息，并以多跳的网络方式传送给观察者。WSN 技术在物流领域中有很多应用，主要涉及生产线环境监测、危险品物流管理、企业设备监测、仓库环境监测、运输车辆的跟踪与监测、冷链物流管理等方面。

3) 物流中的物联网智能技术

物流领域中采用的智能技术主要包括云计算技术、智能计算技术、智能调度技术、数据挖掘技术、专家系统技术和 ERP 技术等。

同样的，根据不同的应用范围，必须针对性地采取不同的技术，具体分类如表 6-3 所示。

表 6-3 智能技术的应用分类

序号	应用范围	智能技术
1	企业厂区的生产物流物联网系统	ERP 技术、自动控制技术、专家系统技术等
2	大范围的社会物流运输系统	数据挖掘技术、智能调度技术、优化运筹技术等
3	以仓储为核心的智能物流中心	自动控制技术、智能机器人技术、智能信息管理系统技术、移动计算技术、数据挖掘技术等
4	以物流为核心的智能供应链综合系统、物流公共信息平台等领域	智能计算技术、云计算技术、数据挖掘技术、专家系统技术等

下面以智能机器人为例，简单阐述其在物流领域的应用。

在我国现代物流中，智能机器人主要有两种：

(1) 从事码垛作业的码垛机器人，包括直角坐标式机器人和极坐标式机器人等，主要从事码垛、成品拆码、拣选等作业。

(2) 从事无人搬运的自动搬运小车(AGV)，它们一般由计算机控制，通过系统软件发出搬运指令来控制 AGV 的路线和操作。

目前，智能机器人作为物联网智能终端的一个典型，在我国烟草、电子产品、医药、汽车等行业的物流系统中得到了比较广泛的应用，在提高物流效率、减少物流成本和提高物流自动化水平方面起到重要的推动作用。

6.4.2　智能物流应用案例 1——五粮液酒防伪

1. 项目背景

五粮液作为中国最顶尖、最具代表性、销量最大的酒类品牌，一直是假冒犯罪的首要目标，因此五粮液集团在保护品牌方面的重视程度和投入力度均大大超过同行。凭借五粮液的行业影响力，其防伪工程一直在行业内具有重要的示范引导作用，是名酒防伪技术的风向标。

2. 系统方案

五粮液酒通过采用 RFID 技术构建了防伪和追溯管理系统，树立了 RFID 技术在食品类防伪的国内示范应用。该系统包含从芯片设计制造、标签封装、包装生产、出入库、物流和销售、消费、公共平台验证、投诉与打假等各环节的一整套的防伪技术、工具和手段。

五粮液防伪技术标签是集多项专利技术的超高频电子标签，具有全球唯一码、数字签名、防转移、防复制等特性；采用易碎纸基材的金属天线生产加工工艺，既保证了对标签高读写性能要求，又能满足防转移特性和大规模生产的经济性要求。

该系统包含以下内容。

1) 五粮液车间及仓库 RFID 采集系统

系统介绍：RFID 采集系统整体优化和改善了五粮液包装车间、出入库、物流环节的操作流程，使包装流水线的运作和产品仓储和流通更加精确化、规范化、数据化和现代化，电子标签数据采集的合格率保持在 99.5%以上。

应用领域：五粮液生产线、产品出入库、物流等各个领域。

系统实现以下功能：

(1) 向上层应用系统提供每一瓶酒的产品属性信息和生产、入库、流转的业务操作信息，包括标签验证结果信息、单品物流信息、箱体物流信息，系统出错统计信息等等。

(2) 实现产品信息、生产等业务操作信息网络实时上传、重要数据的本地备份存储。

(3) 物流码信息产生和维护，与标签唯一码的关联；单品物流信息、箱体物流信息处理。

(4) 完整的系统管理和配制功能。

2) RFID 电子标签防伪查询机

针对食品(酒类)RFID 防伪信息查询的智能多功能识别设备，具有准确便捷、功能强大的特点，美观大方，适用于专卖店、商场、超市等各种公共场合。

主要功能：读取 RFID 标签信息；产品 RFID 防伪查询；数字签名验证；产品出入库管理；物流信息查询；产品宣传广告播放等。

3）手持式 RFID 扫描仪

手持式 RFID 扫描仪是一款集 RFID 读写和条形码读写器于一体的多功能手持式读写设备，具有携带方便，读写迅速，准确率高的特点。使用于产品出入库管理；RFID 电子标签识别。

主要功能：读取 RFID 标签及条形码信息；RFID 标签内数据的防伪查询与认证。

4）终端消费的礼品 RFID 读写设备

礼品式 RFID 防伪识别器是一款集 RFID 读写和其他音频功能、照明等功能为一体的多功能读写设备，具有携带方便、功能齐全、外形美观小巧，数据读取准确率高等特点。

多功能 RFID 防伪识别读卡器，使用容易，便于携带，识别防伪标签内的产品信息，广泛普及到终端消费者查询使用。

6.4.3 智能物流应用案例 2——物资仓储监控系统

1. 项目背景

国家物资储备库一般存放国家的战略性物资，例如：粮食、燃油、棉花、金属、石油以及应急物资等等，地位非常重要。因此开发物资储备库安全监控管理系统就至关重要。系统要求：利用物联网技术，实现远程物联网监控，涵盖监控、远程传输、出入口控制、身份识别以及互联网等多种技术于一身，方案完善、成熟稳定、性能可靠。

2. 系统设计

本系统分为以下几个子系统：

1）温湿度采集子系统

温湿度采集子系统采用温湿度传感器，可以实时采集库区的各子区环境量，通过传输设备利用 RS485 总线技术把数据上传至监控中心。

2）视频监控子系统

视频监控子系统采用 Linux 技术开发的嵌入式 DVR，通过网络可以直接传输到中心监控中心，管理人员可以实时监控到物资库各防区状态。

3）出入口控制子系统

按照 GB 50348 标准 4.4.11 规定，重要出入口设置出入口控制装置。本系统采用指纹识别或者 IC 卡技术对进出人员进行身份控制，并且实现对物资库守库及巡检人员的管理。

4）入侵报警子系统

本系统针对防护区周界进行安全管理，目前直接集成在某公司 HT200 专业级门禁系统或嵌入式 DVR 中。

5）通信子系统

通信子系统采用光纤以及以太网技术，进行数据传输管理以及保安的通信等。

6）中心监控管理系统

中心监控管理系统方便管理人员对物资库的集中监控和管理。

(1) 温湿度远程监视：系统支持在中心集中监视各库区温湿度，通过安装在不同地点的不同数量的温湿度传感器和传输控制器，可以把温湿度的实时变化传送到中心监控中心，并且通过温区设置，对超过范围的区域进行告警，并可以结合电子地图进行实时显示。

(2) 远程图像监控功能：通过安装在各库区大门处的摄像机和嵌入式DVR，管理人员在监控中心即可以对物资库的运送等具体情况进行监控和管理。物资库防区(主要是大门)的各监控点图像数据信号通过网络专线传输到监控中心，在监控中心的电脑屏幕上保持多个画面处于24小时实时常态监视之下，其他画面可切换观看。在布防状态，某个防区出现异常或非法入侵时能立即报警。报警信息通过专用网络线实时传输到监控中心，并同时传送到当地公安110。

(3) 实时数据存储：监控中心对电视监控图像以及温湿度等数据进行记录和存储，资料保存三个月，以方便处理温湿度变化曲线，以及对出现的告警事件进行图像回放等。本功能在录像上面主要是防止人员的偷窃等事件发生，并且通过和指纹门禁的联动，可以真正起到预防作用。例如，设置如果需要打开大门，则必须先验证指纹，通过后才可以打开大门，否则将告警并和图像监控联动。

(4) 远程控制功能：监控中心可对前端库点下达指令、控制库点内的监控设备和门锁。控制指令通过通信线路传送到相应的远程终端执行相应的动作。如报警布/撤防、云台镜头控制、重启主机、开启电控门锁等。

(5) 出入口控制功能：通过指纹识别技术对禁区出入人员进行控制管理，避免使用传统的钥匙、IC卡等方式丢失、盗用等造成的损失。注：在某些不适合使用指纹识别的场所，可以部分采用射频卡技术，而在关键场所必须采用指纹识别技术以避免身份的盗用。

(6) 人员的管理功能：通过前端的指纹识别终端和中心管理软件，可以对守库人员以及定时巡检人员进行管理，可以有效提高人员责任心和管理的全面性。

(7) 入侵报警功能：通过接在门禁控制器或DVR主机上的入侵报警设备和按钮，系统实现对防区的入侵报警以及紧急报警功能。本方案不但可以满足功能要求，更节省了投资以及维护费用。

(8) 保安通信功能：通过对讲系统，可以实现和监控的实时通信，进行及时有效的处理警情和方便管理。

(9) 安防联动功能：系统通过多种产品组合，可以实现报警、门禁和视频的联动，如发生入侵报警，系统则自动关闭相关出入口，并且进行实时录像和中心画面切换。

(10) 中心集中管理功能：本系统通过网络对监控门禁设备、进出人员授权、报表等进行集中管理，有效降低客户的投资，并且大幅提高管理效率。

6.5 智能医疗的应用

目前我国医疗资源分配不均衡。中国人口占世界人口的22%，医疗卫生资源仅占世界2%，资源80%集中在大城市的大医院，医疗资源分布极不均衡。大医院人满为患，社区医院无人问津；城乡医疗服务水平悬殊。居民“看病难、看病贵、三长一短”等问题严重，如图6-17所示，重复检验检查、乱用抗生素等现象严重，医疗事故频发，医患矛盾突出，患者的诊疗费用负担重。

图 6-17　看病难问题

随着人均寿命的延长、出生率的下降和人们对健康的关注，现代社会人们需要更好的医疗系统。这样，远程医疗、电子医疗(e-health)显得非常急需。

借助于物联网/云计算技术、人工智能的专家系统、嵌入式系统的智能化设备，可以构建起完美的物联网医疗体系，使全民平等地享受顶级的医疗服务，解决或减少由于医疗资源缺乏，导致的看病难、医患关系紧张、事故频发等现象。

6.5.1　智能医疗概述

物联网、移动互联网、大数据、云计算等新一代信息技术的快速发展为智能医疗提供了强大的技术支撑。利用物联网技术对医疗信息、设备信息、药品信息、人员信息、管理信息等信息的采集、处理、存储、传输、共享等，可使医疗物资管理实现可视化，从而有效管理医疗物资，实现医疗安全。通过使用移动通信技术，移动医疗可以广泛应用于医疗机构管理、临床诊疗方面，从而大幅提高服务效率，优化服务流程和服务模式。大数据技术将充分挖掘和利用信息数据的价值，盘活现有数据，在此基础上进行应用、评价、决策，服务于医院的管理与决策。云计算则为各类医疗数据的存储提供了新模式，“医疗云”的建立将打破“信息孤岛”，彻底实现信息资源共享、系统互联互通。

1. 智能医疗的基本概念

早在2004年，物联网技术便应用于医疗行业，当时美国食品药品监督管理局(FDA)采取大量实际行动促进RFID的实施和推广，政府相关机构通过立法，规范RFID技术在药物的运输、销售、防伪、追踪体系中的应用。美国医院采用基于RFID技术的新生儿管理系统，利用RFID标签和阅读器，确保新生儿和小儿科病人的安全。

2008年底，IBM提出了“智慧医疗”概念，设想把物联网技术充分应用到医疗领域，实现医疗信息互联、共享协作、临床创新、诊断科学以及公共卫生预防等。

智能医疗是通过打造健康档案区域医疗信息平台，利用最先进的物联网技术，实现患者与医务人员、医疗机构、医疗设备之间的互动，逐步达到信息化。如图6-18所示。

在不久的将来，医疗行业将融入更多人工智慧、传感技术等高科技，使医疗服务走向真正意义的智能化，推动医疗事业的繁荣发展。在中国新医改的大背景下，智能医疗正在走进寻常百姓的生活。

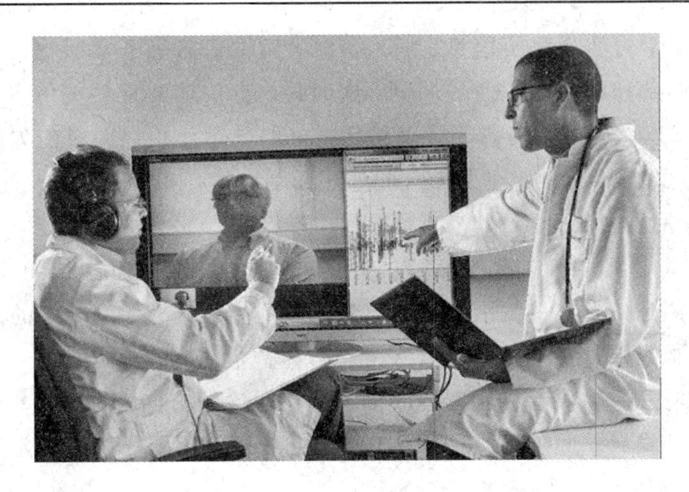

图 6-18　信息化技术融入医疗系统

2. 智能医疗的意义

结合无线网技术、条码 RFID、物联网技术、移动计算技术、数据融合技术等，将进一步提升医疗诊疗流程的服务效率和服务质量，提升医院综合管理水平，实现监护工作无线化，全面改变和解决现代化数字医疗模式、智能医疗及健康管理、医院信息系统等的问题和困难，并大幅度体现医疗资源高度共享，降低公众医疗成本。

例如，在深圳罗湖人民医院，护士手持一部后盖连接扫码仪的智能手机，对准病人手上的腕带轻轻一扫，病人每个时间点需要的护理菜单在屏幕上一目了然：输液、量体温、查血压等。在输液之前，对着药袋一扫，即可查验是否药品与输液人匹配。又如，上海某家医院，患者可通过微信享受从预约挂号到候诊队列查询、收取检验报告等全流程。

通过电子医疗和 RFID 物联网技术能够使大量的医疗监护工作实施无线化，而远程医疗和自助医疗，信息及时采集和高度共享，可缓解资源短缺、资源分配不均的窘境，降低公众的医疗成本。

3. 智能医疗的发展现状

智能医疗的发展分为 7 个层次：

(1) 业务管理系统，包括医院收费和药品管理系统。

(2) 电子病历系统，包括病人信息、影像信息。

(3) 临床应用系统，包括计算机医生医嘱录入系统(CPOE)等。

(4) 慢性疾病管理系统。

(5) 区域医疗信息交换系统。

(6) 临床支持决策系统。

(7) 公共健康卫生系统。

总体来说，中国处在第一、二阶段向第三阶段发展的阶段，还没有建立真正意义上的 CPOE，主要是缺乏有效数据，数据标准不统一，加上供应商欠缺临床背景，在从标准转向实际应用方面也缺乏标准指引。中国要想从第二阶段进入到第五阶段，涉及许多行业标准和数据交换标准的形成。

在远程智能医疗方面，国内发展比较快。比较先进的医院在移动信息化应用方面已经走到了前面。比如,可实现病历信息、病人信息、病情信息等的实时记录、传输与处理利用,使得在医院内部和医院之间通过联网,实时地、有效地共享相关信息,这一点对于实现远程医疗、专家会诊、医院转诊等可以起到很好的支撑作用。但目前欠缺的是长期运作模式,缺乏规模化、集群化的产业发展,此外还面临成本高昂、安全性及隐私等问题。

4. 智能医疗发展方向

将物联网技术用于医疗领域,借助数字化、可视化模式,可使有限的医疗资源让更多人共享。从目前医疗信息化的发展来看,随着医疗卫生社区化、保健化的发展趋势日益明显,通过射频仪器等相关终端设备在家庭中进行体征信息的实时跟踪与监控,通过有效的物联网,可以实现医院对患者或者亚健康病人的实时诊断与健康提醒,从而有效地减少和控制病患的发生与发展。此外,物联网技术在药品管理和用药环节的应用过程也将发挥巨大作用。

随着移动互联网的发展,未来医疗向个性化、移动化方向发展,手机用户使用移动医疗应用(如智能胶囊、智能护腕、智能健康检测产品)得到普及,可以借助智能手持终端和传感器,有效地测量和传输健康数据。

未来几年,中国智能医疗市场规模将超过一百亿元,并且涉及的周边产业范围很广,设备和产品种类繁多。这个市场的真正启动,其影响将不仅仅限于医疗服务行业本身,还将直接触动包括网络供应商、系统集成商、无线设备供应商、电信运营商在内的利益链条,从而影响通信产业的现有布局。

随着安全防范体制和技术的进一步完善和提高,使得医疗行业完全有条件、有能力应用最新的高新科技成果,提供最先进最及时的医疗服务,并能够高效的为用户服务。

5. 智能医疗组成部分

智能医疗由3部分组成,分别为智慧医院系统、区域卫生系统、以及家庭健康系统。

1) 智慧医院系统

智慧医院系统由数字医院和提升应用两部分组成。

(1) 数字医院,包括具有为医院所属各部门提供对病人诊疗信息和行政管理信息的收集、存储、处理、提取及数据交换的能力,并满足所有授权用户的功能需求的医院信息系统、实验室信息管理系统和医学影像的存储和传输系统;还包括以采集、存储、传输、处理和利用病人健康状况和医疗信息为核心的医生工作站,医生工作站包括门诊和住院诊疗的接诊、检查、诊断、治疗、处方和医疗医嘱、病程记录、会诊、转科、手术、出院、病案生成等全部医疗过程的工作平台。

(2) 提升应用,包括远程图像传输、海量数据计算处理等技术在数字医院建设过程的应用,实现医疗服务水平的提升。例如,远程探视避免探访者与病患的直接接触,杜绝疾病蔓延,缩短恢复进程;远程会诊支持优势医疗资源共享和跨地域优化配置;自动报警对病患的生命体征数据进行监控,降低重症护理成本;临床决策系统协助医生分析详尽的病历,为制定准确有效的治疗方案提供基础;智慧处方分析患者过敏和用药史,反映药品产地批次等信息,有效记录和分析处方变更等信息,为慢病治疗和保健提供参考。

2）区域卫生系统

区域卫生系统由区域卫生平台和公共卫生系统两部分组成。

（1）区域卫生平台，包括收集、处理、传输社区、医院、医疗科研机构、卫生监管部门记录的所有信息的区域卫生信息平台；包括旨在运用尖端的科学和计算机技术，帮助医疗单位以及其他有关组织开展疾病危险度的评价，制定以个人为基础的危险因素干预计划，减少医疗费用支出，以及预防和控制疾病的发生和发展的电子健康档案；包括由一般疾病基本治疗、慢病社区护理，以及大病向上转诊和接收恢复转诊双向转诊服务的社区医疗服务系统；还包括对医学院、药品研究所、中医研究院等医疗卫生科院机构的病理研究、药品与设备开发、临床试验等信息进行综合管理的科研机构管理系统。

利用区域卫生平台进行病理研究和交流活动，如图6-19所示。

图6-19　利用区域卫生平台进行病理研究和交流活动

（2）公共卫生系统，由卫生监督管理系统和疫情发布控制系统组成。

3）家庭健康系统

家庭健康系统是最贴近市民的健康保障，包括针对行动不便无法送往医院进行救治病患的视讯医疗，对慢性病以及老幼病患远程照护，对智障、残疾、传染病等特殊人群的健康监测，还包括自动提示用药时间、服用禁忌、剩余药量等的智能服药系统。

6. 智能医疗概念框架

智能医疗的概念框架主要包括5个方面：基础环境、基础数据库群、软件基础平台及数据交换平台、综合应用及其服务体系、保障体系。

（1）基础环境：通过建设公共卫生专网，实现与市政府信息网的互联互通；建设卫生数据（灾备）中心，为卫生基础数据和各种应用系统提供安全保障。

（2）基础数据库：包括6大基础数据库：药品目录数据库、居民健康档案数据库、PACS影像数据库、LIS检验数据库、医疗人员数据库、医疗设备数据库。

（3）软件基础平台及数据交换平台：首先是基础架构服务，提供的是虚拟优化服务器、存储服务器及网路资源；其次是提供平台服务，提供优化的中间件，包括应用服务器、数据库服务器、portal服务器等；最后是软件服务，包括应用、流程和信息服务。

（4）综合应用及其服务体系：包括智慧医院系统、区域卫生平台和家庭健康系统三大类综合应用。

(5) 保障体系：包括安全保障体系、标准规范体系和管理保障体系三个方面，从技术安全、运行安全和管理安全三方面构建安全防范体系，确实保护基础平台及各个应用系统的可用性、机密性、完整性、抗抵赖性、可审计性和可控性。

7. 智能医疗的应用范围

近年来，智能手机、移动医疗开启了很多新的创业机会、应用场景，主要分为面向医院、医生的B2B模式和直接面向用户的B2C模式。前者以为专业人士提供医学知识为主，后者则是“自查＋问诊”类远程医疗健康咨询应用。

智能医疗应用对大众来说不仅能简化就医流程、降低医疗费用，更能增加被医生重视的感受；对医生来说，不仅能减少劳动时间，还能提高患者管理质量、提高诊治水平，在不断学习中得到患者认可；对医院来说，能更直接地了解患者需求，为患者服务，同时提高服务满意度，构建和谐医患关系。

1) 一站式就诊服务

国内已兴起的智慧医院项目总体来说已具备智能分诊、手机挂号、门诊叫号查询、取报告单、化验单解读、在线医生咨询、医院医生查询、医院周边商户查询、医院地理位置导航、院内科室导航、疾病查询、药物使用、急救流程指导、健康资讯播报等功能。实现了从身体不适到完成治疗的一站式信息服务。智慧医院应用需要真正落实到具体医院、具体科室、具体医生，将患者与医生点对点的对接起来，但绝不是从网络平台上跳过医院这个单位，直接将患者与医生圈在一起。

2) 个人健康档案管理服务

个人健康档案如何管理，患者如果想知道自己的历史就医记录，除了翻阅一本又一本纸质的病历外，根本无从查阅。在哪家医院住了几天，用过什么药，上一次怎么治疗的等，每到复查或者犯病时，总是需要翻箱倒柜的去找病历，时间久了还可能记不清或者记错。智能医疗和移动医疗的出现让每一个患者都可以通过PC或手机应用查看个人曾在医院的历史预约和就诊记录，包括门诊/住院病历、用药历史、治疗情况、相关费用、检查单/检验单图文报告、在线问诊记录等，如图6-20所示，不仅可以及时自查健康状况，还可通过24小时在线医生进行咨询，在一定程度上做到了“身体不适自查，小病先问诊，大病去医院”的正确就医态度。

图6-20　个人电子健康档案

3）移动的医学图书馆

多年前已实现的电子书、在线阅读强烈冲击了纸质类书籍、印刷厂和线下书店。作为特殊领域的医学文献，更是不能随意在书店买到，也很少能够在百度等搜索引擎搜索到，很多时候医学生需要上相关网站注册付费才能阅读。智能手机和PAD的不断发展，使得许多开发商积极挖掘更多的固有资源从而让自己的应用卖的更好。于是阅读不仅变得便捷，而且更为有效。出自权威医学字典的药物库、疾病库、症状库查询，临床病例分析，甚至包括医学期刊的在线阅读和下载等，都为医务工作者带来了极大的便利。

4）安防技术融入智能医疗

目前随着医院信息化的建设，安防视频监控系统更多的结合了医院的业务管理。如图6-21所示。

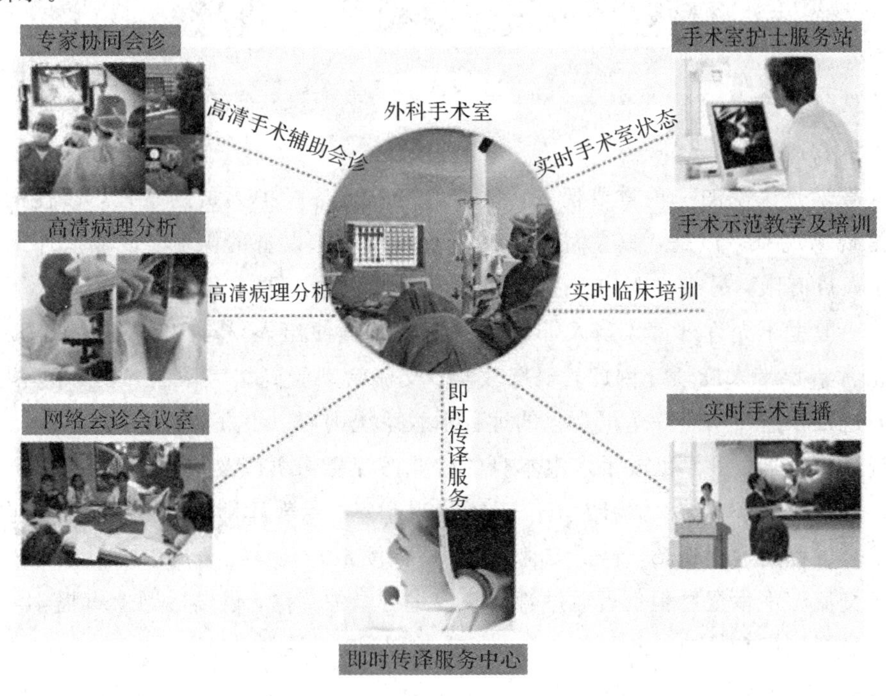

图6-21　安防技术融入智能医疗

（1）远程探视。

医院有一些特殊的病房，一方面因患者病情严重易受外部感染，一方面因患者本身的疾病带有极强的传染性，不能与外界直接接触。典型的如重症监护室(ICU)，这是一个集中救治危重患者的特殊场所，这里收治的患者均为术后病人和危重病人，抵抗力最低、最容易产生并发症和严重感染。但是，这一类患者往往同时又最需要家人的陪同和安慰。

为了解决这个问题，可以通过网络化视频监控系统实现远程探视，这样既可以保护患者免遭外部感染或交叉感染，又可以实现患者与家人的“面对面”亲情交流。部署上，需要在特殊病房内配备视频编码器以及摄像机、麦克风、音箱、电视机，同时在隔离区外设立远程探视室，配备视频编码器、摄像机以及PC、耳麦，这些设施通过医院局域网接入监控中心管理平台，如图6-22所示。家属或朋友在室外的探视点即可实时看到室内患者的情况，并与患者进行交流沟通，患者也可以看到外面家属的视频。如果将管理平台接入Internet，亲属或朋友即使在家里或身在外地，也可通过PC远程登录，与患者探视对讲，既方便又快捷。

图6-22　ICU探视系统

(2) 手术示教。

临床教学是医院的一项重要任务，担负着培养后备医护人员的重任，以往的教学方式通常是现场观摩。但是，一方面由于现场条件或手术设备的限制，现场观摩的空间狭窄，参加人员有限，另一方面由于手术室等地方是洁净度要求很高的地方，为了减少交叉感染，一般也不允许外部人员及非手术医护人员随便出入，同时众多人员流动也会给病人的正常治疗带来麻烦。因此，现场教学、交流活动受到很大限制，效果很不理想。

而通过视频监控构建一个可视化的远程示教系统则可以很好的解决这个问题。在手术室配备视频编码器、摄像机或手术室本身的专业医疗摄像机以及拾音器，接入监控中心管理平台。这样，外部观摩和学习人员位于医院观摩室、示教厅即可通过PC登录监控系统进行手术全过程的远程观摩，看到实时图像、听到实时声音，甚至可以通过语音对讲与手术室人员交流。手术全过程也可通过管理平台进行录像存储，供以后网上点播学习。观摩和学习人员即使身在外地，也可通过Internet远程观摩学习。

(3) 远程医疗会诊。

目前，由于国内医疗水平发展不平衡，三级医院基本分布在大中城市，高、精、尖的医疗设备也大多分布在大城市。特别是边远地区的病人，由于当地的医疗条件比较落后，危重、疑难病人往往要被送到上级医院进行专家会诊。借助于视频监控系统，可以通过对各级医疗机构的无边界互联组成一个有效的远程医疗网络，实现对医学资料和远程视频、音频信息的传输、存储、查询、比较、显示及共享，使边远地区的患者能方便地共享优秀医学医疗资源，很好的解决上述问题。

在医院设立远程医疗或远程会诊点，配备视频编码器、摄像机、麦克风以及音箱，接入监控中心管理平台。外部合作医院、外地专家通过PC远程登录该医院管理平台，即可对会诊点的患者进行远程诊断和远程医疗，观看患者伤情，并通过语音对讲与患者交流，既解决了一些医院专家不足的问题，又节约了患者到处寻医的费用和时间。如图6-23所示。

图 6－23　远程医疗会诊

随着高清视频监控技术的发展，高清晰的医疗影像资料都可以基于网络进行传输。因此，远程医疗会诊在医院中将会得到越来越广泛的部署和应用。

（4）远程医护。

加强人性化以及智能化管理，随时了解每一位病人的具体情况，减轻病人心理和身体上的负担，让家属更加放心的将病人交到医生的手中，是医院提升服务理念和服务水平的关键。

利用网络视频监控实现可视化远程护理，可以有效改善传统人工叫喊效率低、混乱和无序的问题，完善医院病房的语音传输及医院排队服务环境，提高医护人员的工作条件，使其能够在便捷的环境中为病人提供良好的服务，从而加快医院运作的现代化管理进程。

通过视频编码器与病房内相关医疗设施的结合，还可以提供更为智能和更为人性化的服务。例如，与输液报警器连接，患者输液完毕时通过监控系统的报警联动自动向护士站报警，与血压仪、心电图机、床边监护仪等仪器连接，实现自动报警以及数据参数与监控图像的叠加显示，在发生异常时及时报警通知护士站医护人员。

由此可见，医院安防视频监控不再仅仅局限于传统的安防，而是越来越多的与医院本身的业务相结合，远程手术示教、远程探视、远程护理、远程医疗会诊都是非常典型的应用体现。

6.5.2　智能医疗应用案例 1——医院门诊排队叫号管理系统

1. 项目背景

使用排队管理系统，病人及其家属只需坐在那里等待声音和显示屏的提示，无需不停地探望，给医院形成一个宁静祥和的就医环境，也能给医生创造一个良好的工作环境。在排队时减少办事人的办事时间，为病人看病创造一个良好的环境。如图 6－24 所示为使用排队叫号管理系统前后对比。

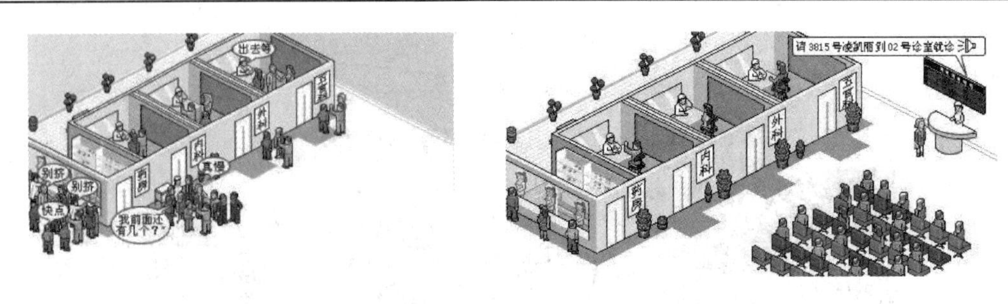

图 6-24　使用排队叫号管理系统前后对比

医院门诊排队叫号管理系统是指医院门诊楼、住院楼、综合楼的各候诊、收费、取药处所使用的智能化呼叫和排队管理系统，医生和护士可以通过该系统有秩序地呼叫患者，使医院的医疗秩序规范化、门诊管理现代化。要求系统能兼容医保卡、医院就诊卡的使用，方便患者挂号、就诊、取药等工作；同时要求能解决呼叫和排队管理系统与医院管理数据库系统的接口连接，并适当留有扩展和更新余地。

患者就诊流程如图 6-25 所示。

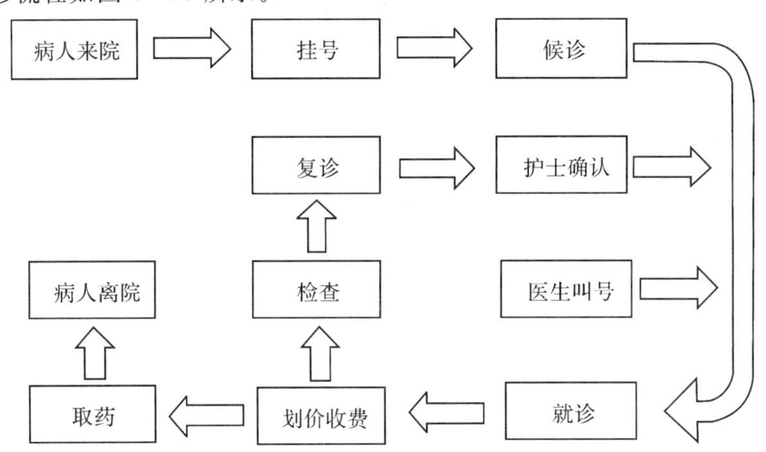

图 6-25　患者就诊流程

2. 系统功能

(1) 个性化语音和显示屏显示内容，可任意编辑呼叫就诊序号、患者姓名、所挂科室、专家姓名等。智能语音库，声音清晰自然亲切。

(2) 系统支持对接多种显示设备，如等离子、液晶显示、电视墙等。在不显示排队信息时可显示丰富的广告、服务、温馨提示语等信息。

(3) 系统可以自动提示医生，已有患者挂号，即将前来就诊。

(4) 系统提供统计出具体每位医生的办理时间值功能。平均就诊时间、最长时间、最短时间、最多呼叫次数、平均呼叫次数。

(5) 系统可全院联网，且排队号码不重复。

(6) 系统可以通过电话进行预约，预约成功后取得预约号，在相同时间就诊时，可以凭预约顺序号优先就诊。

(7) 实现医院对于二次分诊等候的要求。患者号码可转移到不同科室队列中去，患者不必重复排队。

(8) 提供业务状态查询功能。

(9) 物理呼叫器、虚拟呼叫器显示等待人数及当前患者号码。

(10) 与医院多种方式对接，如刷卡挂号、刷卡入队等。

(11) 灵活的出票序号方式：患者的挂号单、挂号处打印排队序号或护士站打印排队序号。

(12) 系统设有多个优先级，可及时处理有优先权的患者，如老人、军人等。

(13) 具备登录操作功能和退出操作功能：工作开始前，输入医生代码进行登录操作，工作结束后，退出排队系统。

3. 系统架构

排队叫号管理系统拓扑结构图，如图6-26所示。

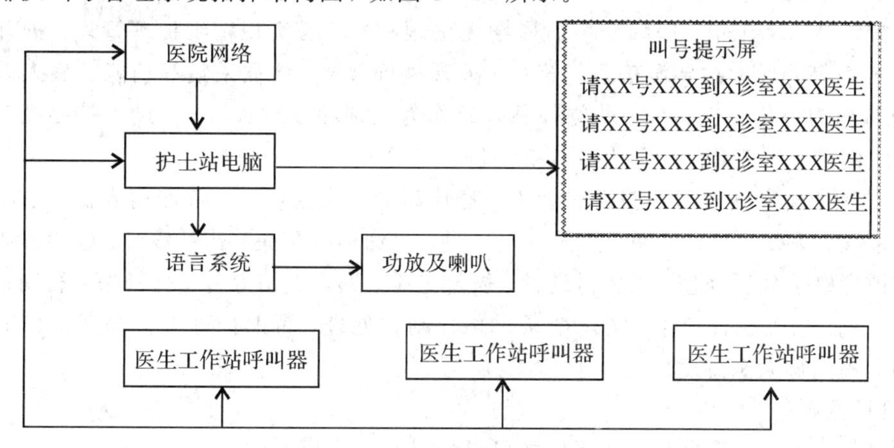

图6-26 排队叫号管理系统拓扑结构图

4. 工作流程

(1) 医生操作说明：医生上班→登陆呼叫器→按“呼叫”键→患者前来就诊→就诊结束，按“呼叫”键，呼叫下一位患者。

(2) 护士站相关处理：护士上班，打开护士站管理软件→进行一些患者需要的操作，如复诊、优先级、召回患者信息等。

(3) 患者等待情况：患者挂号→到相应科室等候区等候→看到显示屏显示的信息并听到提示音，即可前去相应科室就诊。

5. 护士站管理软件

使用护士站管理系统，实时挂号情况、医生坐班情况、各种队列情况可以一目了然，并可以灵活设置队列的优先级，处理各种日常操作。从而提高工作效率。

护士站管理软件安装在护士工作站分诊台的计算机上，管理本诊区内的排队叫号系统，并可在电脑上显示各科室及患者的各种信息。其主要功能有：

(1) 添加信息：可以增加科室队列名称，可以增加患者人数及相关患者信息。

(2) 复诊处理：患者做完医技检查或其他项目后，可回到门诊处和护士说明，护士通过护士站工作管理软件把患者安排在原来就诊医生的队列中，做复诊优先处理。

(3) 特殊患者优先：主要是针对一些老年人、残疾人等特殊患者需照顾优先就诊，患者只要向护士申明，通过护士站工作软件就可提前位数优先就诊。

(4) 优先召回：患者因故不能及时到达诊室就诊时，则在其到达时可以通过护士站将此患者召回队列的前面优先就诊。

(5) 患者退号：当患者临时有事或其他特殊情况无法就诊时，可向护士说明，护士会将患者的信息删除，做退号处理。

(6) 患者弃号/召回：当医生呼叫患者多次无应答时，护士会将患者信息做弃号处理，若此患者回来，护士会做召回处理，重新优先呼叫该患者就诊。

6.5.3 智能医疗应用案例2——移动护理信息系统

1. 项目背景

通过为护士配置移动手持终端(PDA)，实施移动护理信息系统，可以解决传统护理中遇到的重复录入、手工单、医嘱全生命周期无法跟踪、无法实现精细护理管理、护理医疗安全监控不力等问题。主要涵盖条码核对、医嘱执行、床旁体征采集等功能。病人采用二维条码腕带作为身份识别载体，药物外贴条码作为识别和核对载体，借助手持终端实现患者、药物之间的查对工作，从而大幅度提高医疗安全。

移动护理信息系统要求涵盖身份核对、健康教育、病区访视、特殊病人提示、医嘱提示、医嘱审核、医嘱执行、护理级别及饮食处理、生命体征采集、药品核对、检验检查处理及查询、护理电子病历处理、工作量统计、质量追踪、患者随访等各工作环节，利用移动计算、智能识别、数据融合技术，实现全条码化移动式处理，帮助护理人员提高工作效率和服务质量，提高病人满意度。

2. 设计原则

(1) 可靠性原则：采集和传输系统的可靠性是具有实用性的前提。

(2) 实用性原则：充分考虑各业务层次、各管理环节数据处理的实用性，把满足用户生产和管理业务作为第一要素进行考虑。用户接口和操作界面应尽可能考虑人体结构特征及视觉特征，界面力求美观大方，操作力求简便实用；建立统一的数据平台，满足未来数据利用以及原有数据的继承，为数据的再利用提供保障。

(3) 先进性原则：在技术上采用业界先进、成熟的软件开发技术，面向对象的设计方法，可视化的、面向对象的开发工具；支持Internet/Intranet网络环境下的分布式应用；客户层/服务器组件/资源管理器三层体系结构与浏览器/服务器体系结构相结合的先进的网络计算模式。

(4) 灵活性和可维护性原则：具有良好的灵活性和可维护性。软件设计尽可能模块化、组件化，并提供配置模块和客户化工具，使应用系统可灵活配置，适应不同的情况。数据库的设计尽可能考虑到将来的需要。系统可灵活地扩充业务功能，无缝互连其他业务系统，提供必要的系统外联接口和丰富的设备接口，能方便地进行软件客户化定制与维护。

(5) 安全、可靠性原则：安全性一直是网络及系统管理的薄弱环节之一，而用户对网络安全的要求又相当高，因此安全性原则非常重要。应用系统做统一的身份认证和权限管理。实现单点登录，多项访问；有限操作，保存痕迹；应用层与基础数据层均有访问限制，做到安全可靠，防止非法用户的入侵。

(6) 标准化原则：采用XML、HL7、ICD10、SNOMED、IHE等工业标准，软件的数据字典遵循国际和国家数据字典的规范和准则。

(7) 可配置性与可移植性：共性功能的平台化、模块化的结构，内置的模块配置规范，实现系统的自由组合，适应不同系统平台和数据库环境，更便于系统升级换代。

(8) 可扩展性与可集成性：独立的应用服务器处理系统间的集成问题，建立功能关联关系，将已有的系统和未来可能用到的系统集成到一致的工作平台，适应业务变化和流程动态调整的需要。

(9) 产品化原则：产品设计能以最短的开发周期、最经济的解决方案满足不同地区及不同医院的需求，同时便于系统的升级。

3. 系统架构

系统设计遵循模块化、层次化设计的原则。系统可以和医院 HIS、LIS、PACS 等系统高度融合。系统架构如图 6-27 所示，可以针对不同类型的客户需求进行灵活配置，从二级医院直到超大型的三级甲等医院，都可以获得满意的解决方案。同时，工作流程和业务功能可以灵活配置，以符合用户习惯。

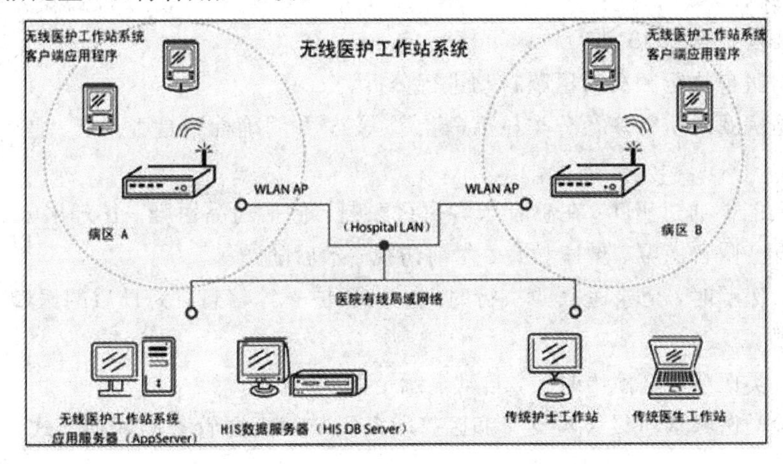

图 6-27　无线医护工作站系统架构图

1) 系统逻辑结构(C/S/S)

(1) 客户端应用程序(Client)：实现终端用户操作与体验、业务数据的显示与编辑等同用户有关的业务功能。同时，实现应用系统的自动升级与更新。

(2) 应用服务器中间件(AppServer)：负责整个系统的业务逻辑实现、数据解析、负载均衡、系统安全认证与审计、与 HIS 数据库服务器之间的数据交换、数据压缩等。

(3) 数据库服务器(DBServer)端：负责数据存储。

2) 系统功能结构

(1) HIS DB 服务器：负责业务数据的存储。

(2) 应用服务器中间件：负责无线医护工作站系统的权限校验、业务处理、负载均衡、同步互斥处理、自动升级服务。

(3) 护士工作站：主要完成病人的入、出、转管理，自动生成护理电子病历，医嘱的转抄、校对与执行等。

(4) 无线护士工作站：负责病人的床旁体征数据采集，病人信息查询，医嘱全生命周期管理，病人标本采集、病人身份识别等。

4. 功能子系统

1) 患者信息查看

(1) 实时查看患者的基本信息，并标明患者的护理等级、病情状况以及是否发烧、是否欠费、是否手术、检查请假状态等相关信息。

(2) 对住院患者实施的基础护理(如洗脸、刷牙、梳头、床上擦浴等)进行记录并统计工作量。

2) 患者体征录入子系统

实时采集记录患者的体温、脉搏、呼吸、血压、出入量、神智信息等各项指标，采集方式支持批量采集和个体采集两种。

3) 患者腕带功能

护士站支持腕带打印。

4) 医嘱执行

(1) 可通过手持PDA进行医嘱审核。

(2) 根据医嘱执行频次对医嘱自动进行分拆。

(3) 根据医嘱的执行途径分类显示(药、注等)，并明确标记是否欠费、是否领药、是否手术等状态。

(4) 护士能够通过PDA在患者床旁执行医嘱，包括药品医嘱、护理医嘱、治疗医嘱、检验标本采集、膳食医嘱、健康教育、术前访视、术后随访等。

(5) 执行医嘱时，记录医嘱的执行时间、执行护士等信息，为日后的医嘱执行记录查询提供有效数据。

(6) 检查类医嘱，可预约时间，自动显示请假状态。

(7) 检验类医嘱通过设置可支持病区打印条码与匹配原管条码两种模式，对后者支持试管颜色提示。

(8) 对长期医嘱、预约医嘱等，可按预约时间在PDA及护士终端上进行警告提示，并可直接列出需操作患者名单。

5) 药品条码打印

(1) 为患者输液类药品打印条码标签，用于粘贴在输液袋上。

(2) 为患者口服类药品打印条码标签，用于粘贴在口服药袋上。

6) 条形码扫描

(1) 为患者输液、发口服药时需同时校验患者腕带及药品袋标签条码，对患者、医嘱和药品进行核对。

(2) 通过扫描腕带和检验试管，确认患者信息和所需检验信息，防止抽错、遗漏现象发生，同时记录标本采集时间。

7) 全科体征智能提示

(1) 根据患者的护理等级、危重状态、发烧及手术等具体情况，并结合医院的规定，由系统自动动态计算出患者需要测量体征的时间点。

(2) 用户可以根据医院的规定对体征测量规则进行自定义配置。

8）检验检查信息查询

（1）查看患者的检查申请情况及检查结果。

（2）查看患者检验项目的标本采集、执行状态、检验结果等。

9）入院评估

（1）护士手持PDA在床旁对入院患者进行评估工作。

（2）用户对评估项目可灵活配置，方便日后的维护。

10）健康教育

（1）手持PDA在床旁对入院患者进行健康教育。

（2）用户可对健康教育项目及内容灵活配置，方便日后维护。

11）护理电子病历系统

（1）用户自定义界面、报表、参数。不同科室也可以定义不同的参数和界面。

（2）支持各种护理电子病历自定义模板。

（3）常见护理电子病历包括：床位卡浏览、体温单（全自动生成三测单，并支持彩色、黑白两种打印模式）、生命体征观察单、护理记录单、特别护理记录单、入院评估单、交班本、健康教育记录、护士交班报告、口服药单记录、临时医嘱记录、输液单记录、治疗单记录、注射单记录、护理医嘱执行记录、危重病人查看、新入科病人查看等。

6.5.4　智能医疗应用案例3——医疗废物管理系统

1. 项目背景

医疗垃圾属于危险废弃品，含有大量有害病原体、有毒有害的化学污染物及放射性污染物等有害物质，因而具有极大的危险性。卫生部颁布的《医疗废物管理条例》已明确规定，医疗垃圾必须封闭储存、定点存放、专人运输，医疗垃圾必须进行焚烧处理，以确保杀菌和避免环境污染，不允许以任何形式回收和再利用。医疗垃圾的处置不仅是医院管理难题，而且是一个重要的公共卫生问题。

针对医疗废物管理，急需信息化程度高的统一监管平台。随着RFID射频识别技术、卫星定位技术的发展，推广医疗废物的电子标签化管理、电子联单、电子监控和在线监测等信息管理技术，实现传统人工处理向现代智能管理的新跨越已具备良好的技术基础。

医疗废物管理系统是基于RFID技术，并结合GPS、GPRS技术，实现医疗废物运输管理及实时定位监控功能，为环保部门提供医疗废物处理过程的基础信息支持和技术保障。

2. 系统功能

医疗废物管理系统包括：医疗废物电子联单系统、收运车辆RFID管理系统、GPS收运车辆路线实时追踪系统、RFID医疗废物焚烧核对系统、数据应用平台。

1）联单电子化

联单电子化包括申请联单、调度安排、发放联单、运输单位接收、接收单位接收，全程监控医疗废物转运，确保医疗废物被妥善运输到指定地点，提醒环保局逾期未到达医疗废物运输、逾期未送焚烧医疗废物、废物运输差异。

2）收运车辆管理、监控、追踪

（1）车辆使用安排，派车单管理，车辆出入管理。

(2) 提供车辆出入自动识别，自动提醒晚点的收运车辆。

(3) 全程管理、监控及追踪收运车辆，确保收运车辆及时、有效、安全地完成收运任务。

3) GPS收运车辆路线实时追踪系统

车载GPS模块实时接收全球定位卫星的位置、时间等数据，并通过GPRS将数据发送到远程监控中心服务器，监控中心能实时得到所有车辆的位置信息，对收运车辆进行快速追源，及时掌握医疗废物处理情况，及时发现处理废物遗漏问题。

4) RFID医疗废物焚烧核对系统

采用RFID技术对医疗废物初始重量进行记录，同时将记录上传服务器，包括废物所属单位、收取时间、重量等信息。

系统在废物收取点设有称重平台，废物只要过磅，各种信息就自动上传到服务器，并且改写废物周转桶所带标签的信息。

周转桶经过运输分配后到达焚烧中心，在焚烧中心流水线称重台时，标签读取设备读取标签信息，和称重台重量信息进行比对，将比对结果上传到焚烧中心监控室，比对失败信息进行报警。

焚烧核对系统根据获得的信息，对数据进行筛选，将信息分为合格信息、黑名单信息、简单记录信息，上传到环保局等监管部门中心服务器。

5) 数据应用平台

数据应用平台由WEB应用程序、应用服务器、系统监控软件组成。系统运行于应用终端，系统数据由以上各个部分提供，集中存储在监控系统数据库服务器中，实时提供各种类型数据统计、查询功能。

3. 工作流程

医疗废物电子联单生成→派车任务单生成→出车→收取医疗废物→医疗废物周转桶称重(称重重量实时上传到系统，同时分配RFID标签信息)→废物装车→运输(GPS定位系统，全程实时传输车辆所在位置)→中转中心(中转中心上传收运车辆到达时间、已收取废物分配时间)→运输(GPS定位系统，全程实时传输车辆所在位置)→焚烧中心(上传车辆到达时间)→接收需焚烧废物→进入焚烧流水线→进入医疗废物周转桶重量比对环节(信息上传焚烧中心监控室，处理结束，信息上传系统)→流程结束。

4. 系统主要特点

1) 方便性

全电子化的数据集中管理，大量的数据查询工作由服务器来完成，节省了大量的人力，提高了效率。

2) 数据安全性

采用新一代RFID电子标签，该电子标签是专为不同使用场合而设计的，识别响应时间快，平均故障发生率低，确保识别环节的安全性、及时性及稳定性；另外，采用的高性能及高容错的系统服务器，以确保服务器的高稳定性、安全性及网络的传输速度，从而实现系统的实时传输，保证了信息的及时性。

3）提高管理水平

集中管理、分布式控制；规范废物收运环节的监督管理，监督各个必要的环节，使得突发事件在第一时间可以到达管理高层，让事件得到及时的处理。

4）可扩展性

考虑到将来的发展趋势及信息化在区域废物危险品管理上的推动，系统提供有丰富的数据接口，根据需要可提供相应的数据给环保局。

6.6　智能交通的应用

随着社会经济的发展，城市化进程加快，汽车保有量迅速增长，交通拥挤、交通事故、环境污染、能源短缺等问题已经成为世界各国面临的共同问题。无论是发达国家，还是发展中国家，都毫无例外地承受着不断加剧的交通问题的困扰。

解决交通问题的传统方法是大规模修建道路。但是目前大部分国家，可供修建道路的空间已经越来越小。另外，交通系统是一个复杂的巨大系统，仅仅单从道路方面或者车辆方面考虑，难以从根本上解决问题。

在此背景下，把交通基础设施、交通运载工具和交通参与者综合起来系统考虑，充分利用信息技术、数据通信传输技术、电子传感技术、控制技术、计算机技术及交通工程等，使人、车、路之间的相互作用关系以新的方式呈现出来，这种解决交通问题的方式就是智能交通系统。

6.6.1　智能交通概述

人们常把城市的通信系统称作城市的“神经系统”，而把城市的交通网络称作城市的“血液循环系统”，如图6-28所示为某城市交通网络。城市的交通系统不畅将导致城市功能的瘫痪。对城市庞大的物流、能量流和人流采用智能化的管理平台来管理，就是对于交通的智能化管理，该管理方式的提出是城市交通行业发展的必然需求。

图6-28　城市的交通网络

智能交通是一个基于现代电子信息技术面向交通运输的服务系统。它的突出特点是以信息的收集、处理、发布、交换、分析、利用为主线，为交通参与者提供多样性的服务。

智能交通的发展跟物联网的发展是离不开的，只有物联网技术不断发展，智能交通系统才能越来越完善。可以说智能交通是交通的物联化体现。

1. 智能交通的基本概念

智能交通系统(Intelligent Transportation System，ITS)是未来交通系统的发展方向，它将先进的信息技术、数据通信传输技术、电子传感技术、控制技术及计算机技术等，有效地集成运用于整个地面交通管理系统，而建立的一种在大范围内、全方位发挥作用的，实时、准确、高效的综合交通运输管理系统。

ITS可以有效地利用现有交通设施、减少交通负荷和环境污染、保证交通安全、提高运输效率，日益受到各国的重视。

21世纪将是公路交通智能化的世纪，人们将要采用的智能交通系统，是一种先进的一体化交通综合管理系统。在该系统中，车辆靠自己的智能在道路上自由行驶，公路靠自身的智能将交通流量调整至最佳状态，借助于这个系统，管理人员对道路、车辆的行踪将掌握得一清二楚。

2. 智能交通产生的背景

1) 汽车社会化

世界上先进发达国家在工业化发展的同时，已经实现了汽车普及。汽车化社会带来的诸多社会问题(如交通阻塞、交通事故、能源消费和环境污染等)日趋恶化。例如，交通阻塞造成的巨大经济损失，使道路设施十分发达的美国、日本等这些建立在汽车轮子上的工业国家，在探索既维护汽车化社会又要缓解交通拥挤问题的办法中，希望借助现代化科技改善交通状况达到“保障安全、提高效率、改善环境、节约能源”的目的。

2) 环境可续化

工业化国家在工业化、城市化发展的进程中，面临着日益严重的资源短缺与环境恶化问题，这一问题在发展中国家同样存在。这些国家都经历了为满足车辆发展的需求，而大力开发建设交通基础设施，在大量土地、燃油等资源占用和消耗的同时，不但交通需求没有完全满足，而且还造成汽车尾气由于道路拥挤排放量剧增，不仅造成巨大经济损失，而且给环境带来恶劣影响。

20世纪60年代以来，由于石油危机及环境恶化，工业化国家开始采取以提高效益和节约能源为目的的交通系统管理(TSM)和交通需求管理(TDM)，同时大力发展大运量轨道及实施公交优先政策，在社会可持续化发展的目标下调整运输结构，建立对能源均衡利用和环境保护最优化的交通运输体系。ITS作为综合解决交通问题，随着信息技术的迅速发展在发达国家孕育发展。

3) 信息技术智能化

交通管理的科学化、现代化，一直是人们综合治理、解决交通问题而追寻的目标，早期的交通信号控制系统装置，采用了电子、传感、传输等技术实现科学管理，随着科学技术的发展，尤其是计算机技术科学以及GPS、信息通信的普及和应用，交通监视控制系统、交通诱导系统、信息采集系统等在交通管理中发挥了很大作用，但这些技术单纯是对车辆或道路实施科学化管理，范围单一，局限性、系统性不强。

20 世纪 80 年代后期以来，“信息高速公路”信息技术得到飞速发展，尤其是国际信息网络 Internet 建立，加快了全球经济一体化的进程。1994 年开始，世界经济逐步进入信息革命阶段。

ITS 以信息技术为先导，将其他相关技术应用到交通运输智能管理上，工业化国家和民营企业纷纷投入到这一新兴的产业。美国政府于 1991 年开始投资对 ITS 的开发研究，仅美国高速公路安全局 1993 年的投资预算就达 2010 万美元；欧洲 19 个国家投资 50 亿美元到 EUREKA 项目。

3. 智能交通系统的特点

智能交通系统具有两个特点：一是着眼于交通信息的广泛应用与服务，二是着眼于提高既有交通设施的运行效率。

与一般技术系统相比，智能交通系统建设过程中的整体性要求更加严格。这种整体性体现在：

(1) 跨行业特点。智能交通系统建设涉及众多行业领域，是社会广泛参与的复杂巨型系统工程，从而造成复杂的行业间协调问题。

(2) 技术领域特点。智能交通系统综合了交通工程、信息工程、控制工程、通信技术、计算机技术等众多科学领域的成果，需要众多领域的技术人员共同协作。

(3) 政府、企业、科研单位及高等院校共同参与，恰当的角色定位和任务分担是系统有效展开的重要前提条件。

(4) 智能交通系统将主要由移动通信、宽带网、RFID、传感器、云计算等新一代信息技术作支撑，更符合人们的应用需求，可信任程度提高并变得“无处不在”。

4. 智能交通系统组成

智能交通系统是一个复杂的综合性系统，从系统组成的角度可以分成以下子系统：

1) 先进的交通信息系统(ATIS)

ATIS 是建立在完善的信息网络基础上的。交通参与者通过装备在道路上、车上、换乘站上、停车场上以及气象中心的传感器和传输设备，向交通信息中心提供各地的实时交通信息；ATIS 得到这些信息并通过处理后，实时向交通参与者提供道路交通信息、公共交通信息、换乘信息、交通气象信息、停车场信息以及与出行相关的其他信息；出行者根据这些信息确定自己的出行方式、选择路线。更进一步，当车上装备了自动定位和导航系统时，该系统可以帮助驾驶员自动选择行驶路线。

2) 先进的交通管理系统(ATMS)

ATMS 有一部分与 ATIS 共用信息采集、处理和传输系统，但是 ATMS 主要是给交通管理者使用的，用于检测控制和管理公路交通，在道路、车辆和驾驶员之间提供通讯联系。如图 6－29 所示，它将对道路系统中的交通状况、交通事故、气象状况和交通环境进行实时监视，依靠先进的车辆检测技术和计算机信息处理技术，获得有关交通状况的信息，并根据收集到的信息对交通进行控制，如信号灯、发布诱导信息、道路管制、事故处理与救援等。

图 6-29 交通管理系统

3) 先进的公共交通系统(APTS)

APTS 的主要目的是采用各种智能技术促进公共运输业的发展，使公交系统实现安全便捷、经济、运量大的目标。例如，通过个人计算机、闭路电视等向公众就出行方式和时间、路线及车次选择等提供咨询，在公交车站通过显示器向候车者提供车辆的实时运行信息。在公交车辆管理中心，可以根据车辆的实时状态合理安排发车、收车等计划，提高工作效率和服务质量。

4) 先进的车辆控制系统(AVCS)

AVCS 的目的是开发帮助驾驶员实行本车辆控制的各种技术，从而使汽车行驶安全、高效。AVCS 包括对驾驶员的警告和帮助、障碍物避险等自动驾驶技术。

5) 货运管理系统

这里指以高速道路网和信息管理系统为基础，利用物流理论进行管理的智能化的物流管理系统。综合利用卫星定位、地理信息系统、物流信息及网络技术有效组织货物运输，提高货运效率。

6) 电子收费系统(ETC)

ETC 是世界上最先进的路桥收费方式。通过安装在车辆挡风玻璃上的车载器，与在收费站 ETC 车道上的微波天线之间的微波专用短程通讯，利用计算机联网技术与银行进行后台结算处理，从而达到车辆通过路桥收费站不需停车而能交纳路桥费的目的，且所交纳的费用经过后台处理后清分给相关的收益业主。在现有的车道上安装电子不停车收费系统，可以使车道的通行能力提高 3～5 倍。

7) 紧急救援系统(EMS)

EMS 是一个特殊的系统，它的基础是 ATIS、ATMS 和有关的救援机构和设施，通过 ATIS 和 ATMS 将交通监控中心与职业的救援机构联成有机的整体，为道路使用者提供车辆故障现场紧急处置、拖车、现场救护、排除事故车辆等服务。具体包括：

(1) 车主可通过电话、短信等方式，了解车辆具体位置和行驶轨迹等信息。

(2) 车辆失盗处理。此系统可对被盗车辆进行远程断油、锁电操作，并追踪车辆位置。

(3) 车辆故障处理。接通救援专线，协助救援机构展开援助工作。

(4) 交通意外处理。此系统会在10秒钟后自动发出求救信号，通知救援机构进行救援。

5. 智能交通发展现状

面对当今世界全球化、信息化发展趋势，传统的交通技术和手段已不适应经济社会发展的要求。智能交通系统是交通事业发展的必然选择，是交通事业的一场革命。通过先进的信息技术、通信技术、控制技术、传感技术、计算器技术和系统综合技术有效的集成和应用，使人、车、路之间的相互作用关系以新的方式呈现，从而实现实时、准确、高效、安全、节能的目标。

交通安全、交通堵塞及环境污染是困扰当今国际交通领域的三大难题，尤其以交通安全问题最为严重。采用智能交通技术提高道路管理水平后，每年仅交通事故死亡人数就可减少30%以上，并能提高交通工具的使用效率50%以上。为此，世界各发达国家竞相投入大量资金和人力，进行大规模的智能交通技术研究试验。很多发达国家已从对该系统的研究与测试转入全面部署阶段。智能交通系统将是21世纪交通发展的主流，这一系统可使现有公路使用率提高15%到30%。

美、欧、日是世界上智能交通系统开发应用的最好国家，从它们发展情况看，智能交通系统的发展，已不限于解决交通拥堵、交通事故、交通污染等问题。经30余年发展，ITS的开发应用已取得巨大成就。美、欧、日等发达国家基本上完成了ITS体系框架，在重点发展领域大规模应用。可以说，科学技术的进步极大推动了交通的发展，而ITS的提出并实施，又为高新技术发展提供了广阔的发展空间。

6. 交通数据的采集方式

IT和通信技术的快速发展使得信息的发布不再是瓶颈，路边发布、手机发布、便携式终端发布、互联网发布、车载终端发布等，都具有巨大的应用市场。可见，要实现交通信息应用的爆发增长，如何获取原始交通数据并处理成精准的交通信息是其关键。

对于实时交通数据的采集，主要有两种方式：

1) 静态交通探测方式

静态交通探测方式主要利用位置固定的定点检测器或摄像机。通常，用来采集交通数据的定点检测器有感应线圈检测器、超声波检测器、雷达检测器、光电检测器、红外线检测器等。

例如，如图6-30所示为24 GHz微波雷达传感器，可用于测车速测流量的数据采集。

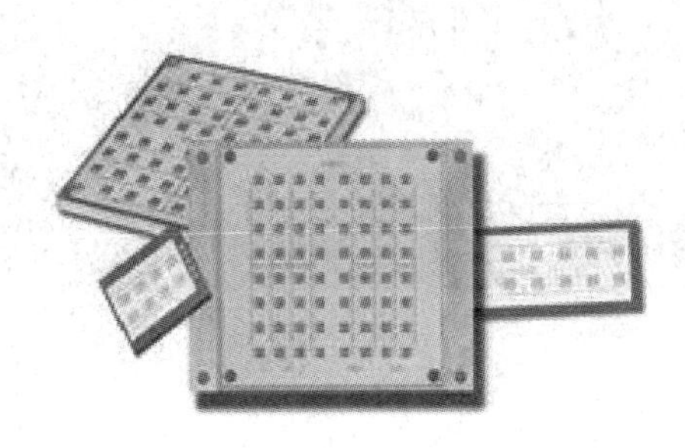

图6-30　微波雷达传感器

线圈和摄像机(视频监控)是定点检测的典型手段。

(1) 线圈是磁性检测器的一种变形，它依靠埋在路面下的一个或一组感应线圈产生的电磁感应变化，来检测通过的车辆的状况。该技术非常成熟，且精度较高，适用于交通量较大的道路。然而，其缺点也非常明显，即采集范围有限、损坏率高、施工成本昂贵、施工周期长。

例如，如图 6-31 所示，采用压电、线圈组合的检测方式，可以实现机动车自动分型、流量统计、地点车速检测等功能，并可根据需要提供轴载荷检测功能，满足公路交通情况调查工作的需要。

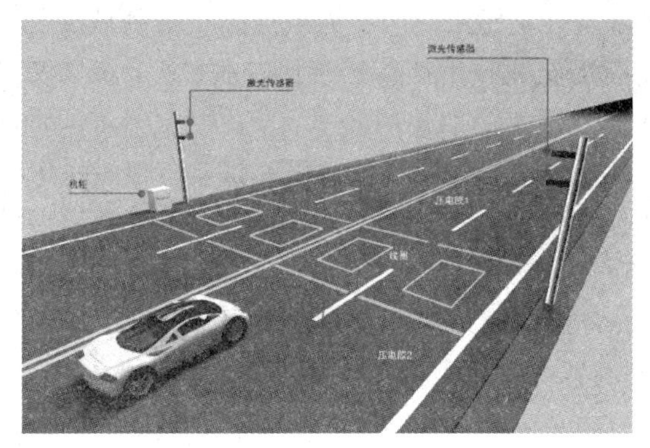

图 6-31　压电、线圈组合的检测方式

(2) 视频监控则是利用摄像机作为记录设备，通过对一定时间段内的图像进行分析得出交通流的详细资料。

对于交叉口交通状况的调查，常采用这种方法，如图 6-32 所示。这种方法的优点是比较直观，可以得到最完全的交通资料信息；缺点是成本高、数据整理工作量大(需要大量的图像处理工作)、有时可靠度较低(如大型车辆可能遮挡随行的小型车辆等)。

图 6-32　视频监控

2) *动态交通探测方式*

动态交通探测方式是指基于位置不断变化的车辆或手机来获得实时行车速度和旅行时间等交通信息的数据采集方式。动态交通探测的典型方式包括异频雷达收发机、车辆自动检测、全球定位系统(GPS)装置及手机通信等。

GPS是一种全球性、全天候的卫星无线电定位系统，可实时提供三维坐标、速度等空间信息，其特点是精度高、速度快。但实际应用中也有很多问题，主要表现在存在采集盲区(如高架下的道路采集不到GPS信号)、样本容量小、建设和运营成本高等。

基于移动通信的交通信息采集技术，利用手机网络中的信令信息来分析推算动态交通状况，其特点为道路覆盖范围广、数据采集成本相对较低、部署方便、数据精度较高等。作为一种新兴的动态交通探测手段，该技术充分利用了现有的手机网络资源，其实用性正在美国、欧洲等国家得到论证和推广。

7. 中国城市智能交通应用领域

目前，智能交通在我国主要应用于3大领域：

(1) 公路交通信息化，包括高速公路建设、省级国道公路建设公路交通领域。

目前热点的项目主要集中在公路收费，其中又以软件为主。公路收费项目分为两部分，联网收费软件和计重收费系统。此外，联网不停车收费(ETC)是未来高速公路收费的主要方式。

(2) 城市道路交通管理服务信息化。

兼容和整合是城市道路交通管理服务信息化的主要问题，因此，综合性的信息平台成为这一领域的应用热点。除了城市交通综合信息平台，一些纵向的比较有前景的应用有智能信号控制系统、电子警察、车载导航系统等。

(3) 城市公交信息化。

目前国内的公交系统信息化应用还比较落后，智能公交调度系统在国内基本处于空白阶段，也是方案商可以重点发展的领域。在地域分布上，国内的各大城市特别是南方沿海地区对于智能交通的发展都非常重视。

6.6.2　智能交通应用案例1——车联网

1. 车联网的概念

车联网是物联网在交通行业的具体实例，它利用移动互联网技术、专用短距离通信技术、车辆定位技术、车辆传感技术和道路环境感知技术，实现车辆之间、车辆与道路环境之间的协同互动。如图6-33所示。

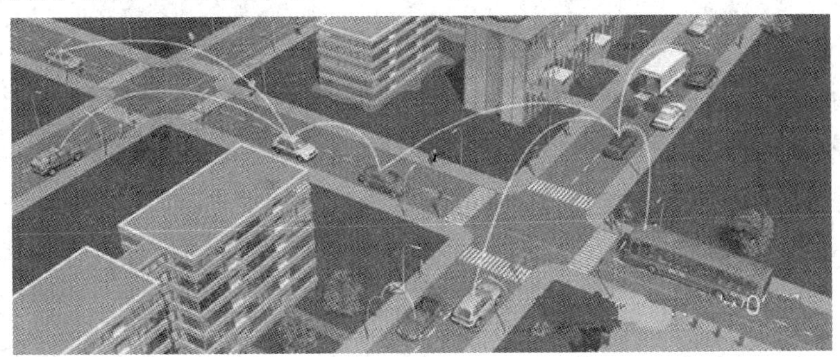

图6-33　车联网示意图

这里不讨论各种车内和车外传感技术，重点讨论移动互联网技术与专用短距离通信技术在车联网技术中的作用。

目前常见的误区是认为车联网就是“车上网”，即让车辆通过移动互联网技术(3G/4G/GPRS)接受后台提供的交通服务信息。“车上网”普遍采用“中心—终端”模式，中心或“云端”向终端提供信息服务，可实现大面积区域覆盖，主要以实时性要求不高的信息服务为主要内容，偏向宏观交通应用。但是，“车上网”只是车联网的一部分内容，后者还需要具备车辆之间、车辆与道路基础之间实时信息交互的能力。

专用短距离通信技术(DSRC)可实现车辆之间、车辆与道路环境之间的实时信息交互，可实现微观交通环境下众多应用，例如，交通电子自动缴费、场站和停车场自动出入、营运车辆不停车管理、行车驾驶安全、交警执法管理、实时信息广播等应用。总言之，专用短程通信技术能适合“点”式应用，移动互联网技术适合“面”式应用，车联网技术通过这种“点”与“面”的结合，能实现综合宏观(如交通流采集与实时交通信息发布)与微观(停车收费、出入管理与定点稽查等)、静态(如路边停车与停车场收费管理)与动态(如实时交通信息收集与发布、拥堵收费管理)交通应用。

2. 车联网应用系统架构

车联网是物联网在交通领域的实例化，因而也遵循物联网架构，其应用系统包含前端的感知层、中间传输层及后端应用层(管理云、支付云和计算云、存储云等)，如图6-34所示。其中，感知层实现对车内信息和车外环境信息的感知，传输层实现信息的传输，应用层实现数据的存储与处理。在该架构之上可构建各种广泛的车联网智能交通应用。

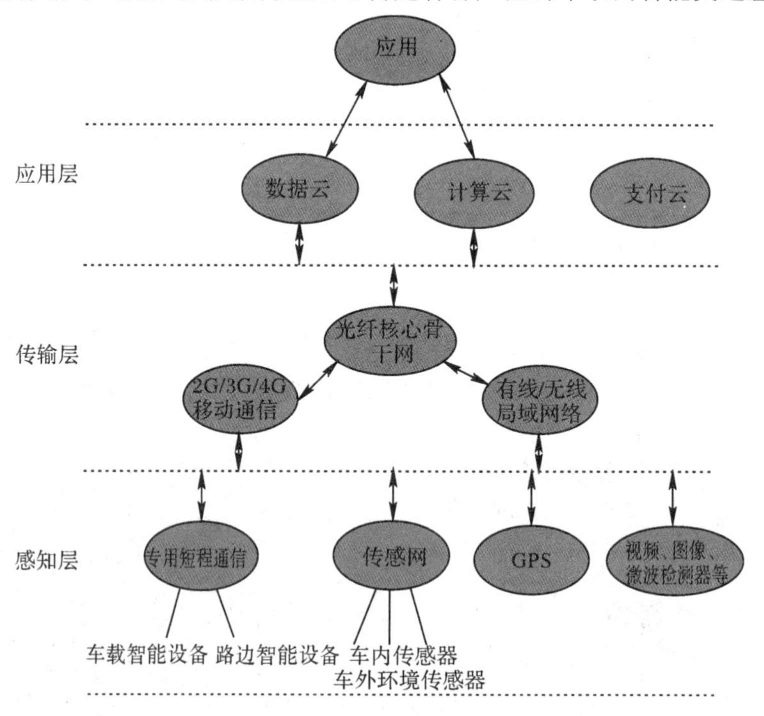

图6-34 车联网应用系统架构图

3. 智能化联网停车

目前，我国的停车技术普遍处于人工和半人工服务结合的状态，少见覆盖全市的联网服务和全自动化的管理，这种低效的服务在汽车日益增长的情形下使停车难的问题日益尖锐。此外，路边停车管理缺失是普遍存在的问题，小区和商业区停车难、寻车难的现象普遍存在。

基于车联网技术可以实现车辆出入自动识别和管理，同时也可以实现自动电子缴费，藉此可以构建面向全市的联网停车收费、管理和信息服务网络。通过联网停车服务，用户可以全自动出入和自动化电子付费，可以实时获知周围小区的停车信息，可以提前预订车位，从而较大提高停车效率，减少因为停车造成的额外交通压力。

此外，还可扩展各种商业应用，例如，出入商业场所的实时打折信息推送(可推送到手机或者车载终端，也可以结合 IC 卡根据客户的购买行为定向推送)，沿路商户可实时向车辆发布各种商业信息(感兴趣的车辆用户可以打开接收通道，接收周边特定的饮食和娱乐等信息)，也可通过联网实现一卡通行的服务，或者基于联网停车场开展短途租车(汽车、自行车或者电动车均可)服务，等等。

4. 城市拥堵管理

在某些大型城市的核心商业区，过多的汽车出入已经让这些区域的交通严重恶化，通行效率急剧降低。对出入核心商业区收取一定费用，可以有效的调节该区的车流。在新加坡和伦敦等城市已成功应用。

专用短程通信技术可以实现自由通行情况下的车路实时通信和实时电子支付，是目前实现拥堵收费和管理的主流技术。

5. 不停车营运车辆管理

国家对“两客一危”营运车辆，要求安装符合国家标准(JT/T794－2011)卫星定位车载终端，该终端以车辆传感、GPS/北斗及 4G 技术为基础，可以实现对车辆行驶记录、定位和监控。

结合专用短程通信技术，可以实现营运车辆出入场站、车辆和人员不停车稽查、沿途重要站点自动稽查、基于特殊位置的实时信息接收及交通路口特殊车辆优先放行等应用。

6. 安全驾车应用

基于车联网技术，一方面可以通过移动互联网获取道路周边的交通状况信息，也可以通过专用短程通信技术获取在途的事故或者交通安全信息，且通过车与车、车与路之间的信息交换，可实现大雾大雨天气、弯道、交叉口、危险路段的避让预警，再结合行人检测技术可以有效构建安全行车环境。

7. 车联网应用实施模式

基于移动互联网的车联网技术，目前已经有较好的实施模式，主要只涉及车辆上终端的安装和信息服务中心(含 CALLCENTER 等)的建设，不需要在道路上安装基础通信设施。而且在车载终端上车问题上，汽车厂商通过前装方式实现，GPS 服务商通过前装或者后装 GPS 终端的方式实现。由于这种“面”式模式相对成熟且易于实施，这也是目前汽车厂商、GPS 运营商和移动信息服务商普遍采用的车联网模式。

8. 我国车联网市场现状

车联网的兴起与智能化终端的不断普及有直接联系，且由于移动网络速度的不断提升和资费的下降，网络对车联网的发展同样起助推作用。

我国车联网市场主要由前装车联网市场构成，且以外资厂商的云服务平台为主。

中投顾问产业研究中心在《2016 — 2020 年中国车联网行业深度调研及投资前景预测

报告》中预测，2017 年我国车联网市场将达到 250.9 亿元，2013～2017 年的年均复合增长率为 31.5%，显示出我国车联网市场广阔的发展空间，如图 6-35 所示。

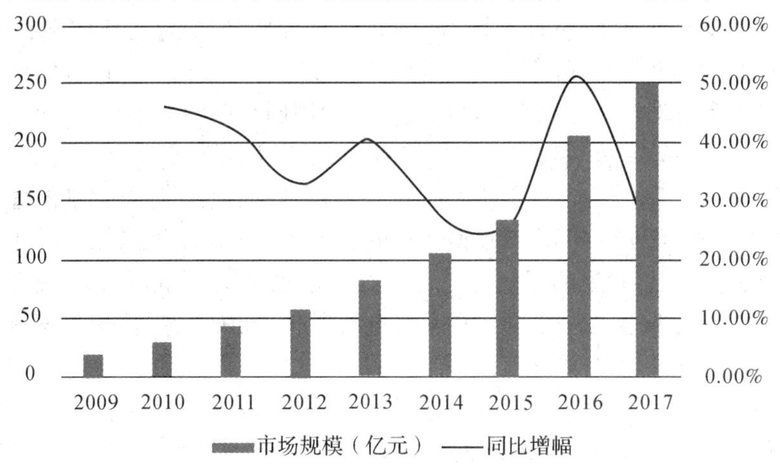

图 6-35　2009—2017 年中国前装车联网市场规模及增速

在无人驾驶技术发展过程中，车联网至关重要。因为车联网增强信息技术对驾驶的辅助，提高自动化程度，是实现自动驾驶的前提。目前车联网渗透率正在逐渐上升，推动汽车向无人驾驶方向前进。图 6-36 所示为国家统计局发布的 2010—2014 年中国车联网渗透率数据。

图 6-36　2010—2014 年中国车联网渗透率

随着移动网络的网速、质量及资费等的不断优化，移动互联网的加速普及，以及车联网服务的不断丰富，车联网市场将呈爆发式发展。并且由于平台服务方为车联网利润最为丰厚且最为持久的一方，平台服务商将加速涌现进入车联网市场，不断丰富平台服务的种类、优化平台服务的体验、降低平台服务的资费，未来具有云资源整合能力的企业将在竞争中占得先机。

由于车联网是从端到云的统一整体，缺一不可，同时车联网中汽车智能化的部分由车厂主导，然而目前汽车集成式的供应链形态决定其封闭性，很难建立起可持续发展的创新业务模式，造成平台与其他行业的信息割裂，信息无法共享，导致业务和应用开发成本较高，业务创新和研发速度缓慢。所以，对于开发者来说，其开发应用和服务的积极性也相应降低。因此整车厂商对于车载信息终端的把控是整个车联网市场迅速发展的阻碍因素。

9. 车联网产业发展趋势

(1) 车联网的第一个大趋势——汽车安全。

汽车安全主要的关注点是避碰。很多研究发现，人为的错误在95%的情况下会导致很多碰撞事故。因此车联网可以在这方面使道路变得更加安全。

提到汽车安全，不得不提到驾驶辅助系统，这些系统加在一起，就像是你在道路上的眼睛，四面八方都能看得清，有了预警系统、变道辅助系统，可以帮助车辆的碰撞减少5%～10%。此外如果有自动刹车，可以进一步减少20%碰撞事故。

(2) 车联网的第二个大趋势——半自动化汽车。

利用驾驶辅助系统技术，可以进行自动驾驶。很多企业把车作为无线的点，让驾驶员保持联网。很多消费者希望在车内车外，与在家和在工作场所一样实现无线互联。现在各个汽车都有各自的软件系统，它们可以进行数据的互动，甚至可以上传到经销商的网络进行更新。

(3) 车联网的第三个大趋势——基于云，基于无线的OTA(空中下载技术)。

现在汽车制造商逐渐从对硬件的过多关注转向对软件的关注。福特和微软已经发布了基于云的基础设施，可以对汽车进行OTA的升级。菲亚特、克莱斯勒公司升级了四款他们的车型。他们现在增加了一些车辆诊断系统，能够直接向驾驶员发送车辆诊断报告。此外本田、特斯拉也推出了OTA助手。特斯拉有针对充电的OTA助手，可以计算离你最近的充电设施有多远，就像是对你的手机软件进行更新一样。

(4) 车联网的第四个大趋势——V2V(车对车)通信。

对于自动驾驶汽车本身会有一些限制和局限。比如，一个自动驾驶汽车，前面某处有一个桥或者一个障碍物，由于距离比较远分不清，这时如果前方的车辆把周围的车况信息通过相互通信进行分享，就能起到预警作用，这就是V2V。如图6-37所示，这样可以降低50%的汽车碰撞或事故。

图 6-37　V2V 通信

(5) 车联网的第五个大趋势——降低油耗、减缓堵塞。

车联网不仅可以减少故障，挽救人的性命，还可以节约驾驶时间，减缓交通堵塞，降低燃油浪费。美国政府预计，25%的拥堵是由于一些小的碰撞事故，也包括高峰时期的碰撞。所以一些新的安全系统，能够让车减少碰撞，即减少了拥堵，变相提高了整个燃油经济性。另外，MIT 麻省理工学院经过研究，计算出利用车联网可以减少 20%的加速减速，从而能够将油耗和碳排放降低 5%。

6.6.3 智能交通应用案例 2——ETC 不停车收费系统

ETC 利用车辆自动识别(Automatic Vehicle Identification，AVI)技术完成车辆与收费站之间的无线数据通信，进行车辆自动识别和有关收费数据的交换，通过计算机网络进行收费数据的处理，实现不停车自动收费。

1. 什么是 ETC

ETC(Electronic Toll Collection)全自动电子收费又称为不停车收费。

ETC 不停车收费系统是目前世界上最先进的路桥收费方式，是智能交通系统的服务功能之一。通过安装在车辆挡风玻璃上的车载电子标签与在收费站 ETC 车道上的微波天线之间的微波专用短程通讯，利用计算机联网技术与银行进行后台结算处理，从而达到车辆通过路桥收费站不需停车而能交纳路桥费的目的。

使用该系统，车主只要在车窗上安装感应卡并预存费用，通过收费站时便不用人工缴费，也无须停车，高速费将从卡中自动扣除。这种收费系统每车收费耗时不到两秒，其收费通道的通行能力是人工收费通道的 5～10 倍。

2. ETC 发展现状

ETC 是国际上正在努力开发并推广的一种用于公路、大桥和隧道的电子自动收费系统。该技术在国外已有较长的发展历史，美国、欧洲等许多国家和地区的电子收费系统已经局部联网并逐步形成规模效益。我国以 IC 卡、磁卡为介质，采用人工收费方式为主的公路联网收费方式无疑也受到这一潮流的影响。

2014 年 3 月，交通运输部正式启动了全国高速公路 ETC 联网工作。2015 年年底基本实现全国 ETC 联网，主线收费站 ETC 覆盖率达到 100%，全国 ETC 用户数量达到 2000 万。

3. ETC 的作用

不停车收费技术特别适于在高速公路或交通繁忙的桥隧环境下采用。在传统采用车道隔离措施下的不停车收费系统，通常称为单车道不停车收费系统；在无车道隔离情况下的自由交通流下的不停车收费系统，通常称为自由流不停车收费系统。

实施 ETC 的好处主要有以下几个方面：

(1) 实施不停车收费，可以允许车辆高速通过，故可大大提高公路的通行能力。

(2) 公路收费走向电子化，可降低收费管理的成本，有利于提高车辆的营运效益。

(3) 可以大大降低收费口的噪声和废气排放。

(4) 由于通行能力得到大幅度的提高，所以，可以缩小收费站的规模，节约基建费用和管理费用。

(5) 不停车收费系统对于城市来说，不仅仅是一项先进的收费技术，它还是一种通过经济杠杆进行交通流调节的切实有效的交通管理手段。

(6) 对于交通繁忙的大桥、隧道，不停车收费系统可以避免月票制度和人工收费的众多弱点，有效提高这些市政设施的资金回收能力。

除了用于高速公路、市区过桥、过隧道自动扣费，在车场管理中也可以用于建立快速车道和无人值守车道，自动扣停车费。可以大幅提高出入口车辆通行能力，改善车主的使用体验，达到方便快捷出入停车场的目的。

4. ETC 系统组成

ETC 系统由后台系统、车道控制器、路侧读写器(RSU)和车载电子标签(OBU)等组成，如图 6-38 所示。

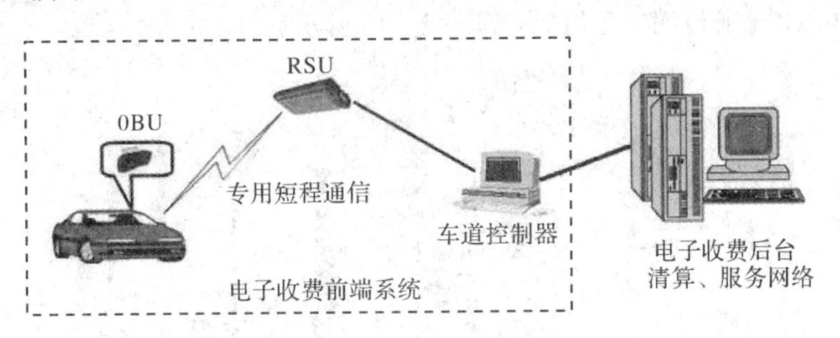

图 6-38　ETC 系统组成

5. ETC 系统工作流程

ETC 系统的工作流程如下：

(1) 在车辆上安装载有车辆信息的车载装置。

(2) 该车辆进入电子不停车收费通道入口时，公路数据采集处理系统的站级装置读取车载装置内的车辆信息，如图 6-39 所示，从数据库中调出匹配车辆数据后放行处理，接着储存记录该车辆数据，上传公路数据采集处理系统的数据管理中心。

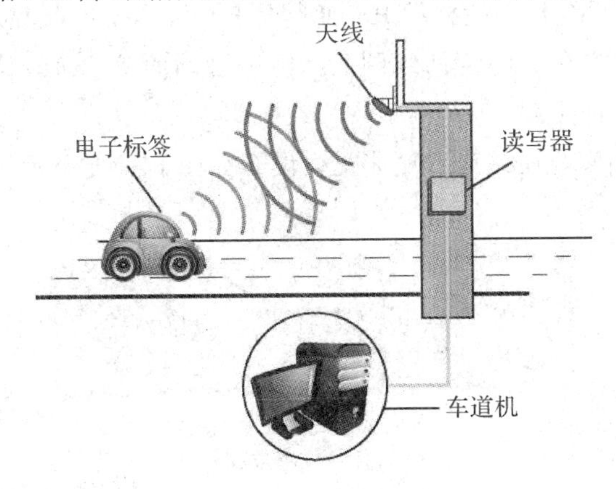

图 6-39　ETC 系统工作流程

(3) 该车辆通过出口时，公路数据采集处理系统的站级装置读取车辆信息，从数据库中调出匹配车辆数据后放行处理，接着储存记录该车辆数据，上传公路数据采集处理系统的数据管理中心，该数据管理中心进行分析形成扣费交易事实上传银行。

(4) 银行完成交易处理后实时返回该数据管理中心。

和传统的人工收费系统不同，ETC 通过“车载电子标签+IC 卡”与 ETC 车道内的微波设备进行通信，通过无线数据交换方式实现收费计算机与 IC 卡的远程数据存取功能。计算机可以读取 IC 卡中存放的有关车辆的固有信息(如车辆类别、车主、车牌号等)、道路运行信息、征费状态信息。按照既定的收费标准，通过计算，从 IC 卡中扣除本次道路使用通行费。当然，ETC 也需要对车辆进行自动检测和自动车辆分类。

6. ETC 系统功能

ETC 车道与传统的 MTC 车道建设不同，主要由 ETC 天线、车道控制器、费额显示器、自动栏杆机、车辆检测器等组成，如图 6-40 所示。

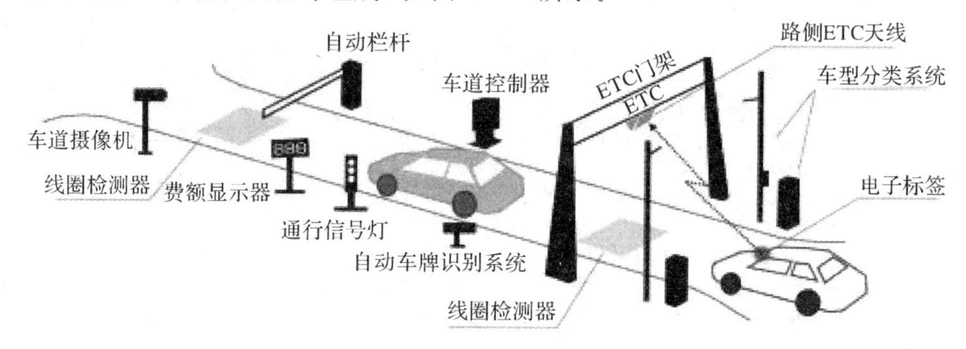

图 6-40 ETC 车道组成

ETC 系统功能实现步骤：

(1) 车辆进入通信范围。

(2) 读写天线与电子标签和 CPU 卡进行通信，判别车辆是否有效，如有效则进行交易；无效则报警并封闭车道，直到车辆离开检测线圈。

(3) 如交易完成，系统控制栏杆抬升，通行信号灯变绿，费额显示牌上显示交易金额。

(4) 车辆通过自动栏杆下的落杆线圈后，栏杆自动回落，通行信号灯变红，系统等待下一辆车进入。

在高速公路路侧距离收费站区 500 米处，设有如图 6-41 所示标志，表示前方收费站区设有 ETC 车道。

图 6-41 ETC 车道标志

在 ETC 车道收费亭前方，设有如图 6-42 所示标志，表示箭头指示车道为 ETC 车道，车道限速为 20 km/h，注意保持车距。

图 6-42　ETC 车道指示牌

在 ETC 车道上方，设有 ETC 车道天棚指示灯，当天棚指示灯为ETC字样时，允许车辆进入车道，如图 6-43 所示。当天棚指示灯为×时，表示车道处于关闭状态，禁止通行。

在 ETC 车道内有行驶标线，用户应按照标志标线行驶。

图 6-43　ETC 专用车道

7. ETC 系统关键技术

ETC 系统的关键技术主要集中在以下几个方面：

(1) 自动车辆识别 AVI(Automatic Vehicle Identification)技术。

车辆自动识别技术(AVI)主要由车载设备(OBU：On-Board Units)和路边设备(RSE：Road-Side Units)组成，两者通过微波频段短程通信 DSRC(Dedicated Short Range Communication)完成路边设备对车载设备信息的一次读写，即完成收(付)费交易所必须的信息交换手续。

(2) 自动车型分类 AVC(Automatic Vehicle Classification)技术。

自动车型分类技术(AVC)：在 ETC 车道安装车型传感器测定和判断车辆的车型，以便按照车型实施收费。也有简单的方式，即通过读取车载器中车型的信息。

(3) 短程通信 DSRC(Dedicated Short Communication)技术。

目前用于ETC的短程通信主要是微波和红外两种方式，由于技术发展历史的原因，微波方式的ETC已成为各国DSRC的主流。

(4) 违章车辆抓拍系统VES(Video Enforcement System)。

违章车辆抓拍系统VES：主要由数码照相机、图像传输设备、车辆牌照自动识别系统等组成。对不安装车载设备OBU的车辆用数码相机实施抓拍措施，并传输到收费中心，通过车牌自动识别系统识别违章车辆的车主，实施通行费的补收手续。

6.7 智能工业的应用

6.7.1 智能工业概述

1. 智能工业的概念

智能工业是将具有环境感知能力的各类终端、基于泛在技术的计算模式、移动通信等不断融入工业生产的各个环节，大幅提高制造效率，改善产品质量，降低产品成本和资源消耗，将传统工业提升到智能化的新阶段。

工业和信息化部将智能工业应用示范工程归纳为：生产过程控制、生产环境监测、制造供应链跟踪、产品全生命周期监测、促进安全生产和节能减排。

目前，以智能设计、智能制造、智能运营、智能管理、智能决策和智能产品为典型特征的智能工业成为行业发展新方向。例如，智能制造在一些集中度较高的工业领域，尤其是在原材料、装备制造和消费品行业，得到初步发展。如图6-44所示，为汽车装配智能化生产线。

图6-44 汽车装配智能化生产线

2. 智能工业的发展背景

18世纪，英国人瓦特发明了蒸汽机，引发了第一次工业革命，开创了以机器代替手工工具的时代。人类从此进入了工业时代。

1870年以后，科学技术的发展突飞猛进，各种新技术、新发明层出不穷，并迅速应用于工业生产，大大促进了经济发展，这就是第二次工业革命。当时，科学技术的突出发展主要表现在3个方面，即电力的广泛应用、内燃机和新交通工具的创制、新通信手段的发明。

21 世纪以后，随着科技发展，以及物联网的发展，智能化成为了科技发展的趋势。工业作为社会经济的一大主体，推动着社会的进步，其科技的发展也朝智能化的方向发展。英国在《经济学人》发表文章，宣告“第三次工业革命”的来临，其核心是“制造业数字化”，即“智能工业”。

企业的竞争力是全方位的问题，一个制造企业光有先进制造能力是不够的，它还必须能够从产品开发、生产计划等方方面面快速响应市场。计算机可以模拟所有的过程，提前验证设计要求，利用先进的技术优化全过程。信息化可以为工业化插上腾飞翅膀。

简单来说，制造业信息化技术的主要内容是“5 个数字化”，包括设计数字化、制造装备数字化、生产过程数字化、管理数字化和企业数字化。

制造业企业信息化的关键技术归结为 9 项主要关键技术，即数字、可视、网络、虚拟、协同、集成、智能、绿色、安全。随着全球化经济、知识经济、产品的虚拟可视化开发以及协同商务的市场模式的深化，这 9 项关键技术的研究与应用，正在企业信息化工程中发挥着越来越巨大的作用。计算机及网络技术为制造业带来了重大变革和转机，反过来制造业不断增长的需求也推动了数字技术在产品开发、制造、发布方面的不断发展和进步。

3. “工业 4.0”敲响智能制造大门

德国依靠其制造业的精准，产品的高质量、名品牌，以雄厚的实力抵御了金融危机，受到全世界的瞩目。而近来，德国又提出工业 4.0 的理念，并于 2013 年将其纳入了《高技术战略 2020》，确保德国制造的未来，引领世界制造业新潮流。

“工业 4.0”的概念源于 2011 年德国汉诺威工业博览会，其初衷是通过应用物联网等新技术，提高整个德国的制造业水平。“工业 4.0”战略的核心就是通过 cps 网络实现人、设备与产品的实时连通、相互识别和有效交流，从而构建一个高度灵活的个性化和数字化的智能制造模式。其内涵是指在工业化历史上经历的蒸汽机机械化、电动机的广泛应用所实现的电气化、电子信息技术使制造实现自动化。这三个阶段形象地表述为工业的 1.0、2.0、3.0。今后制造业将基于下一代互联网、物联网、云计算、大数据等新一代信息技术实现智能化，形成个性化、柔性化、数字化的制造与服务模式，进入工业 4.0 阶段，如图 6 - 45 所示。

图 6 - 45　工业 4.0

德国工业 4.0 战略的实质，是用物联网、服务互联网首先将制造业的物理设备连接到互联网上，形成一个“信息物理系统网络”，再将传感器、终端系统、智能控制系统、通信设施组合起来，从而将制造者、机器、物料、制造环境以及用户紧密联系起来，实时连通、相互识别、有效交流。这个大系统使得制造厂成为智能工厂，制造方式成为智能化制造。

工业 4.0 已经成为德国工业的一个强劲发展趋势，其中获得了政府的很多支持。在打造工业 4.0 的过程中，数字化建设将可以为德国带来持续的经济增长，并推高就业率，像西门子、博世等知名公司已经在智能工业方面迈出了脚步。

4. 物联网在工业领域中的应用范围

智能工业的实现是基于物联网技术的渗透和应用，并与未来先进制造技术相结合，形成新的智能化的制造体系。所以，智能工业的关键技术在于物联网技术。

物联网技术在工业领域中主要应用于以下方面。

1）制造业供应链管理

物联网应用于企业原材料采购、库存、销售等领域，通过完善和优化供应链管理体系，提高供应链效率，降低成本。例如，空中客车(Airbus)通过在供应链体系中应用传感网络技术，构建了全球制造业中规模最大、效率最高的供应链体系。

2）生产过程工艺优化

物联网技术的应用提高了生产线过程检测、实时参数采集、生产设备监控、材料消耗监测的能力和水平。生产过程的智能监控、智能控制、智能诊断、智能决策、智能维护水平不断提高。例如，钢铁企业应用各种传感器和通信网络，在生产过程中实现对加工产品的宽度、厚度、温度的实时监控，从而提高了产品质量，优化了生产流程。

3）产品设备监控管理

各种传感技术与制造技术融合，实现了对产品设备操作使用记录、设备故障诊断的远程监控。例如，GE Oil & Gas 集团(GE 石油天然气集团)在全球建立了 13 个面向不同产品的 i-Center，通过传感器和网络对设备进行在线监测和实时监控，并提供设备维护和故障诊断的解决方案。

4）环保监测及能源管理

物联网与环保设备的融合，实现了对工业生产过程中产生的各种污染源及污染治理各环节关键指标的实时监控。例如，在重点排污企业排污口安装无线传感设备，不仅可以实时监测企业排污数据，而且可以远程关闭排污口，防止突发性环境污染事故的发生。电信运营商已开始推广基于物联网的污染治理实时监测解决方案。

5）工业安全生产管理

把感应器嵌入和装备到矿山设备、油气管道、矿工设备中，可以感知危险环境中工作人员、设备机器、周边环境等方面的安全状态信息，将现有分散、独立、单一的网络监管平台提升为系统、开放、多元的综合网络监管平台，实现实时感知、准确辨识、快捷响应、有效控制。

5. 物联网与工业自动化的融合

物联网的产业链即所谓的 DCM(Device、Connect、Manage，设备、连接、管理)，跟工业自动化的三层架构是互相呼应的。在物联网的环境中，每一层次由原来的传统功能大幅进化。在 Device(设备)层达到所谓的全面感知，就是让原本的物，提升为智能物件，可以识别或撷取各种数据；在 Connect(连接)层则要达到可靠传递，除了原有的有线网络外更扩展到各种无线网络；在 Manage(管理)层部分，则将原有的管理功能进步到智能处理，对撷取到的各种数据做更具智能的处理与呈现。

传统的工业自动化控制系统主要包括3个层次，分别是设备层(device layer)、控制层(control layer)及信息层(information layer)。设备层的功能是将现场设备以网络节点的形式挂接在现场总线网络上，依照现场总线的协议标准，设备采用功能模块的结构，通过组态设计，完成数据撷取、A/D转换、数字滤波、温度压力补偿、PID控制等各种功能；控制层是自动化的基础，从现场设备中获取数据，完成各种控制、运行参数的监测、警报和趋势分析等功能，控制层的功能一般由工业计算机或PLC等控制器完成，这些控制器具备网络能力以协调网络节点之间的数据通信，同时也实现现场总线网段与以太网段的连接；第三层信息层提供实现远程控制的平台，并连接到企业自动化系统，同时从控制层提取有关生产数据用于制定综合管理决策。

自另一个角度来看，物联网可以使自动化跟信息化“两化融合”的愿景具体实现，自动化企业长期以来都朝着信息化目标前进，在物联网的基础下，原先传统的C/S(Client/Server)架构，可以转换成B/S(Browser/Server)架构，在生产制造、智能建筑、新能源、环境监控以及设备控制领域有更广泛的应用。

6. 智能工业的意义

工业化的基础是自动化，自动化领域发展了近百年，理论和实践都已经非常完善了。随着现代大型工业生产自动化的不断兴起，以及过程控制要求的日益复杂，应运而生的DCS控制系统，更是计算机技术、系统控制技术、网络通信技术和多媒体技术结合的产物。DCS的理念是分散控制、集中管理。

虽然自动设备全部联网，并能在控制中心监控信息而通过操作员来集中管理，但操作员的水平决定了整个系统的优化程度。有经验的操作员可以使生产最优，而缺乏经验的操作员只是保证生产的安全性。是否有办法做到分散控制、集中优化管理，需要通过物联网根据所有监控信息，通过分析与优化技术，找到最优的控制方法，这才是物联网带给DCS控制系统的最大优势。

IT信息发展的前期，信息服务对象主要是人，主要解决信息孤岛问题。当为人服务的信息孤岛问题解决后，要在更大范围解决信息孤岛问题，就是要将物与人的信息打通。人获取了信息后，可以根据信息判断，做出决策，从而触发下一步操作；但由于人存在个体差异，对于同样的信息，不同的人做出的决策是不同的，如何从信息中获得最优的决策？另外“物”获得了信息是不能做出决策的，如何让物在获得了信息之后具有决策能力？智能分析与优化技术是解决此类问题的一个手段，在获得信息后，依据历史经验以及理论模型，快速做出最优决策。数据的分析与优化技术在两化融合的工业化与信息化方面都有旺盛的需求。

6.7.2　智能工业应用案例1——智能电网

智能电网这个概念很早就提出来了，国内也早就将智能电网定为电网发展的目标和方向，通过建设智能电网，推动我国形成全球规模最大、资源配置能力最强、智能化程度最高的安全、经济、高效、灵活、互动的电力系统。

1. 什么是智能电网

说到智能电网，需要先了解电网是什么。电网，一般是指排除发电厂之外的，由变电装置和输配电线组成的整体。中高压变电装置一般都会配套建有专门的变电站，低压变电装置小区里也随处可见，例如，我们平时在马路边看到的电线杆、城乡接合部看到的高压电杆塔、小区里的变电箱、还有变电站，都是电网的组成部分，如图 6-46 所示。

图 6-46　电网

电网包含变电、输电、配电三个环节。电能从发电厂制造出来，通过变电升压，进入高压输电线路，再经过变电降压，配电给各个用户，如图 6-47 所示，才有我们每天用的电。

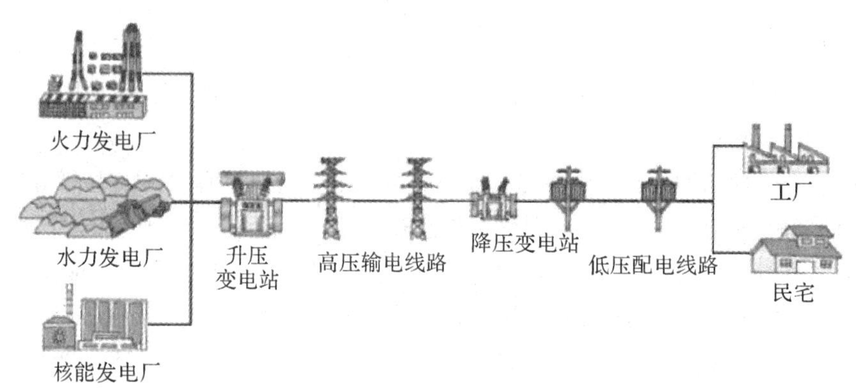

图 6-47　变电、输电、配电环节

那么，什么是智能电网呢？在过去，用户对于电网来说，能做的只是按时交电费，看看这个月自己家里用了几度电。在智能电网中，用户是电力系统不可分割的一部分。鼓励用户参与自身运行和管理，是智能电网一大重要特征。

智能电网就是电网的智能化，是建立在集成的、高速双向通信网络的基础上，通过先进的传感和测量技术、先进的设备技术、先进的控制方法以及先进的决策支持系统技术的应用，实现电网的可靠、安全、经济、高效、环境友好和使用安全的目标，其主要特征包括自愈、激励、抵御攻击、提供满足 21 世纪用户需求的电能质量、容许各种不同发电形式的接入、启动电力市场以及资产的优化高效运行。

2. 传统电网与智能电网的电力流和信息流

智能电网是安全可靠、经济高效、清洁环保、透明开放、友好互动的。从图 6-48 和图 6-49 中可以看出，与传统电力系统相比，智能电网更加强调电力流和信息流的双向传输。

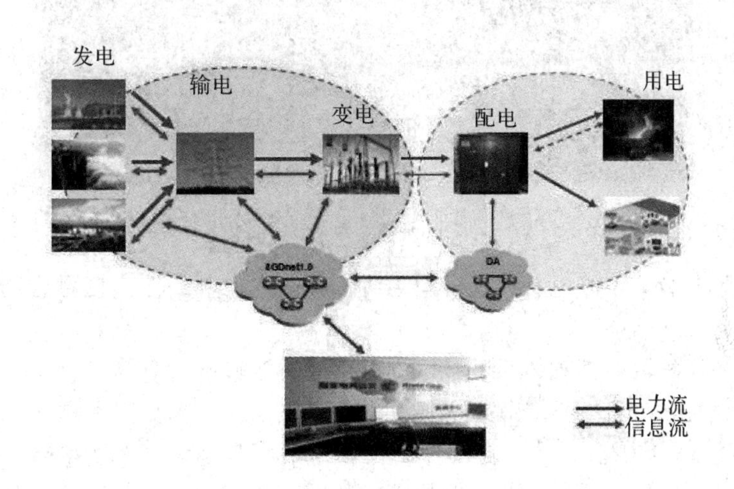

图 6-48　传统的电力系统

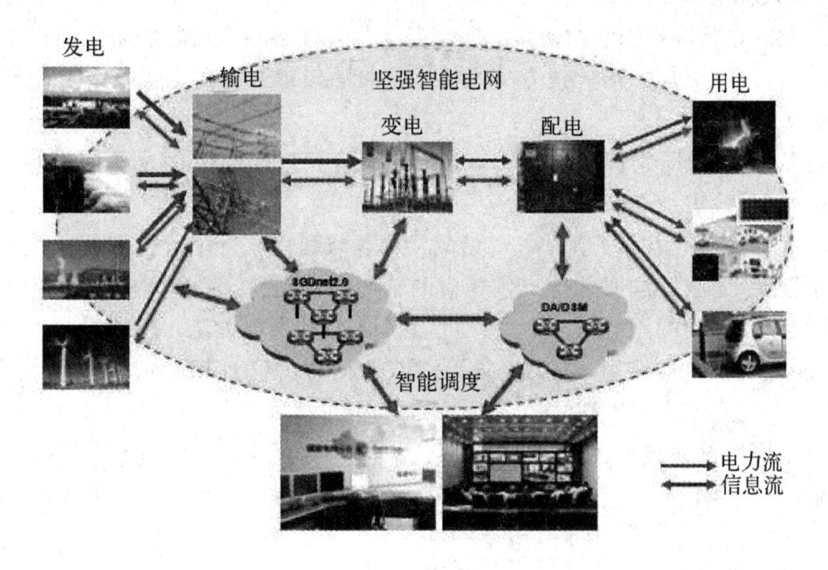

图 6-49　智能的电力系统

3. 智能电网的先进性

智能电网是未来智慧城市的“大动脉”，如图 6-50 所示。通信、计算机、自动化等技术在电网中得到广泛深入的应用，并与传统电力技术有机融合，极大地提升了电网的智能化水平。

图 6-50　智能电网是未来智慧城市的“大动脉”

与传统电网相比，智能电网体现出电力流、信息流和业务流高度融合的显著特点，其先进性和优势主要表现在：

(1) 具有坚强的电网基础体系和技术支撑体系，能够抵御各类外部干扰和攻击，能够适应大规模清洁能源和可再生能源的接入，电网的坚强性得到巩固和提升。

(2) 信息技术、传感器技术、自动控制技术与电网基础设施有机融合，可获取电网的全景信息，及时发现、预见可能发生的故障。故障发生时，电网可以快速隔离故障，实现自我恢复，从而避免大面积停电的发生。

(3) 柔性交/直流输电、网厂协调、智能调度、电力储能、配电自动化等技术的广泛应用，使电网运行控制更加灵活、经济，并能适应大量分布式电源、微电网及电动汽车充放电设施的接入。

(4) 通信、信息和现代管理技术的综合运用，将大大提高电力设备使用效率，降低电能损耗，使电网运行更加经济和高效。

(5) 实现实时和非实时信息的高度集成、共享与利用，为运行管理展示全面、完整和精细的电网运营状态图，同时能够提供相应的辅助决策支持、控制实施方案和应对预案。

(6) 建立双向互动的服务模式，用户可以实时了解供电能力、电能质量、电价状况和停电信息，合理安排电器使用；电力企业可以获取用户的详细用电信息，为其提供更多的增值服务。

4. 智能电网给普通居民生活带来的变化

智能电网能给我们普通居民的生活，产生什么影响呢？下面我们以几个小实例来加以介绍。

【例 6-1】 家中无人电网操纵电器。

家里没人，空调、电器还开着，怎么办？打个电话给电力公司，智能电网在遥控状态下，就能帮你关闭电器，如图 6-51 所示。个体家庭电表被智能电网所覆盖，各个家庭中每时每刻的用电量和用电负荷都尽收智能电网“眼底”。

在无人操纵的情况下，家用电器温度调高调低、关闭或者开启，对智能电网来说，都是一件轻而易举的事情。遇上用电高峰期，智能电网会根据负荷自动帮你把空调调高 1℃，或者把你家里长期没用的插座断电。

图 6 - 51　遥控电器开关

【例 6 - 2】　家里何时用电最多？一看就知道。

这个月电费怎么这么多？哪些天用电最多？每天是早上、中午还是晚上用电最多？晚上八点到九点一个小时内我用了多少电？怎么样用电最低碳环保？如果你是低碳达人，希望能节约电力资源给绿色地球多做一份贡献的话，智能电网将给你提供极大便利。

实现全覆盖、全采集的智能电网，每个家庭某个时间段的用电信息都能被精确采集。

【例 6 - 3】　告别人工抄表。

人工成本高，工作效率低，容易出现误差、导致纠纷。智能电网可以一举解决这些问题，一个月每家每户用了多少度电，通过信息采集就轻易得知。因为每个电表都对应一个表号，只要查询表号即可明了用电量。

【例 6 - 4】　可预缴电费。

“您好！你的电费余额将不足，请及时充值。”这类的电费缴纳提示音将变得不再陌生。智能电网覆盖下，将像手机预缴费一样，电费缴纳也变成“预付费”。余额快不足时，会收到及时的提示。

5. 发展智能电网的意义

1）*生活方便*

智能电网的建设，将推动智能小区、智能城市的发展，提升人们的生活品质。

（1）让生活更便捷。家庭智能用电系统既可以实现对空调、热水器等智能家电的实时控制和远程控制，又可以为电信网、互联网、广播电视网等提供接入服务，还能够通过智能电能表实现自动抄表和自动转账交费等功能。

（2）让生活更低碳。智能电网可以接入小型家庭风力发电和屋顶光伏发电等装置，并推动电动汽车的大规模应用，从而提高清洁能源消费比重，减少城市污染。

（3）让生活更经济。智能电网可以促进电力用户角色转变，使其兼有用电和售电两重属性；能够为用户搭建一个家庭用电综合服务平台，帮助用户合理选择用电方式，节约用能，有效降低用能费用支出。

2）*产生效益*

作为我国重要的能源输送和配置平台，智能电网从投资建设到生产运营的全过程都将为国民经济发展、能源生产和利用、环境保护等方面带来巨大效益。

(1) 在电力系统方面。可以节约系统有效装机容量；降低系统总发电燃料费用；提高电网设备利用效率，减少建设投资；提升电网输送效率，降低线损。

(2) 在用电客户方面。可以实现双向互动，提供便捷服务；提高终端能源利用效率，节约电量消费；提高供电可靠性，改善电能质量。

(3) 在节能与环境方面。可以提高能源利用效率，带来节能减排效益；促进清洁能源开发，实现替代减排效益；提升土地资源整体利用率，节约土地占用。

3) 推进系统

(1) 能有效地提高电力系统的安全性和供电可靠性。利用智能电网强大的"自愈"功能，可以准确、迅速地隔离故障元件，并且在较少人为干预的情况下使系统迅速恢复到正常状态，从而提高系统供电的安全性和可靠性。

(2) 实现电网可持续发展。智能电网建设可以促进电网技术创新，实现技术、设备、运行和管理等各个方面的提升，以适应电力市场需求，推动电网科学、可持续发展。

(3) 减少有效装机容量。利用我国不同地区电力负荷特性差异大的特点，通过智能化的统一调度，获得错峰和调峰等联网效益；同时通过分时电价机制，引导用户低谷用电，减小高峰负荷，从而减少有效装机容量。

(4) 降低系统发电燃料费用。建设智能电网，可以满足煤电基地的集约化开发，优化我国电源布局，从而降低燃料运输成本；同时，通过降低负荷峰谷差，可提高火电机组使用效率，降低煤耗，减少发电成本。

(5) 提高电网设备利用效率。首先，通过改善电力负荷曲线，降低峰谷差，提高电网设备利用效率；其次，通过发挥自我诊断能力，延长电网基础设施寿命。

(6) 降低线损。以特高压输电技术为重要基础的智能电网，将大大降低电能输送中的损失率；智能调度系统、灵活输电技术以及与用户的实时双向交互，都可以优化潮流分布，减少线损；同时，分布式电源的建设与应用，也减少了电力远距离传输的网损。

4) 分配资源

我国能源资源与能源需求呈逆向分布，80%以上的煤炭、水能和风能资源分布在西部、北部地区，而75%以上的能源需求集中在东部、中部地区。能源资源与能源需求分布不平衡的基本国情，要求我国必须在全国范围内实行能源资源优化配置。智能电网建成后，将形成结构坚固的受端电网和送端电网，电力承载能力将显著加强，形成"强交、强直"的特高压输电网络，实现大水电、大煤电、大核电、大规模可再生能源的跨区域、远距离、大容量、低损耗、高效率输送显著提升电网大范围能源资源优化配置能力。

5) 能源发展

风能、太阳能等清洁能源的开发利用以生产电能的形式为主，建设智能电网可以显著提高电网对清洁能源的接入、消纳和调节能力，有力推动清洁能源的发展。

(1) 智能电网应用先进的控制技术以及储能技术，完善清洁能源发电并网的技术标准，提高了清洁能源接纳能力。

(2) 智能电网合理规划大规模清洁能源基地网架结构和送端电源结构，应用特高压、柔性输电等技术，满足了大规模清洁能源电力输送的要求。

(3) 智能电网对大规模间歇性清洁能源进行合理、经济调度，提高了清洁能源生产运行的经济性。

(4) 智能化的配用电设备，能够实现对分布式能源的接纳与协调控制，实现与用户的友好互动，使用户享受新能源电力带来的便利。

6) 节能减排

智能电网建设对于促进节能减排、发展低碳经济具有重要意义：

(1) 支持清洁能源机组大规模入网，加快清洁能源发展，推动我国能源结构的优化调整。

(2) 引导用户合理安排用电时段，降低高峰负荷，稳定火电机组出力，降低发电煤耗。

(3) 促进特高压、柔性输电、经济调度等先进技术的推广和应用，降低输电损失率，提高电网运行经济性。

(4) 实现电网与用户有效互动，推广智能用电技术，提高用电效率。

(5) 推动电动汽车的大规模应用，促进低碳经济发展，实现减排效益。

6.7.3　智能工业应用案例 2——生产追溯管理系统

1. 项目背景

随着现代制造业生产的发展，需要对单个物料单位、半成品、成品、生产线生产流程过程进行记录和管理，以便提高生产管理水平，整合优化制造业生产环节业务流程，提高产品质量控制和监督，提高客户服务质量，理清可能的质量事故责任人和出处，从而完成对每个产品从成品到物料，从生产到计划的完全追溯。如图 6 - 52 所示为某制造业生产过程。

图 6 - 52　某制造业生产过程

为此，需要开发生产流程和追溯管理软件，建立以追溯数据管理为核心、以实现质量控制、流程控制和产品服务系统化规范化为目标的软件系统，即生产追溯管理系统(Manufacture Traceable System，MTS)。

2. 系统功能

MTS 生产追溯管理系统实现的功能是：实现生产流水线的每个工序的生产状况以及在生产过程中的数据操作的准确化和系统化，建立产品生产控制跟踪，实现从成品到半成品到部品(物料)的可监控可追溯，从而完成产品生产的内部流程追溯管理以及外部进出的源头追溯和数据管理。

系统采用 RFID 或条码或两者同时的编码方式进行数据管理和追溯。保证从每个单位物料到产品的唯一性。

RFID - MTS 基本功能如下：

(1) 通过对物料的ID(Barcode或RFID)进行扫描，来记录产品的使用及现有状况和来源。

(2) 通过对半成品在生产中所经历过的工序记录和数据统计来跟踪其生产细节，可以在返品或者生产过程中追踪到在生产中的哪道工序、哪些物料、哪个机型、哪些人员等存在问题，并可以采取相应的措施来进行修补。

(3) 通过对成品的包装、入库、库内调整、出库、还有质检等工序记录、统计来跟踪成品在最后阶段的状况以便需要时进行查询操作。

(4) 最后实现对整个生产从部品到半成品到成品的单个、类别以及全部的产品追溯、质量控制和流程管理，建立完整的生产追溯管理系统平台。

3. 系统组成

RFID-MTS主要内容如下：

(1) 生产计划与排产(注：排产是生产中的一种匹配方式)。生产计划与排产管理模块是宏观计划管理与微观排产优化管理之间的衔接模块，通过有效的计划编制和产能详细调度，在保证客户商品按时交付的基础上，使生产能力发挥到最大水平。对于按订单生产的企业，随着客户订单的小型化、多样化和随机化，该模块成为适应订单、节约产能和成本的有效方式。

(2) 生产过程控制。该模块根据生产工艺控制生产过程，防止零配件的错装、漏装、多装，实时统计车间采集数据，监控在制品、成品和物料的生产状态和质量状态，同时，可利用条码或RFID自动识别技术实现员工的生产状态监督。

(3) 数据采集。主要采集两种类型的数据，一种是基于自动识别技术(Barcode、RFID)的数据采集，主要应用于离散行业的装配数据采集；另一类是基于设备的仪表数据采集，主要应用于自动控制设备和流体型生产中的物料信息采集。

(4) 质量管理。质量管理模块基于全面质量管理的思想，对从供应商、原料到售后服务的整个产品的生产和生命周期进行质量记录和分析，并在生产过程控制的基础上对生产过程中的质量问题进行严格控制。能有效地防止不良品的流动，降低不良品率。

(5) 产品物料追溯与召回管理。物料追踪功能可根据产品到半成品到批次物料的质量缺陷，追踪到所有使用了该批次物料的成品，也支持从成品到原料的逆向追踪，以适应某些行业的召回制度，协助制造商把损失最小化、更好地为客户服务。

(6) 资源管理。技术、员工和设备是制造企业的三大重要资源，MTS把三者有机地整合到制造执行系统中，实现全面的制造资源管理。

(7) 流程过程控制。该模块帮助企业稳定生产过程和评估过程能力。通过监测过程的稳定程度和发展趋势，及时发现不良或异变，以便及时解决问题；通过过程能力指数评估，明确过程中工作质量和产品质量达到的水平。

(8) 统计分析。经过合理设计和优化的报表，为管理者提供迅捷的统计分析和决策支持，实时把握生产中的每个环节，同时可以通过车间LED大屏幕看板显示生成进度和不良率，实时反馈生产状态。

(9) 其他系统接口。为了配合现代企业全面质量管理的进程，MTS系统可与CRM或其他售后服务管理软件连接，对成品出厂后的销售和服务过程中质量相关问题进行有效管理，实现售后服务过程中的质量问题的根源追溯，将质量管理贯穿于产品的整个生命周期，也可以与ERP/财务等系统对接。

（10）系统管理。用户管理、日志管理、数据备份，角色管理，系统设置，LED 接口等功能模块。

（11）角色分配管理。以上不同的实现和管理是由不同的角色实现和完成的，角色包括：系统管理员，生产管理员，生产线管理员，操作员，统计分析员和客户。系统充分发挥 Web 软件优势，保证不同权限的人和不同的角色只能在自己的有效浏览界面内完成自己的工作，以保证角色的权限、数据的安全和功能的简洁。

4. 实施效果

RFID－MTS 实施效果如下：

（1）制造执行过程透明化。通过 MTS 执行系统和设备控制技术，实时采集如工序产量、过程良率、工单在制品移转状况、测试参数等详细生产过程数据，并提供汇总分析报表工具，为企业不同层面管理者的生产管理决策提供了有效依据。

（2）缩短产品制造周期。提高企业生产自动化程度，替代和节省大量手动作业流程，缩短了产品的制造周期。同时，实时信息采集和反馈，消除由于信息不对称而造成的各种生产过程延误，从而使生产管理人员能在生产车间外实时掌握第一手生产信息，对突发状况做出快速反应，使产出与计划结合更加紧密。

（3）提高产品质量。通过对产品生产全过程监控，提供给品管人员需要的基础数据和分析工具，帮助企业进行日常品质分析和周期性的品质持续改进。通过 SPC 等过程控制工具，对工艺过程的稳定性、产品良率、不良缺陷分布的波动状况进行实时监控并预警，对生产线上的问题进行了有效预防。

（4）持续提升客户满意度。基于大量的综合汇总报表，向客户提供了产品生产过程人、机、料的数据和产量、不良率等汇总数据，通过直观的柱状图、饼状图和折线图表分析，能够准确、方便地了解产品数据和公司整体经营状况。客户也可远程直接了解自己产品的过程和状况，并为客户提供产品质量完全追溯的平台。

（5）降低生产成本。通过对生产现场的实时监控与预警，预防问题的发生，降低产品维修和返工数量。并提供各类统计分析的电子报表，节省了时间和人力、物力，实现工厂无纸化生产，随之降低了其他生产资源的使用。

习　题　6

1. 简述物联网在城市及居民生活、农业生产、环境保护、跟踪物流、医疗护理、交通运输、制造工业等领域中应用的特点、发展现状及发展趋势。

2. 物联网在发展应用过程中呈现出的主要趋势特征是什么？

3. 举例说明物联网应用对行业、产业发展的重要性。

4. 物联网是一个不断发展的产业，目前仅仅处于初级应用阶段，你认为未来会有哪些创新性的应用？

5. 智能家居有哪些关键技术？请列举一些国内外的智能家居系统。

6. 除了 ETC 不停车收费系统外，智能交通还涉及哪些系统？请举例说明。

7. 查阅资料，寻找自己感兴趣的物联网应用并与大家分享。

参考文献

[1] 唐玉林. 物联网技术导论[M]. 北京：高等教育出版社，2014.
[2] 张翼英，杨巨成，李晓卉. 物联网导论[M]. 北京：中国水利水电出版社，2012.
[3] 罗汉江. 物联网应用技术导论[M]. 大连：东软电子出版社，2013.
[4] 李金祥，方立刚. 物联网应用开发[M]. 北京：电子工业出版社，2014.
[5] 王浩，浦灵敏. 物联网技术应用开发[M]. 北京：中国水利水电出版社，2015.
[6] 胡国胜，肖佳. 物联网工程基础[M]. 北京：电子工业出版社，2013.
[7] 刘云浩. 物联网导论[M]. 北京：科学出版社，2011.
[8] 孙利民，李建中. 无线传感器网络[M]. 北京：清华大学出版社，2005.
[9] 刘幺和. 物联网原理与应用技术[M]. 北京：机械工业出版社，2011.
[10] 刘海涛. 物联网技术应用[M]. 北京：机械工业出版社，2011.
[11] 刘化君. 物联网技术[M]. 北京：电子工业出版社，2010.
[12] 马建，熊永平. 物联网技术概论[M]. 北京：机械工业出版社，2011.
[13] 吴功宜. 智慧的物联网：感知中国和世界的技术[M]. 北京：机械工业出版社，2010.